全国测绘地理信息职业教育教学指导委员会"十二五"推荐教材

数字测图技术

主　编	谢爱萍　王福增
副主编	周　波　杨会玲
参　编	孟继红　齐海龙
主　审	赵文亮

U0338417

武汉理工大学出版社
·武　汉·

图书在版编目(CIP)数据

数字测图技术/谢爱萍,王福增主编.—武汉:武汉理工大学出版社,2012.8(2018.12 重印)
ISBN 978-7-5629-3742-5

Ⅰ.① 数…　Ⅱ.① 谢…　② 王…　Ⅲ.① 数字化制图-高等职业教育-教材　Ⅳ.① P283.7

中国版本图书馆 CIP 数据核字(2012)第 205435 号

项目负责人:汪浪涛　　　　　　　　　　　责 任 编 辑:汪浪涛
责 任 校 对:张明华　　　　　　　　　　装 帧 设 计:语新文化设计工作室
出 版 发 行:武汉理工大学出版社
地　　　　址:武汉市洪山区珞狮路 122 号
邮　　　　编:430070
网　　　　址:http://www.wutp.com.cn
经 销 者:各地新华书店
印 刷 者:湖北恒泰印务有限公司
开　　　　本:787×1092　1/16
印　　　　张:13.75
字　　　　数:345 千字
版　　　　次:2012 年 8 月第 1 版
印　　　　次:2018 年 12 月第 7 次印刷
定　　　　价:26.00 元

全国测绘地理信息职业教育教学指导委员会"十二五"推荐教材
编 审 委 员 会

出 版 说 明

　　教材建设是教育教学工作的重要组成部分,高质量的教材是培养高质量人才的基本保证。高职高专教材作为体现高职教育特色的知识载体和教学的基本条件,是教学的基本依据,是学校课程最具体的形式,直接关系到高职教育能否为一线岗位培养符合要求的高技术应用型人才。

　　伴随着国家建设的大力推进,高职高专测绘类专业近几年呈现出旺盛的发展势头,开办学校越来越多,毕业生就业率也在高职高专各专业中名列前茅。然而,由于测绘类专业是近些年才发展壮大的,也由于开办这个专业需要很多的人力和设备资金投入,因此很多学校的办学实力和办学条件尚需提高,专业的教材建设问题尤为突出,主要表现在:缺少符合高职特色的"对口"教材;教材内容存在不足;教材内容陈旧,不适应知识经济和现代高新技术发展需要;教学新形式、新技术、新方法研究运用不够;专业教材配套的实践教材严重不足;各门课程所使用的教材自成体系,缺乏沟通与衔接;教材内容与职业资格证书制度缺乏衔接等。武汉理工大学出版社在教育部高职高专测绘类专业教学指导委员会的指导和支持下,对全国三十多所开办测绘类专业的高职院校和多个测绘类企事业单位进行了调研,组织了近二十所开办测绘类专业的高职院校的骨干教师对高职测绘类专业的教材体系进行了深入系统的研究,编写出了这一套既符合现代测绘专业发展方向,又适应高职教育能力目标培养的专业教材,以满足高职应用型高级技术人才的培养需求。

　　这套测绘类教材既是我社"十二五"重点规划教材,也是高职高专测绘类专业教学指导委员会"十二五"推荐教材,希望本套教材的出版能对该类专业的发展作出一点贡献。

武汉理工大学出版社

2012.2

前　言

随着现代测绘技术的发展,测绘学科在理论上、方法上和技术体系上经历了巨大的变革。这种变革不仅波及测绘学科的科学研究和生产实践,同时还不可避免地影响到测绘学科专业的教学改革。为了配合高职高专教育教学改革,探索开发出与"工学结合"人才培养模式相适应的高职高专教育测绘类专业课程体系,根据全国高职高专测绘类专业教学指导委员对测绘类专业基础教材的要求,全国多所高职高专院校的骨干教师和生产单位的专家共同编写了本教材。

"数字测图技术"是在传统测量学课程基础上开设的一门应用现代测量技术的课程,具有很强的实践性。由于数字测图是以数字形式表达地形特征的集合,具有自动化、数字化、低强度、高效率、高精度和应用方便等特点,目前它已经成为大比例尺地形图测绘的主要方法。所以"数字测图技术"也就成为了高职高专工程测量技术及相关专业必修的一门专业技术课。

本教材在内容上突出了高职高专职业技术教育的特色,重点突出了实践应用能力和操作技能的培养;弱化了"数字测图技术"课程原有的数字测图的基本原理、计算机绘图基础理论、全站仪和 GPS-RTK 的工作原理等内容;强化了具有可操作性强、生产中常用的测量技术,如全站仪和 GPS-RTK 操作应用、CASS 成图系统、MapGIS 系统应用等方面的内容;删除了在生产中已经淘汰的技术方法,重点强调目前在生产中主要使用的方法;同时将测绘行业规范标准相关内容纳入到教材建设中,更加增强了教材的实用性。

本书由谢爱萍(甘肃林业职业技术学院)、王福增(河北地质职工大学)担任主编,周波(杨凌职业技术学院)、杨会玲(郑州工业安全职业学院)担任副主编,孟继红高级工程师(甘肃省地矿局第一勘察院)和齐海龙(河北地质职工大学)参与编写。全书共分 8 章,编写人员及分工如下:第 1 章和第 7 章由周波编写,第 2 章和第 8 章由谢爱萍编写,第 3、4 章由王福增编写,第 5 章由孟继红、杨会玲编写,第 6 章由齐海龙编写。全书由谢爱萍负责统稿工作。赵文亮教授(昆明冶金高等专科学校)主审了本教材前期大纲并最终定稿。

本书在编写过程中得到了教育部高职高专测绘类专业教学指导委员会主任委员赵文亮教授、委员张晓东教授的支持和帮助,在此表示衷心的感谢。

本书在编写过程中,参阅了大量文献(包括电子版),引用了同类书刊中的一些资料;引用了南方测绘、中地、莱卡、拓普康公司产品使用手册和说明书的部分内容。在此,谨向有关作者和单位表示感谢,同时对武汉理工大学出版社为本书出版所做的辛勤工作表示感谢!

由于作者水平有限,书中不足之处在所难免,恳请读者批评指正。

编　者
2012 年 6 月

目　　录

1　绪论 ……………………………………………………………………………………………… (1)

　　1.1　数字测图概述 ……………………………………………………………………………… (1)

　　　　1.1.1　数字地图的概念 ……………………………………………………………………… (1)

　　　　1.1.2　数字测图的概念 ……………………………………………………………………… (2)

　　　　1.1.3　数字测图与白纸测图的区别 ………………………………………………………… (2)

　　　　1.1.4　数字测图的特点 ……………………………………………………………………… (2)

　　　　1.1.5　数字测图的发展与展望 ……………………………………………………………… (5)

　　1.2　数字测图的基本原理 ……………………………………………………………………… (6)

　　　　1.2.1　数字测图的基本思想 ………………………………………………………………… (6)

　　　　1.2.2　数字测图的图形描述 ………………………………………………………………… (7)

　　　　1.2.3　数字测图的数据格式 ………………………………………………………………… (7)

　　　　1.2.4　数字测图解决的问题 ………………………………………………………………… (8)

　　1.3　数字测图的基本过程 ……………………………………………………………………… (8)

　　　　1.3.1　数据采集 ……………………………………………………………………………… (8)

　　　　1.3.2　数据处理 ……………………………………………………………………………… (9)

　　　　1.3.3　成果输出 ……………………………………………………………………………… (9)

　　1.4　数字测图作业模式 ………………………………………………………………………… (9)

　　　　1.4.1　地面数字测图的作业模式 …………………………………………………………… (9)

　　　　1.4.2　地图数字化 ………………………………………………………………………… (11)

　　　　1.4.3　数字摄影测量 ……………………………………………………………………… (11)

　　思考与练习 …………………………………………………………………………………… (11)

2　数字测图系统 ………………………………………………………………………………… (12)

　　2.1　数字测图系统概述 ………………………………………………………………………… (12)

　　　　2.2.1　数字测图系统的概念 ……………………………………………………………… (12)

　　　　2.2.2　数字测图系统的组成 ……………………………………………………………… (12)

　　2.2　全站型电子速测仪 ………………………………………………………………………… (14)

　　　　2.2.1　全站仪的结构 ……………………………………………………………………… (14)

　　　　2.2.2　全站仪的测量原理 ………………………………………………………………… (15)

　　　　2.2.3　全站仪的基本测量功能(以拓普康 GPT-3100 为例) ……………………………… (22)

　　2.3　GPS-RTK 测量系统 ……………………………………………………………………… (26)

　　　　2.3.1　GPS-RTK 测量系统简介 …………………………………………………………… (26)

　　　　2.3.2　GPS-RTK 测量系统的基本使用 …………………………………………………… (30)

　　2.3　数字测图系统的其他硬件设备 …………………………………………………………… (33)

　　　2.3.1　数字化仪 ……………………………………………………… (33)

　　　2.3.2　扫描仪 …………………………………………………………… (34)

　　　2.3.3　绘图仪 …………………………………………………………… (35)

　2.4　数字测图软件系统 …………………………………………………… (36)

　　　2.4.1　数字测图软件系统简介 …………………………………………… (36)

　　　2.4.2　数字测图软件系统的基本功能 …………………………………… (37)

　思考与练习 …………………………………………………………………… (37)

3　图根控制测量 ……………………………………………………………… (38)

　3.1　全站仪图根导线测量 ………………………………………………… (38)

　　　3.1.1　导线布设 …………………………………………………………… (38)

　　　3.1.2　观测方法 …………………………………………………………… (39)

　　　3.1.3　平差计算 …………………………………………………………… (39)

　3.2　GPS-RTK 图根控制测量 …………………………………………… (51)

　　　3.2.1　双频 RTK 快速静态测量 ………………………………………… (51)

　　　3.2.2　RTK 实时动态测量 ……………………………………………… (57)

　3.3　图根点的加密 ………………………………………………………… (61)

　　　3.3.1　图根点密度 ………………………………………………………… (61)

　　　3.3.2　图根点加密的方法 ………………………………………………… (62)

　思考与练习 …………………………………………………………………… (67)

4　数字测图外业 ……………………………………………………………… (68)

　4.1　碎部点数据采集 ……………………………………………………… (68)

　　　4.1.1　碎部点的选择 ……………………………………………………… (68)

　　　4.2.2　碎部点坐标测算方法 ……………………………………………… (69)

　4.2　全站仪数据采集 ……………………………………………………… (72)

　　　4.2.1　全站仪坐标数据采集的基本原理 ………………………………… (72)

　　　4.2.2　全站仪坐标数据采集的方法步骤 ………………………………… (73)

　　　4.2.3　测记法 …………………………………………………………… (78)

　　　4.2.4　电子平板法 ………………………………………………………… (81)

　4.3　RTK 坐标数据采集 ………………………………………………… (84)

　　　4.3.1　安置仪器 …………………………………………………………… (84)

　　　4.3.2　测站校正 …………………………………………………………… (86)

　　　4.3.3　数据采集 …………………………………………………………… (89)

　4.4　数据传输 ……………………………………………………………… (89)

　　　4.4.1　全站仪数据传输 …………………………………………………… (89)

　　　4.4.2　GPS-RTK 数据传输 ……………………………………………… (91)

　思考与练习 …………………………………………………………………… (92)

5　大比例尺数字地形图成图方法 …………………………………………… (93)

　5.1　南方 CASS9.0 成图系统简介 ………………………………………… (93)

5.1.1　CASS9.0 的功能与特点 ………………………………………… （93）

5.1.2　CASS9.0 主界面介绍 …………………………………………… （93）

5.1.3　CASS9.0 系统常用快捷命令 …………………………………… （95）

5.1.4　CASS9.0 系统的常用文件格式 ………………………………… （95）

5.1.5　其他文件管理 …………………………………………………… （97）

5.2　平面图绘制的基本方法 ……………………………………………… （97）

5.2.1　屏幕坐标定位成图法 …………………………………………… （97）

5.2.2　屏幕点号定位成图法 …………………………………………… （102）

5.2.3　引导文件自动成图法 …………………………………………… （106）

5.2.4　简编码自动成图法 ……………………………………………… （107）

5.3　等高线的绘制 ………………………………………………………… （109）

5.3.1　CASS9.0 数字地面模型 (DTM) 的建立 ……………………… （110）

5.3.2　数字地面模型 (DTM) 的修改 ………………………………… （111）

5.3.3　绘制等高线 ……………………………………………………… （113）

5.3.4　等高线的修饰 …………………………………………………… （114）

5.3.5　三维模型的绘制 ………………………………………………… （117）

5.4　地形图的编辑与注记 ………………………………………………… （118）

5.4.1　工具 ……………………………………………………………… （118）

5.4.2　地物编辑 ………………………………………………………… （124）

5.4.3　文字注记与文字编辑 …………………………………………… （127）

5.4.4　实体属性的编辑 ………………………………………………… （131）

5.5　数字地形图的输出 …………………………………………………… （138）

5.5.1　地形图分幅 ……………………………………………………… （138）

5.5.2　打印输出 ………………………………………………………… （141）

思考与练习 …………………………………………………………………… （143）

6　数字测图技术设计和质量检验 …………………………………………… （144）

6.1　数字测图技术设计 …………………………………………………… （144）

6.1.1　数字测图技术设计概述 ………………………………………… （144）

6.1.2　技术设计书的编写 ……………………………………………… （145）

6.2　数字测图产品质量检验 ……………………………………………… （148）

6.2.1　数字测图产品的质量控制 ……………………………………… （148）

6.2.2　数字测图产品的验收 …………………………………………… （150）

6.2.3　数字测图成果质量评定 ………………………………………… （153）

6.3　数字测图技术总结编写 ……………………………………………… （154）

6.3.1　概述 ……………………………………………………………… （155）

6.3.2　已有资料及其应用 ……………………………………………… （155）

6.3.3　作业依据、设备和软件 ………………………………………… （155）

6.3.4　坐标、高程系统 ………………………………………………… （155）

6.3.5　控制测量 ……………………………………………………………（155）

6.3.6　地形图测绘 …………………………………………………………（155）

6.3.7　测绘成果质量说明和评价 …………………………………………（155）

6.3.8　安全环保措施 ………………………………………………………（156）

6.3.9　提交成果 ……………………………………………………………（156）

6.3.10　其他需要说明的问题 ……………………………………………（156）

思考与练习 …………………………………………………………………（156）

7　数字地形图的应用 …………………………………………………………（157）

7.1　数字地面模型及其应用 …………………………………………………（157）

7.1.1　数字地面模型的内容 ………………………………………………（157）

7.1.2　数字地面模型的建立 ………………………………………………（159）

7.1.3　数字地面模型的应用 ………………………………………………（163）

7.2　数字地形图在工程建设中的应用 ………………………………………（164）

7.2.1　基本几何要素的量测 ………………………………………………（164）

7.2.2　土方量计算 …………………………………………………………（166）

7.2.3　断面图绘制 …………………………………………………………（177）

7.2.4　坐标变换 ……………………………………………………………（181）

7.3　数据交换 …………………………………………………………………（181）

7.3.1　CASS9.0 数据与 GIS 软件的接口 …………………………………（181）

7.3.2　系统交换文本文件之间的转换 ……………………………………（182）

思考与练习 …………………………………………………………………（183）

8　数字测绘与 GIS 技术 ………………………………………………………（184）

8.1　GIS 技术与数字测绘技术 ………………………………………………（184）

8.1.1　GIS 技术 ……………………………………………………………（184）

8.1.2　GIS 技术与数字测绘技术的关系 …………………………………（184）

8.2　MapGIS6.7 地理信息系统软件简介 ……………………………………（185）

8.2.1　MapGIS6.7 主要模块 ………………………………………………（185）

8.2.2　MapGIS6.7 数字测图模块 …………………………………………（190）

8.3　数字测绘成果与 GIS 数据库 ……………………………………………（198）

8.3.1　图形应用接口 ………………………………………………………（198）

8.3.2　入库检查 ……………………………………………………………（201）

8.3.3　空间数据库和 MapGIS 地图入库 …………………………………（201）

8.3.4　系统库的维护 ………………………………………………………（205）

思考与练习 …………………………………………………………………（206）

参考文献 …………………………………………………………………………（207）

1 绪 论

随着科学技术的进步和电子技术的迅猛发展,全站仪、GPS、电子数据终端及计算机等在测绘领域的广泛应用,形成了从野外数据采集到内业成图的全过程数字化和自动化的测量制图系统,人们通常将这种测图方式称为野外数字测图或地形数字测图(简称数字测图)。这种测图方法由于有着自动化程度高、测图精度高和应用方便等特点,大大地提高了地面测图的工作效率,节约了测量工程项目的人力、物力,有效地降低了工程成本,所以已迅速成为当前主要的测图方法和手段。用数字测图手段产生的测绘产品主要是数字地图,由于数字地图在计算机上可以进行方便精准的查询和分析,在设计系统中方便应用,所以数字地图成为现代设计人员非常重要的参考资料。本书主要介绍地面数字测图的原理、技术和方法及其应用。

1.1 数字测图概述

1.1.1 数字地图的概念

1.1.1.1 地图的表达方法

地图是一种古老而有效并一直沿用至今,能够精确表达地表现象,记录和传达关于自然界、社会和人文位置与空间特性等信息最卓越的工具,它对人类社会发展如同语言和文字一样,具有不言而喻的重要性。从本质上讲,地图是对客观存在的特征和变化规律的一种科学的概括和抽象。与早期用半符号、半写景的方法来表示和描述地形的地图相比,现代地图则是按照一定的数学法则,运用符号系统概括地将地面上的各种自然现象表示在平面上,这使得现代地图具有早期地图无法比拟的优点,即现代地图具有可量测性、直观性和一览性。现代地图的主要要素有数学要素、地形要素、注记要素和整饰要素。

1.1.1.2 数字地图的概念

将绘制的地形图的全部信息存储在计算机中,经绘图软件处理后可在屏幕上将需要的地形图显示出来,用这种方式来阅读的地图称为电子地图。电子地图的优点是可以直接在屏幕上阅读,利用计算机技术可将地形图做放大或缩小变化,用漫游功能可阅读任意区域的内容,且不受图幅边界的限制。由于地形图全部信息的存储是用数字方式实现的,因而地形图也称为数字地图,即数字地图是用数字形式存储全部地形信息的地图,是用数字形式描述地图要素的属性、定位和关系信息的数据集合,是存储在具有直接存取性能的介质(软盘、硬盘、光盘等)上的关联数据文件。在电子绘图系统的支持下,“数字地图”被视觉化后就成为“电子地图”,通过打印机或者绘图仪视觉化,则“电子地图”就成为传统的“模拟地图”。利用数字地图可以生成电子地图和数字地面模型(Digital Terrain Model,DTM),以数学描述和图像描述的数字地形表达方式,可实现对客观世界的三维描述。更具深远意义的是,数字地形信息作为地理空间数据的基本信息之一,已成为地理信息系统(Geographic Information System,GIS)的重要组成部分。

1.1.2　数字测图的概念

应用电子速测仪、RTK、数字摄影、电子数据终端等构成野外数据采集系统,将其与内外业机助制图系统结合,形成了一套从野外数据采集到内业制图全过程的、数字化和自动化的测量制图系统,人们通常将其称为数字化测图(简称数字测图)。这种方法将实现丰富的地形信息、地理信息数字化以及作业过程的自动化,缩短了野外测图时间,减轻了野外劳动强度,将大部分作业内容安排到室内去完成,将大量手工作业转化为计算机控制下的自动操作,并且不会损失观测值精度。所以数字测图已成为各测绘单位的主要测图方法和手段。

人们对数字测图的认识有广义和狭义之分。广义的数字测图主要包括:全野外数字测图(或称地面数字测图)、地图数字化成图、摄影测量和遥感数字测图。狭义的数字测图就是地面数字测图,是指通过应用全站仪和 RTK 等野外仪器进行实地野外数据采集,并借助计算机对数据进行处理,从而形成数字地图的测图方法。地面数字测图的基本过程是:首先采集有关的绘图信息并及时记录在相应存储器中(或直接传输给便携机),然后在室内通过数据接口将采集到的数据传输给计算机并由计算机对数据进行处理,再经过人机交互屏幕编辑,最后形成数字图形文件。由上述过程可以看出,数字测图地形信息的载体是计算机的存储介质(磁盘或光盘),其提交的成果是可供计算机处理、远程传输、多方共享的数字地形图数据文件,如果使用打印机或绘图仪,可以在印刷介质上输出相应的地形图。

1.1.3　数字测图与白纸测图的区别

传统的图解法测图是利用测量仪器对地球表面局部区域内的各种地物、地貌特征点的空间位置进行测定,并以一定的比例尺按图式符号将其绘制在图纸上,通常称这种在图纸上直接绘图的工作方式为白纸测图。在测图过程中,观测数据的精度由于刺点、人工绘图及图纸伸缩变形等因素的影响会有较大的降低,而且工序多、劳动强度大、质量管理难,特别是在当今信息时代,纸质地形图已难以承载更多的图形信息,图纸更新也极为不便,难以适应信息时代经济建设的需要。数字测图实现了丰富的地形信息和地理信息数字化和作业过程的自动化或半自动化。和传统测图方式比较,数字测图主要有测图过程自动化程度高和测点位精度高等优点,此外,他的成果图形是数字化的,方便查询和分析,能以各种形式输出,便于共享和更新,方便深加工利用,同时可作为 GIS 的重要信息源以形成强大的 GIS 系统,为设计者提供丰富的基础资源,为决策者提供空间分析功能及辅助决策功能,因而在国民经济、办公自动化及人们的日常生活中得到广泛应用。

1.1.4　数字测图的特点

数字测图虽是在平板仪或经纬仪的白纸测图方法的基础上发展起来的,但它与传统的白纸测图有着许多本质的区别,其实质是一种全解析、全数字的测图方法,有着传统白纸测图无可比拟的诸多优点。

1.1.4.1　数字测图过程的自动化

传统测图方式主要是手工作业,外业测量需人工记录、人工绘制地形图,在图上人工量算所需要的坐标、距离和面积等。数字测图则是野外测量自动记录,自动解算处理,自动成图、绘图,并向用图者提供可处理的数字地(形)图,用户可自动提取图形信息,实现了测图过程的自动化。数字测图具有效率高、劳动强度小、错误(读错、记错、展错)几率小,以及绘得的地形图精确、美观、规范等优点。

1.1.4.2　数字测图产品的数字化

传统白纸测图的主要产品是纸质地形图,而数字测图的主要产品是数字地图。数字地图主要具有以下优点:

(1)便于成果使用和更新

数字测图成果是以点的定位信息和属性信息存入计算机的,图中存储了具有特定含义的数字、文字、符号等各类信息,可方便地传输、处理和供多用户共享。当实地有变化时,只需输入变化信息的坐标、代码,经过编辑处理,很快便可以得到更新后的图,从而可以确保地面的可靠性和现势性。数字地图可以自动提取点位坐标、两点距离、方位以及地块面积等有关信息,以便工程设计部门进行计算机辅助设计。数字地图的管理,既节省空间,操作又十分方便。

(2)方便成果的深加工

数字测图分层存放,不受图面负载量的限制,从而便于成果的深加工利用,拓宽测绘工作的服务面。比如 CASS 软件中共定义 26 个层(用户还可根据需要定义新层),房屋、电力线、铁路、植被、道路、水系、地貌等均存于不同的层中,通过不同图层的叠加来提取相关信息,可以十分方便地得到所需的测区内各类专题图、综合图,如路网图、电网图、管线图、地形图等。又如在数字地籍图的基础上,可以综合相关内容,补充加工成不同用户所需要的城市规划用图、城市建设用图、房地产图以及各种管理用图和工程用图。

(3)便于数据输出

计算机与显示器、打印机联机时,可以显示或打印出各种需要的资料信息,如用打印机可打印数据表格,当对绘图精度要求不高时,可用打印机打印图形。计算机与绘图仪联机,可以绘制出各种比例尺的地形图、专题图,以满足不同用户的需要。

(4)便于建立地图数据库和地理信息系统

地理信息系统(GIS)具有方便的空间信息查询与检索功能、空间分析功能以及辅助决策功能,这些功能在国民经济、办公自动化及人们日常生活中都有广泛的应用。然而,要建立一个 GIS,花在数据采集上的时间和精力约占整个工作的 80%;GIS 要发挥辅助决策的功能,需要现势性强的地理信息资料。数字测图能提供现势性强的基础地理信息,经过一定的格式转换,其成果即可直接进入 GIS 的数据库,并更新 GIS 的数据库。一个好的数字测图系统应该是 GIS 的一个子系统。

总之,数字地图从本质上打破了纸质地形图的种种局限,赋予地形图以新的生命力,提高了地形图的自身价值,扩大了地形图的应用范围,改变了地形图的使用方式。

1.1.4.3　数字测图成果的高精度

众所周知,经纬仪配合小平板仪、大平板仪等白纸测图是模拟测图方法,地物点平面位置的误差主要受解析图根的测定误差和展绘误差、测定地物点的视距误差和方向误差、地形图上的地物点的刺点误差等影响,综合影响使地物点平面位置的测定误差在图上为 ± 0.5 mm(1:1000比例尺),主要误差源为视距误差和刺点误差。从总体上讲,白纸测图还是适应当时的仪器发展和测量科技水平的,如对 1:1000 的图采用视距测量,视距精度就是 $20\sim30$ cm,与比例尺精度大致匹配。如测图比例尺再小,则视距读数的精度还可以放宽。而对大比例尺如1:500的图,在精度要求较高的地方,如房屋建筑等,视距的精度就不够,要用钢尺或皮尺量距,用坐标展点。普及红外测距仪以后,测距精度大大提高,为厘米级精度,而白纸测图的成果——模拟图或称图解地形图,却体现不出仪器测量精度的提高。

数字测图则不然,全站仪测量的数据作为电子信息,可自动传输、记录、存储、处理、成图、绘图。在这全过程中,原始测量数据的精度毫无损失,从而可以获得高精度(与仪器测量同精度)的测量成果。数字地形图很好地(无损地)体现了外业测量的高精度,也就是很好地体现了仪器发展更新、精度提高的价值。它不仅满足当今科技发展的需要,也满足了现代社会科学管理的需要,如地籍测量、房产测量等,还可以满足建立各专业管理信息系统的需要。

1.1.4.4　数字测图的作业过程更加高效

(1)传统测图经过坐标格网绘制、控制点手工展绘、碎部点手工刺绘等工序,距离通常用视距法测取;而地面数字测图直接利用碎部点坐标在计算机上自动展点成图,距离用电磁波测距法测取。因此,与传统测图相比,地面数字测图具有较高的测图速度和精度。

(2)传统测图在野外完成基本地形原图的绘制,在获得碎部点的平面坐标和高程后,还需手工绘制地形图,而地面数字测图外业测量工作可以自动记录、自动解算处理、自动成图,因此,地面数字测图具有较高的自动化程度。

(3)传统测图先完成图根控制测量,经计算获得图根控制点坐标,并展绘到图板上,而后进行碎部测图。地面数字测图的图根控制测量与碎部测量可同时进行,即在进行图根控制测量的同时,可在图根控制点上同步测量本站的碎部点,再根据图根控制点的平差后坐标,对碎部点坐标重新进行计算,以提高碎部点坐标的精度,而后利用计算机进行处理并自动生成图形(这种方法被称为"一步测图法")。

(4)地面数字测图主要采用极坐标法测量碎部点,根据红外测距仪的精度,在几百米范围内误差均在 1 cm 左右,因此在通视良好、定向边较长的情况下,碎部点到测站点的距离与传统测图相比,可以放得更长一些。

(5)传统测图是以一幅图为单元组织施测,这种规则的划分测图单元给图幅边缘测图造成困难,并带来图幅接边问题。地面数字测图在测区内可不受图幅的限制,作业小组的任务可按河流、道路等自然分界线划分,以便于碎部测图,也减少了图幅接边问题。

(6)传统测图中,测图员可对照实地用简单的几何作图法测绘规则的地物轮廓,用目测法绘制细小地物和地貌形态。而地面数字测图必须有足够的特征点坐标才能绘制地物符号,有足够而又分布合理的地形特征点才能绘制等高线,因此,地面数字测图中直接测量的碎部点的数目比传统测图有所增加,且碎部点(尤其是地形特征点)的位置选择尤为重要。

1.1.4.5　数字测图理论的先进性

随着信息时代的到来,电子测绘仪器和计算机的迅猛发展和广泛应用,突破了传统的测绘技术和方法,数字测图应运而生。数字地形测量的理论和实践不断得到发展,诸如大比例尺数字地面模型的建模理论,等高线的插值和拟合理论,数据结构与计算机图形学理论,数字地形图内外业一体化测绘理论,数字地图应用理论,电子测绘仪器(含计算机)的原理、检核与使用方法,测绘软件系统的设计理论与实施,以及一些新的作业方法的建立,如图根控制和碎步一次测量的一步法、自然地界分组作业法等。

目前数字测图已经成为地形测绘的主流,代替了白纸测图,形成了自身的新的学科体系。它正处于蓬勃发展的时期,还需人们不断深入地研究它的理论和方法,使之在广泛的实践中得到创新和完善。

1.1.5 数字测图的发展与展望

1.1.5.1 数字测图技术的发展

（1）计算机制图技术的发展

数字测图首先是由机助地图制图开始的。机助地图制图技术酝酿于 20 世纪 50 年代。1950 年第一台能显示简单图形的图形显示器作为美国麻省理工学院旋风 1 号计算机的附件问世。20 世纪 50 年代末，数控绘图仪首先在美国出现，与此同时出现了第二代、第三代电子计算机，从而促进了机助制图的研究和发展，很快就形成了一种"从图上采集数据进行自动制图"的系统。1964 年人们第一次在数控绘图仪上绘出了地图。1965—1970 年第一批计算机地图制图系统开始运行，人们用模拟手工制图的方法绘制了一些地图产品。1970—1980 年，在新技术条件下，对机助制图的理论和应用问题，如地图图形的数字表示和数学描述、地图资料的数字化和数据处理方法、地图数据库、制图综合和图形输出等方面的问题进行了深入的研究，许多国家建立了硬软件相结合的交互式计算机地图制图系统，进一步推动了地理信息的发展。20 世纪 80 年代计算机制图技术进入推广应用阶段，各种类型的地图数据库和地理信息系统相继建立起来，计算机地图制图，尤其是机助专题地图制图得到了极大的发展和广泛的应用。20 世纪 70 年代末 80 年代初自动制图主要包括数字化仪、扫描仪、计算机及显示系统四个部分，数字化仪数字化成图成为主要的自动成图方法。

（2）数字摄影测量系统的发展

20 世纪 50 年代末，航空摄影测量都是使用立体测图仪及机械连动坐标绘图仪，采用模拟法测图原理，利用航测像对测绘出线划地形图。到 20 世纪 60 年代就有了解析测图仪，它由精密立体坐标仪、电子计算机和数控绘图仪三个主要部分组成，将模拟测图创新为解析测图，其成果依然是图解地形图。威特（Wild）公司生产的 BC2、BC3，Opton 公司生产的 P3 等均属于解析测图仪，我国也研制和生产了解析测图仪。后来在解析测图仪直接量测并自动解算测图点坐标的基础上，再键入相关信息，经过人机交互的编辑工作，由计算机处理，便可生成数字地形图。为了满足数字测图的需要，我国在生产、使用解析测图仪的同时，把原有模拟立体测图仪和立体坐标量测仪逐渐改装成数字测图仪。量测的模拟信息经编码器转换为数字信息，由计算机接收并处理，最终输出数字地形图。20 世纪 90 年代初，又出现了全数字摄影测量系统。武汉大学（原武汉测绘科技大学）张祖勋教授主持研制出了具有世界先进水平的全数字摄影测量系统。全数字摄影测量系统作业过程大致如下：将影像扫描数字化，利用立体观测系统观测立体模型（计算机视觉），利用系统提供的一系列进行量测的软件——扫描数据处理、测量数据管理、数字走向、立体显示、地物采集、自动提取（或交互采集）DTM（数字地面模型）、自动生成正射影像等软件（其中利用了影像相关技术、核线影像匹配技术）使测量过程自动化。全数字摄影测量系统在我国迅速推广和普及，目前已基本上取代了解析摄影测量。

（3）地面数字测图的发展

大比例尺地面数字测图是在 20 世纪 70 年代轻小型、自动化、多功能的电子速测仪问世后发展起来的。20 世纪 80 年代全站型电子速测仪（电子速测仪＋电子记录器，简称全站仪）的迅猛发展，加速了数字测图的研究与应用。如 20 世纪 80 年代后期国际上有较优秀的用全站仪采集及电子手簿记录、成图的测图系统，国内一些单位也引进了 Geocomp 软件试用。

1.1.5.2 数字测图技术的展望

数字测图技术的发展主要取决于数据采集和与之相应的数据处理方法的发展。今后数字测图系统的发展趋势主要体现在以下三个方面：

（1）全站仪自动跟踪测量模式

普通的全站仪在进行点位测量时，测站上仍要依靠作业员来完成寻找目标和照准的任务，随着科学技术的发展，瑞士捷创力（Geotronic）、日本拓普康（Topocon）等公司推出了自动跟踪全站仪，瑞士徕卡（Leica）公司推出了遥控测量仪。利用自动跟踪全站仪，可以实现测站的无人操作，测量的数据由测站无线自动传输到位于棱镜站的便携机中，这样就可减少野外数字测图人员的数量。从理论上讲，按照这种全站仪自动跟踪测量方法，可以实现单人数字测图。虽然目前这种仪器价格昂贵，还仅适用于特定的应用场合，但随着科学技术的不断发展，它必将在数字测图中得到广泛应用。

（2）GPS 测量模式

利用全站仪来进行点位测量必须要求测站和待测点之间通视，从这个意义上讲数字测图在测量方式上与传统方法并没有本质区别，这在很大程度上影响了野外数据采集的作业效率。随着 GPS 技术的发展，利用 RTK 实时动态定位技术能够实时提供待测点的三维坐标，在测程几十千米以内可达厘米级的测量精度。目前，高精度、轻小型的 GPS 接收机将对野外数字测图系统的发展起到积极的推动作用。可以预见，利用 GPS 作为数据采集手段的数字测图系统将会得到进一步发展，并以其较高的作业效率受到广大用户的青睐。

（3）野外数字摄影测量模式

利用全站仪进行数据采集时，每次只能测定一个点，而利用摄影测量的方法则可同时测定多个点，这是摄影测量方法的最大优点。随着技术的进步，充分利用野外测量的灵活性和摄影测量快速高效特点的测量方式成为野外测图的又一发展趋势。

总之，野外数字测图系统未来的发展方向主要是改进野外数据采集手段，通过对其改进从而不断提高野外数字测图的作业效率。

1.2　数字测图的基本原理

1.2.1　数字测图的基本思想

数字测图的基本思想是将地面上的地形要素和地理要素（或称模拟量）转换为数字，然后用计算机对其进行处理，得到内容丰富的电子地图，需要时由图形输出设备（如显示器、绘图仪）输出地形图或各种专题图图形。将模拟量转换为数字这一过程通常称为数据采集。目前的数据采集方法主要有野外地面数据采集法、航片数据采集法、原图数字化法等。数字测图的基本思想与过程如图 1.1 所示，通过采集有关的绘图信息并及时记录在数据终端（或直接传输给便携机），然后在室内通过数据接口将采集的数据传输给计算机，并用计算机对数据进行处理，再经过人机交互的屏幕编辑形成绘图数据文件，最后由计算机控制绘图仪自动绘制所需的地形图，最终由磁盘、光盘或硬盘等储存介质保存电子地图。数字测图生产的产品虽然仍是以提供图解地形图为主，但是它是以数字形式保存着地形模型及地理信息。

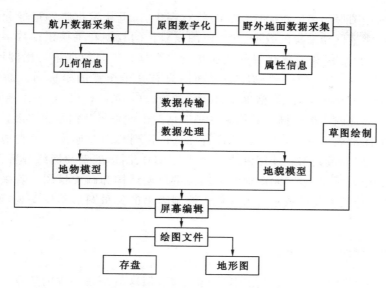

图 1.1 数字测图的基本思想

1.2.2 数字测图的图形描述

测量的基本工作是测定点位。传统方法是用仪器测得点的三维坐标,或者通过测量水平角、竖直角及距离来确定点位,然后绘图员按坐标(或角度与距离)将点展绘到图纸上。跑尺员根据实际地形向绘图员报告测的是什么点(如房角点),这个(房角)点应该与哪个(房角)点连接等,绘图员则当场依据展绘的点位按图式符号将地物描绘出来。独立地物可以由定位点及其符号表示,线状地物、面状地物由各种线划、符号或注记表示,等高线由高程值表示其意义。就这样一点一点地测绘,一幅地形图也就形成了。

数字测图是经过计算机软件自动处理(自动计算、自动识别、自动连接、自动调用图式符号等),自动绘出所测的地形图。因此,数字测图时必须采集绘图信息,它包括点的定位信息、连接信息和属性信息。

定位信息亦称点位信息,是用仪器在外业测量中测得的,最终以 $X,Y,Z(H)$ 表示的三维坐标。点号在测图系统中是唯一的,根据它可以提取点位坐标。连接信息是指测点的连接关系,它包括连接点号和连接线型,据此可将相关的点连接成一个地物。上述两种信息合称为图形信息,又称为几何信息。以此可以绘制房屋、道路、河流、地类界、等高线等图形。

属性信息又称为非几何信息,包括定性信息和定量信息。属性的定性信息用来描述地图图形要素的分类或对地图图形要素进行标名,一般用拟定的特征码(或称地形编码)和文字表示。有了特征码就知道它是什么点,对应的图式是什么。属性的定量信息是说明地图要素的性质、特征或强度的,例如面积、楼层、人口、产量、流速等,一般用数字来表示。

进行数字测图时不仅要测定地形点的位置(坐标),还要知道是什么点,是道路还是房屋,当场记下该测点的编码和连接信息。显示成图时,利用测图系统中的图式符号库,只要知道编码,就可以从库中调出与该编码对应的图式符号成图。

1.2.3 数字测图的数据格式

地图图形要素按照数据获取和成图方法的不同,可区分为矢量数据和栅格数据两种数据格式。矢量数据是图形的离散点坐标(X,Y)的有序集合；栅格数据是图形像元值按矩阵形式的集合。由野外测量仪器采集的数据、解析测图仪获得的数据和手扶跟踪数字化仪采集的数据是矢量数据；由扫描仪和遥感获得的数据是栅格数据。矢量数据量与比例尺、地物密度有关。据估计，一幅1∶1000的一般密度的平面图只有几千个点的坐标对。而一幅地图图形（50 cm×50 cm）的栅格数据，随栅格单元（像元）的边长（一般≤0.02 mm）而不同，通常达上亿个像元点。故一幅地图图形的栅格数据量在一般情况下比矢量数据量大得多。矢量数据结构是人们最熟悉的图形表达形式，从测定地形特征点位置到线划地形图中各类地物的表示以及设计用图，都是利用矢量数据。计算机辅助设计（CAD）、图形处理及网络分析，也都是利用矢量数据和矢量算法。因此，数字测图通常采用矢量数据结构和画矢量图。若采集的数据是栅格数据，必须将其转换为矢量数据。由计算机控制输出的矢量图形不仅美观，而且更新方便，应用非常广泛。

1.2.4　数字测图解决的问题

能自动地绘制地图图形是数字测图的首要任务，但这只是最基本的任务。数字测图还能解决电子地图的应用问题，尤其是要使数字测图成果满足地理信息系统（GIS）的需要。数字测图的最终目的是实现测图与设计和管理一体化、自动化。

归纳起来，数字测图所要解决的问题是：

（1）使采集的图形信息和属性信息为计算机识别。

（2）由计算机按照一定的要求对这些信息进行一系列的处理。

（3）将经过处理的数据和文字信息转换成图形，再由屏幕或绘图仪输出所需的各种图形。

（4）按照一定的要求自动实现图形数据的应用。

1.3　数字测图的基本过程

数字测图的作业过程根据使用的设备和软件、数据源及图形输出目的的不同而不同，但不论是测绘地形图，还是制作种类繁多的专题图、行业管理用图，只要是测绘数字图，都必须包括数据采集、数据处理和图形输出三个基本阶段。

1.3.1　数据采集

地形图、航空航天遥感像片、图形数据和影像数据、统计资料、野外测量数据和地理调查资料等，都可以作为数字测图的信息源。数据资料可以通过键盘或转储的方法输入计算机，图形和图像资料一定要通过图数转换装置转换成计算机能够识别和处理的数据。在数字测图中，各式各样的信息源数据的采集主要使用以下几种方法：

（1）GPS法。即通过GPS-RTK接收机野外采集碎部点的绘图信息数据。

（2）大地测量仪器法。即通过全站仪、测距仪、经纬仪等大地测量仪器实现野外碎部点数据采集。

（3）图形数字化法。即通过数字化仪或扫描仪在已有地图上采集数据。

（4）航测法。即通过航空摄影测量或遥感手段获取地表影像，从影像上采集地形点的绘图信息数据。

前两者是野外采集数据,后两者是室内采集数据。

1.3.2　数据处理

数字测图的全过程都是在进行数据处理,这里讲的数据处理是指在数据采集以后到图形输出之前对图形数据的各种处理。数据处理主要包括建立地图符号库、数据预处理、数据转换、数据计算、图形生成及文字注记、图形编辑与整饰、图形裁剪、图幅接边、图形信息的管理与应用等。数据处理通常通过计算机软件来实现,最后生成可进行绘图输出的图形文件。

地图符号库中的地图符号可以分为三类,即点状符号、线状符号和面状符号。目前建立地图符号库的方法主要有两种:一种是利用 C 语言等计算机语言开发,另一种是在如 AutoCAD 等开发平台上进行二次开发。地图符号库是数字测图系统中较为稳定的组成部分,一旦建立就可长期使用。

数据预处理包括坐标变换、各种数据资料的匹配、比例尺的统一、不同结构数据的转换等。

数据转换内容很多,如将碎部点记录数据(距离、水平角、竖直角等)文件转换为坐标数据文件,将简码的数据文件或无码数据文件转换为带绘图编码的数据文件等。

数据计算主要是针对地貌关系的。当数据输入到计算机后,为建立数字地面模型绘制等高线,需要进行插值模型建立、插值计算、等高线光滑处理三个过程的工作。数据计算还包括对房屋等呈直角拐弯的地物进行误差调整,消除非直角化误差等。

图形生成是在地图符号的支持下利用所采集的地形数据生成图形数据文件的过程。

要想得到一幅规范的地形图,还要对数据处理后生成的“原始”图形,利用数字测图系统提供的各种编辑功能进行修改、编辑、整理、加上文字注记、高程注记等,并填充各种面状地物符号,这些都属图形处理。图形处理还包括:测区图形拼接、图廓整饰、图形裁剪、图形信息管理与应用等。

数据处理是数字测图的关键阶段,数字测图系统的优劣取决于数据处理功能的强弱。

1.3.3　成果输出

经过图形处理以后,即可得到数字地图,也就是形成一个图形文件,存储在磁盘或磁带上,可永久保存。可以将该数字地图转换成地理信息系统的图形数据,建立和更新 GIS 图形数据库;也可将数字地图绘图输出。输出图形是数字测图的主要目的,通过对层的控制,可以编制和输出各种专题地图(包括平面图、地籍图、地形图、管网图、带状图、规划图等),以满足不同用户的需要。可采用矢量绘图仪、栅格绘图仪、图形显示器、缩微系统等绘制或显示数字地图。

1.4　数字测图作业模式

由于广义数字测图主要包括地面数字测图、地图矢量化和数字摄影测量等方面,而它们所需要的设备和成图软件不同,因此数字测图有不同的作业模式。

1.4.1　地面数字测图的作业模式

归纳而言,地面数字测图可区分为两大作业模式,即数字测记模式(简称测记式)和电子平板测绘模式(简称电子平板)。数字测记模式就是用全站仪、GPS-RTK 或普通测量仪器等在野外测量地形特征点的点位,用草图、编码等手段记录测点的几何信息和属性信息,到室内进行人机交互编辑成图。测记式外业设备轻便、操作方便、野外作业时间短。电子平板测绘模式就是用全站仪＋便携机＋相应测图软件,实施外业测图的模式。这种模式利用便携机的屏幕模拟测板在野外直接测图,可及时发现并纠正测量错误,外业工作完成,图也就同时出来了,实现了内、外业一体化,但由于在野外成图时间长,电子平板测绘模式实际使用并不广泛。

1.4.1.1 数字测记作业模式

（1）草图法

草图法是指在外业过程中,一边用仪器测量点的位置,一边用草图记录点、线、面地物的几何位置和属性等信息,然后把测点展到计算机屏幕系统上,对照草图就可以在屏幕上直接进行编辑成图。目前常见的具体方法有:全站仪配合草图、GPS-RTK 配合草图等,这种方法实施简单、操作方便、野外作业时间短、工作效率高,但内业编辑工作量比较大,所以在一般的作业单位中应用较广。其工作流程如下:

设站→瞄准观测（配合草图）→数据输入微机→内业成图→编辑、修改→图幅整饰→图形输出。

（2）编码法

编码法即利用成图系统的地形地物编码方案,在野外测图时不用画草图,只需将每一点的编码和相邻点的连接关系直接输入到全站仪或电子记录手簿中去,成图系统就会自动根据点的编码和连接信息进行图形生成,编码法也称全要素编码法。

编码法突出的优点是自动化程度较高,内业工作量相对较少,符合测量作业自动化的大趋势。该方法的缺点是内、外业工作量分配不合理,外业编码工作量大,点位关系复杂,容易输入错误编码。这种作业模式要求观测员熟悉编码,并在测站上边观测边输入。另外,当司镜员离测站较远时,观测者很难看清地物属性和连接关系,这就要求观测员与司镜员密切配合,相互交流反馈有关信息。其作业流程如下:

设站→观测输入编码→数据输入微机→格式转换和编码识别→自动绘图→编辑、修改→图幅整饰→图形输出。

编码法和草图法成图模式无法实时显示和处理图形,图形信息很大程度上靠数据来体现,这就给测绘地面情况比较复杂的地形图、地籍图等带来困难。

1.4.1.2 数字测绘作业模式

数字测绘作业模式就是电子平板测图,利用电子平板测绘成图系统,把便携式计算机与全站仪、GPS 等仪器连接,与传统的平板视距法成图类似,用便携式计算机替代了大平板,实时进行数据采集、数据处理与图形编辑。电子平板测绘系统是在传统数字化成图系统的基础上发展而成的,其数据采集与图形处理在同一环境下完成,实时处理所测数据,具有现场直接生成地形图"即测即显,所见所得"等优点,但对阴雨天、暴晒或灰尘等条件难以适应。另外,把实地图形显示在屏幕上,操作员可根据实地信息直接成图,也可先把点展在图上,一站结束后再成图。在现场对某些实体作简单的编辑、修改,较复杂的工作可回到室内去完成,最后通过绘图仪打印输出。其作业流程如下:

设站→观测数据通信→便携机成图→编辑、修改→图幅整饰→图形输出。

1.4.2　地图数字化

如果已有大量的聚酯薄膜图,或者外业仍然采用大平板测图、经纬仪＋小平板测图等方式形成纸质地图,要使这些成果进入微机转化为数字化成果,就必须采用这种模式。原图数字化一般有两种方法,较早采用的是利用数字化仪将图纸矢量化到计算机中;而现在大多利用大幅面工程扫描仪,借助扫描矢量化软件直接对扫描图纸进行矢量化,从而得到数字化图形文件。

总之,原图数字化的作业方法最大的优点是可以利用原有图纸,是原有测绘成果向数字化成果过渡的必经之路,同时也为传统测图与数字测图之间建立了密切的联系,便于对测绘人员进行合理分工,使人员、仪器设备得到合理配置。

1.4.3　数字摄影测量

数字摄影测量是基于数字影像和摄影测量的基本原理,应用计算机技术、数字影像处理、影像匹配、模式识别等多学科的理论与方法,提取所摄对象以数字方式表达的几何与物理信息的摄影测量学的分支学科。美国等国称之为软拷贝摄影测量,我国王之卓教授称之为全数字摄影测量。这种定义认为,在数字摄影测量过程中,不仅产品是数字的,而且中间数据的记录以及处理的原始资料均是数字的。数字摄影测量的一个突出特点是数字摄影测量系统取代了昂贵的模拟和解析摄影测量仪器。我国具有自主知识产权的全数字摄影测量系统主要有VirtuoZo、JX4 和 DPGrid。

思考与练习

1.1　什么是数字测图?

1.2　简述数字测图的基本成图过程。

1.3　数字采集的绘图信息有哪些?

1.4　数字测图与白纸测图的区别有哪些?

1.5　数字测图有哪些特点?

1.6　数字测图要解决哪些问题?

2 数字测图系统

数字测图系统由硬件和软件两部分构成,其中硬件主要由野外数据采集设备(包括全站仪和 GPS-RTK 等)、内业数据采集设备(包括数字化仪和扫描仪等)、数据处理设备(计算机)和数据输出设备(包括绘图仪和打印机等)组成,软件主要是计算机的成图系统。

2.1 数字测图系统概述

2.2.1 数字测图系统的概念

数字测图系统是以计算机为核心,连接测量仪器的输入输出设备,在硬件和软件的支持下,对地形空间数据进行采集、输入、编辑、成图、输出、绘图、管理的测绘系统。数字测图系统主要由数据采集输入、数据处理与成图和数据输出三部分组成,如图 2.1 所示。

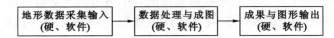

图 2.1　数字测图系统

数字测图系统由于硬件配置、工作方式、数据输入方法、输出成果内容的不同,可组成多种系统。按输入方法可分为:原图数字化数字成图系统、航测数字成图系统、野外数字测图系统、综合采样(集)数字测图系统等;按硬件配置可分为:全站仪配合电子手簿测图系统、电子平板测图系统等;按输出成果内容分为:大比例尺数字测图系统、地形地籍测图系统、地下管线测图系统、房地产测量管理系统、城市规划成图管理系统等。不同的时期,不同的应用部门,如水利、物探、石油等科研院校,也研制出了众多的自动成图系统。数字测图系统内容丰富,具有多种数据采集方法、多种功能和多种应用范围,能输出多种图形和数据资料。

2.2.2 数字测图系统的组成

根据数字测图的主要工作过程,数字测图系统需由一系列硬件和软件组成。用于野外采集数据的硬件设备有半站式电子速测仪、全站式电子速测仪和 GPS-RTK;用于室内输入的设备有数字化仪、扫描仪、解析测图仪等;用于室内输出的设备主要有磁盘、显示器、打印机和数控绘图仪等;用于记录数据的有电子手簿、PC 卡;计算机是数字测图系统的硬件控制设备的核心,既用于数据处理,又用于数据采集和成果输出。数字测图最基本的软件设备有系统软件和应用软件。应用软件主要包括控制测量计算软件、数据采集和传输软件、数据处理软件、图形编辑软件、等高线自动绘制软件、绘图软件及信息应用软件等。主要数字测图系统的综合框图如图 2.2 所示。

在计算机自动化成图过程中,主要采用先进行野外数据采集然后由计算机自动进行数据处理的方法,而随着计算机的袖珍化和软件功能的内外业一体化,内外业设备已没有明显的界

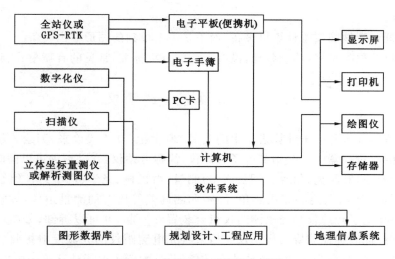

图 2.2　数字测图系统综合框图

限,就一般而言,内外业设备主要由以下几部分组成:

（1）地面测量仪器

地面测量仪器是获取地面信息的基本设备,它包括电子速测仪（全站仪）、动态 GPS-RTK、电子（或光学）经纬仪、测距仪等。目前传输方式主要有两种:一种是利用设备和计算机的 COM 口进行数据通信连接,然后利用相应的软件进行数据下载,如 CASS 系统设有速测仪、经纬仪＋测距仪、视距、量距等各种采集模式,能充分地利用现有的仪器设备;另一种是直接利用设备的移动盘或卡进行数据交换。

（2）电子计算机

电子计算机是进行数据采集、储存、处理的基本设备。对于机助成图一般包括两个部分即进行外业数据采集所用的计算机和进行内业数据处理所用的计算机。外业数据采集所用的计算机要求计算机袖珍化,便于野外携带和使用。内业处理一般采用微型计算机,要求计算机有足够的储存容量和运算速度。

（3）图形输入设备

用于将纸质地图几何图形转换为数据的专用设备称为图形输入设备。常用的图形输入设备有数字化仪。数字化仪的类型按不同指标或性能有不同的分类,如:按自动化程度分,有手扶跟踪式、半自动跟踪式和自动扫描式;按数据格式分,有矢量式和栅格式;按坐标系分,有直角坐标式和极坐标式;按数字化台面形状分,有平台式和滚筒式。

目前通常指的数字化仪都是指手扶跟踪式直角坐标数字化仪,由于手扶跟踪数字化仪操作简单、价格低,其图形输入的精度能够满足地图精度的要求,因此这一类型的数字化仪在机助成图中广泛使用。半自动跟踪数字化仪精度高、速度快,但价格昂贵,尚未得到普及应用;自动扫描数字化仪（亦称扫描仪）虽速度快,但由于其精度和矢量化等问题,在精度要求较高的大比例尺成图方面,还有待进一步研究。

（4）图形输出设备

实现从制图数据到图形的设备称为图形输出设备,主要有打印机、图形显示器和自动绘图仪等。

打印机具有图形输出速度快的特点,虽打印的图形不精致,但能为制图人员提供概略的样图,以便于检查。

图形显示器通常被归属于计算机设备,而不是一个单独的图形输出设备。

自动绘图仪的种类很多,功能各异,没有严格的分类标准,常见的有喷墨式、激光式。

2.2 全站型电子速测仪

随着光电测距技术和电子计算机技术的发展,20 世纪 70 年代以来,测绘界越来越多地使用了一种新型的测量仪器——全站型电子速测仪,简称全站仪,它是一种可以同时进行角度测量(水平角和竖直角)和距离(斜距、平距、高差)测量,由机械、光学、电子组件组合而成的测量仪器。由于在同一测站上能够完成测角、测距和测高差等所有的测量工作,故它被称为全站仪。开始时,是将电子经纬仪与光电测距仪组合装置在一起,并可以拆卸,分离成电子经纬仪和测距仪两部分,此时称此装置为半站仪。后来将光电测距仪的光波发射接收装置系统的光轴和经纬仪的视准轴组合为同轴的整体式全站仪,并且配置了电子计算机的中央处理单元、储存单元和输入输出设备,能根据外业观测数据(角度、距离)实时计算并显示出所需要的测量成果:点与点之间的方位角、平距、高差或点的三维坐标等。通过输入输出设备,全站仪可以与计算机交互通信,使测量数据直接进入计算机进行计算、编辑和绘图。测量作业所需要的已知数据也可以从计算机输入全站仪。这样,不仅使测量的外业工作高效化,而且可以实现整个测量作业的高度自动化。全站仪主要精度指标是测距精度和测角精度,测距精度分为固定误差和比例误差。如拓普康 GPT-3102N 全站仪的标称精度为:测角精度＝±2″;测距精度＝±(2+2×10⁻⁶ D)mm。《全站型电子速测仪检定规程》(JJG 100—2003)和《光电测距仪检定规程》(JJG 703—2003)将全站仪准确度等级划分为四个等级(表 2.1)。

表 2.1　全站仪准确度等级划分

准确度等级	测角标准差 m_β	测距标准差 m_D
Ⅰ	$|m_\beta| \leqslant 1''$	$|m_D| \leqslant (1+D)$ mm
Ⅱ	$1'' < |m_\beta| \leqslant 2''$	$(1+D)$ mm $< |m_D| \leqslant (3+2D)$ mm
Ⅲ	$2'' < |m_\beta| \leqslant 6''$	$(3+2D)$ mm $< |m_D| \leqslant (5+5D)$ mm
Ⅳ	$6'' < |m_\beta| \leqslant 10''$	$|m_D| > (5+5D)$ mm

注:表中"D"的单位为 km。

2.2.1　全站仪的结构

2.2.1.1　电子测角系统

电子测角系统采用度盘测角,但不是在度盘上进行角度单位的刻线,而是从度盘上取得电信号,再转换成数字,并将转换结果储存在微处理器内,根据需要进行显示和换算以实现记录的自动化。全站仪的电子测角系统相当于电子经纬仪,可以测定水平角、竖直角和设置方位角。这种电子经纬仪按取得电信号的方式不同可分为编码度盘测角和光栅度盘测角两种。

2.2.1.2　光电测距系统

光电测距系统相当于光电测距仪,它是近代光学、电子学发展的产物,目前主要以激光、红外光和微波为载波进行测距,因为光波和微波均属于电磁波的范畴,故它们又被统称为电磁波测距仪。主要测量测站点到目标点的斜距,可归算为平距和高差。由于光电测距具有高精度、自动化、数字化和小型轻便化等特点,使得在工程控制网和各种工程测量中,传统的三角网改变为导线网,这大大地减轻了测量工作者的劳动强度,加快了工作速度。

2.2.1.3 微型计算机系统

该系统主要包括中央处理器、储存器和输入输出设备,微型计算机系统使得全站仪能够获得多种测量成果,同时还能够使测量数据与外界计算机进行数据交换、计算、编辑和绘图。中央处理器的主要功能是根据输入指令,进行测量数据的运算;储存器由随机储存器和只读存储器等构成,其主要功能是存储数据;输入输出设备包括键盘、显示屏和数据交换接口,键盘主要用于输入操作指令、数据和设置参数,显示屏主要显示仪器当前的工作方式、状态、观测数据和运算结果;接口使全站仪能与磁卡、磁盘、微机交互通信、传输数据。测量时,微型计算机系统根据键盘或程序的指令控制各分系统的测量工作,进行必要的逻辑和数值运算以及数字存储、处理、管理、传输、显示等。

2.2.1.4 其他辅助设备

全站仪的辅助设备主要有整平装置、对中装置、电源等设备。整平装置除传统的圆水准器和管水准器外,还增加了自动倾斜补偿设备;对中装置有锤球、光学对中器和激光对中器;电源供给各部分电能。

2.2.2 全站仪的测量原理

2.2.2.1 全站仪的测角原理

(1) 编码度盘测角系统

编码度盘是通过对度盘进行分划,形成透光区和不透光区,然后用二进制编码器来读出角度。编码度盘有多种形式,目前,大多数全站仪都采用增量式编码度盘。图2.3所示为一个二进制编码度盘,在度盘盘上均匀刻划几个同心环带,每一个环带表示一位二进制编码,称为码道。如果再将全圆划成若干扇区,则每个扇形区间形成几个梯形,梯形分透光和不透光两类,设透光表示"0",不透光表示"1",则该扇形可用二进制数表示其角值。每个方向都单值对应一个状态(编码输出),根据两扇区的不同状态,便可测出两区间的夹角。

图2.3所示为4个码道和16个扇区。用四位二进制数表示角值,则全圆只能刻成 $2^4=16$ 个扇形,各扇区二进制编码见表2.2,度盘刻划值为360°/16=22.5°,即

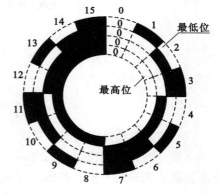

图2.3 编码度盘

编码度盘的角度分辨率为22.5°,这显然是没有什么实际意义的。如果编码度盘的角度分辨率为20″,则需刻成(360×60×60)/20=64800个扇形区,即64800个扇区≈216个码道。

表2.2 四码道编码度盘编码

扇区	编码	扇区	编码	扇区	编码	扇区	编码
0	0000	4	0100	8	1000	12	1100
1	0001	5	0101	9	1001	13	1101
2	0010	6	0110	10	1010	14	1110
3	0011	7	0111	11	1011	15	1111

编码度盘的角度分辨率 δ 与扇区数 s 有关,而扇区数 s 又取决于码道数 n,它们之间的关系为:

扇区数

$$s = 2^n \qquad (2.1)$$

角分辨率

$$\delta = \frac{360°}{s} \qquad (2.2)$$

显然,为了提高编码度盘的角度分辨率,就必须增加码道数,因为度盘直径有限,码道数愈多,靠近度盘中心的扇形间隔愈小,且缺乏使用意义,故一般将度盘刻成适当的码道,再利用测微装置细分角值。

度盘读数的基本原理为:将度盘分划置于发光二极管和光电二极管之间,当度盘与发光和接收元件之间有相对转动时,光线被度盘分划线遮隔或通过,光电二极管断续收到光信号,转变成电信号以确定度盘的位置。图 2.4 所示为编码度盘光电传感器读数原理,在编码度盘的上方和下方,沿径向方向的各码道上,分别安装 4 个发光二极管和 4 个光电二极管。对于透光区,发光二极管的光信号能够通过,相对应的光电二极管接收到信号,输出为 0;对于不透光区,与发光二极管的光信号相对应的光电二极管接收不到信号,则输出为 1。图 2.4 所示输出状态为 0101。

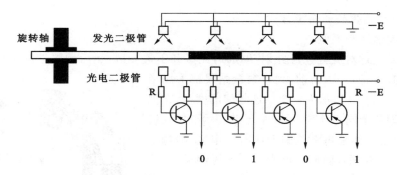

图 2.4　编码度盘光电传感器读数原理

（2）增量式光栅度盘测角系统

在度盘的径向方向上均匀地刻有明暗相间的等角细线就形成光栅度盘,反映光栅性能的基本参数是光栅的密度和栅距。设光栅的栅线(不透光区)和缝隙(透光区)宽度均为 a,则栅距 $d = a + a$,它们都对应一角度值。同上思路在光栅度盘的上下对应位置分别装上发光二极管和光电二极管,形成计数器。在测角过程中,使其随照准部相对于光栅度盘转动,可由计数器累计所转动的栅距数,从而求得所转动的角度值[图 2.5(a)]。因为光栅度盘上没有绝对度数,只是累计移动光栅的条数计数,故称为增量式光栅度盘。

要提高测角的精度就要提高光栅的分辨率,光栅的栅距虽然很小,但由于度盘尺寸有限,其所对应的角度值却仍很大,要进一步细分栅距技术难度大,所以通常采用的方法是将栅距放大。如采用莫尔条纹技术,莫尔条纹技术就是将密度相同的两块光栅重叠,并使它们的刻线相互倾斜一个很小的角度 θ,这时就会产生明暗相间的干涉条纹,称为莫尔条纹[图 2.5(b)]。条纹的亮度按正弦做周期性变化。夹角越小,条纹越粗,即相邻明条纹(或暗条纹)的间隔越大。

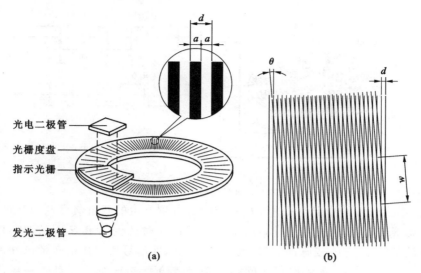

图 2.5　增量式光栅度盘测角原理示意图

设 d 是光栅度盘相对固定光栅的移动量，w 是莫尔条纹在径向的移动量，两光栅间的夹角为 θ，则其关系式为：

$$w = d \times \cot\theta \qquad\qquad (2.3)$$

由此可知，只要两光栅之间的夹角很小，很小的光栅移动量就会产生很大的条纹移动量。图 2.5(a) 所示装置，若发光二极管、指示光栅、光电二极管的位置固定，当度盘随照准部转动时，发光二极管发出的光信号，通过莫尔条纹落到光电二极管上。度盘每转过一条光栅，莫尔条纹移动一周期。莫尔条纹的光信号强度变化一周期，光电二极管输出的电流也变化一周期。

在照准目标的过程中，仪器的接收元件可累计出条纹的移动量，从而测出光栅的移动量，经转换得到角度值。

（3）动态光栅度盘测角系统

动态光栅度盘测角原理如图 2.6 所示。度盘光栅可以旋转，另有两个与度盘光栅交角为 β 的指标光栅 L_S 和 L_R：L_S 为固定光栅，位于度盘外侧，它不随照准部转动；L_R 为可动光栅，位于度盘内侧，随照准部的转动而转动。同时，度盘上还有两个标志点 a 和 b，L_S 只接收 a 的信号，L_R 只接收 b 的信号，测角时 L_S 代表任一原方向，L_R 随着照准部旋转，当照准目标后，L_R 位置已定，此时启动测角系统，使度盘在马达的带动下，始终以一定的速度逆时针旋转，b 点先通过 L_R，开始计数。接着 a 通过 L_S，计数停止，此时计下 R、S 之间的栅距（ϕ_0）的整数倍 n 和不是一个分划的小数 $\Delta\phi$，则水平角为：

$$\beta = n\phi_0 + \Delta\phi \qquad\qquad (2.4)$$

事实上，每个栅格为一脉冲信号，由 L_R、L_S 的粗测功能可计数得 n；利用 L_R、L_S 的精测功能可测得不足一个分划的相位差 $\Delta\phi$，其精度取决于将 ϕ_0 划分成多少相位差脉冲。

测定 ϕ_0 的个数 n 时，基本思路是在度盘的一径向方向的内、外缘上设标记 a 和 b，在距 90°处的另一径向的内、外缘上，再另设标记 c 与 d。在望远镜瞄准一方向后，度盘开始转动，a 标记过光栏 L_S 起计数器开始记 ϕ_0 的个数，至 b 标记过 L_R 光栏时计数器计数结束，所计数的值为 ϕ_0 的个数 n，另外两个标记 c、d 同时在两个光栏间的计数，其结果可作比较值，以对整周期 ϕ_0 的个数作校核。

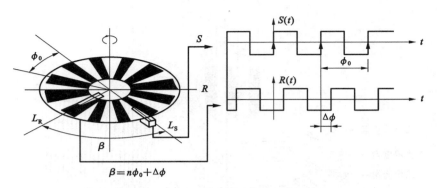

图 2.6　动态光栅度盘测角原理

对不足整周数 $\Delta\phi$ 的测定是通过光栏 L_S 和 L_R 分别产生的两组信号 S 和 R 的相位差求得的。度盘开始旋转时,各条栅线通过固定光栏 L_S 和 L_R 时产生 L 和 S 正弦波信号,整形后得其相应的方波信号 S 及 R 或脉冲信号,其中的一个脉冲信号所对应的角值已知,两者的相位差所对应的角值即为 $\Delta\phi$。实测时可每间隔一条栅线检测一个 $\Delta\phi$。度盘转一周,则可取得数量为栅线条数 1/2 的独立检测值 $\Delta\phi$,求其平均值,即取得高精度的不足整周期的角度值。通过对度盘的扫描还可以消除度盘刻划误差对测角的影响,虽这种装置结构复杂,且度盘需马达驱动,但测角的精度可达 $0.5''$。

2.2.2.2　全站仪的测距原理

目前常见的光电测距有三大类,即以红外光、激光或微波作为载波光源。红外光多采用砷化镓(GaAs 或 GaAlAs)发光二极管作为光源,砷化镓发光二极管是一种能直接发射调制光的器件,即通过改变砷化镓发光二极管的电流密度来改变其发射的光强;激光多采用氦-氖(He-Ne)气体激光器作为光源,激光器发射激光具有方向性强、亮度高、单色性好等特点,其发射的瞬时功率大。红外光、激光和微波均属电磁波,所以光电测距也叫电磁波测距。

电磁波测距是通过测定电磁波束在待测距离上往返传播的时间 t_{2D} 来计算待测距离 D 的,如图 2.7(a)所示,电磁波测距的基本公式为:

$$D = \frac{1}{2}ct_{2D} \qquad (2.5)$$

式中　c——电磁波在大气中的传播速度。

电磁波在测线上的往返传播时间 t_{2D},可以直接测定,也可以间接测定。直接测定电磁波传播时间的是用一种脉冲波,它是由仪器的发送设备发射出去,被目标反射回来,再由仪器接收器接收,最后由仪器的显示系统显示出脉冲在测线上往返传播的时间 t_{2D} 或直接显示出测线的斜距,这种测距方式称为脉冲式测距。间接测定电磁波传播时间是采用一种连续调制波,它由仪器发射出去,被目标反射回来后进入仪器接收器,通过发射信号与返回信号的相位比较,即可测定调制波往返于测线的滞后相位差中小于 2π 的尾数。用 n 个不同调制波的测相结果,便可间接推算出传播时间 t_{2D},并计算(或直接显示)出测线的倾斜距离。这种测距方式称为相位式测距。目前这种方式的计时精度达 10^{-10} s 以上,从而使测距精度提高到 1 cm 左右,可基本满足精密测距的要求。现今用于精密测距的测距仪多属于这种相位式测距,下面讨论相位式光电测距系统。

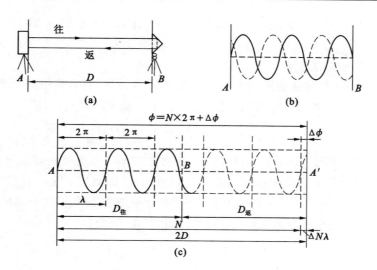

图 2.7 相位式测距原理示意图

（1）相位式光电测距的基本公式

如图 2.7（a）所示，测定 A、B 两点的距离 D，将相位式光电测距仪整置于 A 点（称测站），反射器整置于另一点 B（称镜站）。测距仪发射出连续的调制光波，调制波通过测线到达反射器，经反射后被仪器接收器接收［图 2.7（b）］。调制波在经过往返距离 $2D$ 后，相位延迟了 ϕ。将 A、B 两点之间调制光的往程和返程展开在一直线上，用波形示意图将发射波与接收波的相位差表示出来，如图 2.7（c）所示。

设调制波的调制频率为 f，它的周期 $T=1/f$，相应的调制波长 $\lambda=cT=c/f$。由图 2.7（c）可知，调制波往返于测线传播过程所产生的总相位变化 ϕ 中，包括 N 个整周变化 $N\times 2\pi$ 和不足一周的相位尾数 $\Delta\phi$，即

$$\phi = N\times 2\pi + \Delta\phi \tag{2.6}$$

根据相位 ϕ 和时间 t_{2D} 的关系式 $\phi=wt_{2D}$，其中 w 为角频率，$w=2\pi f$，则

$$t_{2D} = \frac{\phi}{w} = \frac{1}{2\pi f}(N\times 2\pi + \Delta\phi) \tag{2.7}$$

将式（2.6）、式（2.7）代入式（2.5）中，得

$$D = \frac{c}{2f}\left(N + \frac{\Delta\phi}{2\pi}\right) = L(N + \Delta N) \tag{2.8}$$

式中 　$L=c/2f=\lambda/2$——测尺长度；

　　　N——整周数；

　　　$\Delta N=\Delta\phi/2\pi$——不足一周的尾数。

式（2.8）为相位式光电测距的基本公式。由此可以看出，这种测距方法同钢尺量距相类似，用一把长度为 $\lambda/2$ 的"尺子"来丈量距离，式中 N 为整尺段数，而 $\Delta N\times\frac{\lambda}{2}=\Delta L$ 为不足一尺段的余长。则

$$D = NL + \Delta L \tag{2.9}$$

式中 　c、f、L 为已知值，$\Delta\phi$、ΔN 和 ΔL 为测定值。

由于测相器只能测定 $\Delta\phi$，而不能测出整周数 N，因此使相位式测距式（2.8）或式（2.9）产

生多值解。可借助于若干个调制波的测量结果(ΔN_1，ΔN_2，…或 ΔL_1，ΔL_2，…)推算出 N 值，从而计算出待测距离 D。

(2) 测尺频率方式的选择

如前所述，由于在相位式测距仪中存在 N 的多值性问题，只有当被测距离 D 小于测尺长度 $\lambda/2$ 时(即整尺段数 $N=0$)，才可以根据 $\Delta\phi$ 求得唯一确定的距离值，即

$$D = \frac{\lambda}{2} \times \frac{\Delta\phi}{2\pi} = L \times \Delta N \tag{2.10}$$

如只用一个测尺频率 $f_1=15$ MHz 时，只能测出不足一个测尺长度的尾数，若距离 D 超过 L_1(10 m)的整尺段，就无法知道该距离的确切值，而只能测定不足一整尺的尾数值 $\Delta L_1 = L_1 \times \Delta N_1 = \Delta D$。若要测出该距离的确切值，必须再选一把大于距离 D 的测尺 L_2，其相应测尺频率 f_2，测得不足一周的相位差 $\Delta\phi_2$，求得距离的概略值 D' 为

$$D' = \frac{L_2 \times \Delta\phi_2}{2\pi} = L_2 \times \Delta N_2 \tag{2.11}$$

将两把测尺 L_1 和 L_2 测得的距离尾数 ΔD 和距离的概略值 D'，组合使用得到该距离的确切值为

$$D = D' + \Delta D \tag{2.12}$$

综上所述，当待测距离较长时，为了既保证必需的测距精度，又满足测程的要求。在考虑到仪器的测相精度为千分之一情况下，可以在测距仪中设置几把不同的测尺频率，即相当于设置了几把长度不同、最小分划值也不相同的"尺子"，用它们同测某段距离，然后将各自所测的结果组合起来，就可得到单一的、精确的距离值。

测尺频率的选择有直接测尺频率方式和间接测尺频率方式两种。直接测尺频率方式，一般用 2 个或 3 个测尺频率：其中一个为精测尺频率，用它测定待测距离的尾数部分，保证测距精度。其余的为粗测尺频率，用它测定距离的概值，满足测程要求。由于仪器的测定相位精度通常为千分之一，即测相结果具有 3 位有效数字，它对测距精度的影响随测尺长度的增大而增大，精测尺可测量出厘米、分米和米位的数值；粗测尺可测量出米、十米和百米的数值。这两把测尺交替使用，将它们的测量结果组合起来，就可得出待测距离的全长。如果用这两把尺子来测定一段距离，则用 10 m 的精测尺测得 5.82 m，用 1000 m 的粗测尺测得 785 m，二者组合起来得出 785.82 m。这种直接使用各测尺频率的测量结果组合成待测距离的方式，称为"直接测尺频率"的方式。间接测尺频率方式是用差频作为测尺频率进行测距的方式，在测相精度一定的条件下，如要扩大测程，同时又要保持测距精度不变，就必须增加测尺频率，见表 2.3。

表 2.3　测尺频率与测尺长度

测尺频率 f	15 MHz	1.5 MHz	150 kHz	15 kHz	1.5 kHz
测尺长度 L	10 m	100 m	1 km	10 km	100 km
精度	1 cm	1dm	1 m	10 m	100 m

由表 2.3 看出，各直接测尺频率彼此相差较大。而且测程愈长时，测尺频率相差愈悬殊，此时，最高测尺频率和最低测尺频率之间相差达万倍，使得电路中放大器和调制器难以对各种测尺频率具有相同的增益和相移稳定性。于是，有些远程测相位式测距仪改用一组数值上比较接近的测尺频率，利用其差频频率作为间接测尺频率，可得到与用直接测尺频率方式同样的效果。

（3）测尺频率的确定

测尺频率方式选定之后，就必须解决各测尺长度及测尺频率的确定问题。一般将用于决定仪器测距精度的测尺频率称精测尺频率；而将用于扩展测程的测尺频率称为粗测尺频率。

对于采用直接测尺频率方式的测距仪，精测尺频率的确定，依据测相精度，主要考虑仪器的测程和测量结果的准确衔接，还要使确定的测尺长度便于计算。

测尺频率可依下式确定

$$f_i = \frac{c}{2L_{1i}} = \frac{c_0}{2nL_i} \tag{2.13}$$

式中　　c——光波在大气中的传播速度；

　　　　n——大气折射率；

　　　　c_0——光波在真空中的传播速度；

　　　　f_i——调制频率（测尺频率）。

电磁波在真空中的传播速度 c_0 即光速，是自然界一个重要的物理常数。20 世纪以来，许多物理学家和大地测量学家用各种可能的方法，多次进行了光速值的测量。1957 年国际大地测量及地球物理联合会同意采用新的光速暂定值，建议在一切精密测量中使用，这个光速暂定值为

$$c_0 = 299792458(\pm 1.2)\text{m/s}, \qquad \frac{\partial c_0}{c_0} \approx 4 \times 10^{-9}$$

由物理学知，光波在大气中传播时的折射率 n，取决于所使用的波长和在传播路径上的气象因素（温度 t，气压 p 和水汽压 e）。光波折射率随波长而改变的现象称为色散，也就是说，不同波长的单色光，在大气中具有不同的传播速度。

2.2.2.3　全站仪的补偿器原理

全站仪照准部的整平可使竖轴铅直，但受气泡灵敏度和作业的限制，仪器的精确整平有一定的困难。这种竖轴不铅直的误差称为竖轴误差。竖轴误差对水平方向值和竖直角的影响不能通过盘左、盘右读数时取中数来消除。因此在一些较高精度的电子经纬仪和全站仪中安置了竖轴倾斜自动补偿器，以自动改正竖轴倾斜对水平方向值和竖直角的影响。精确的竖轴补偿器，仪器整平到 $3'$ 范围内，其自动补偿精度可达 $0.1'$。

全站仪的补偿器有单轴补偿器、双轴补偿器和三轴补偿器。如果全站仪的补偿器仅能够补偿竖轴倾斜对竖直角的影响，这种补偿器称为单轴补偿器，在光学经纬仪上，这种补偿器称为竖盘指标自动归零装置；如果全站仪的补偿器不仅能够补偿经纬仪竖轴倾斜对竖直角的影响，而且还能够补偿竖轴倾斜对水平方向值的影响，这种补偿器称为双轴补偿器；三轴补偿实际上是采用内置软件来消除横轴误差及视准轴误差对水平方向值的影响。目前全站仪主要采用双轴补偿器。

图 2.8 所示是一种双轴液体补偿器，图中由发光管发出的光，经物镜组发射到液体，被液体全反射后，光又经物镜组聚焦到光电接收器上。光电接收器为一光电二极管阵列，一方面将光信号转变为电信号；另一方面还可以探测出光落点的位置。光电二极管阵列可分为

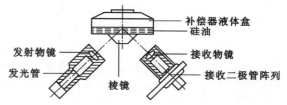

图 2.8　双轴液体补偿器

4 个象限,其原点为竖轴竖直时光落点的位置。当竖轴倾斜时,光电接收器接收到的光落点位置就发生了变化,其变化量即反映了竖轴在纵向(视准轴方向)上的倾斜分量 L 和横向(横轴方向)上的倾斜分量 T。位置变化信息传输给内部的微处理器处理,处理器对所测的水平角和竖直角自动修正,达到补偿的目的。

2.2.3 全站仪的基本测量功能(以拓普康 GPT-3100 为例)

不同厂商全站仪产品的基本功能大致相同,下面以拓普康 GPT-3100 为例,对全站仪的基本测量功能作一些介绍。

拓普康 GPT-3100 系列全站仪操作界面见图 2.9,其按键名称与功能见表 2.4,显示屏显示常用符号表示的含义见表 2.5。

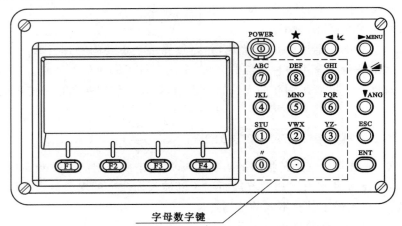

图 2.9 拓普康 GPT-3100 系列全站仪操作界面

表 2.4 GPT-3100 系列全站仪按键名称与功能表

键	名称	功　　能
★	星键	星键模式用于如下项目的设置或显示: ① 显示屏对比度;② 十字丝照明;③ 背景光;④ 倾斜改正;⑤ 定线点指示器(仅适用于有定线点指示器类型);⑥ 设置音响模式
坐标	坐标测量键	坐标测量模式
距离	距离测量键	距离测量模式
ANG	角度测量键	角度测量模式
POWER	电源键	电源开关
MENU	菜单键	在菜单模式和正常模式之间切换,在菜单模式下可设置应用测量与照明调节、仪器系统误差修正
ESC	退出键	① 返回测量模式或上一层模式; ② 从正常测量模式直接进入数据采集模式或放样模式; ③ 也可用作正常测量模式下的记录键 设置退出键功能的方法参见 16"选择模式"
ENT	确认输入键	在输入值之后按此键
F1~F4	软键(功能键)	对应于显示的软键功能信息

表 2.5 拓普康 GPT-3100 系列全站仪常用符号含义

显示符号	内　容	显示符号	内　容
V%	垂直角（坡度显示）	E	东向坐标
HR	水平角（右角）	Z	高程
HL	水平角（左角）	*	EDM（电子测距）正在进行
HD	水平距离	m	以米为单位
VD	高差	f	以英尺/英寸为单位
SD	倾斜	NP	切换棱镜/无棱镜模式
N	北向坐标	⊞	激光发射标志

2.2.3.1　角度测量

安置好仪器后，开机转动望远镜进行初始化，进入默认角度测量模式，若在其他模式下按 ANG 键切入角度测量模式。角度测量模式分为 3 个页面，软键信息显示在显示屏幕的最底行，如图 2.10 所示，各软键的功能见表 2.6。

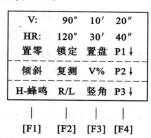

图 2.10　角度测量模式

表 2.6　角度测量模式下各软键的功能

页数	软键	显示符号	功　能
1	F1	置零	水平角置为 0°00′00″
	F2	锁定	水平角读数锁定
	F3	置盘	通过键盘输入数字设置水平角
	F4	P1↓	显示第 2 页软键功能
2	F1	倾斜	设置"倾斜改正"开或关；若选择开，则显示倾斜改正值
	F2	复测	角度重复测量模式
	F3	V%	垂直角百分比坡度（%）显示
	F4	P2↓	显示第 3 页软键功能
3	F1	H-蜂鸣	仪器每转动水平角 90°是否要发出蜂鸣声的设置
	F2	R/L	水平角左/右计数方向的转换
	F3	竖角	垂直角显示格式（高度角/天顶距）的切换
	F4	P3↓	显示下一页（第 1 页）软键功能

（1）水平角和垂直角测量

如图 2.11 所示，欲测 A、B 两方向的水平角，在 O 点整置仪器后，照准目标 A，按 F1（置零）键和 YES 键，可设置目标 A 的水平读数为 $0°00'00''$。旋转仪器照准目标 B，直接显示目标 B 的水平角 H 和垂直角 V。

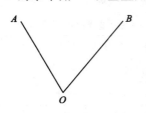

图 2.11　水平角测量示意图

（2）水平角右角、左角的切换

水平角右角，即仪器右旋角，从上往下看水平度盘，水平读数顺时针增大；水平角左角，即左旋角，水平读数逆时针增大。在测角模式下，按 F4（↓）键两次转到第 3 页功能，每按 F2（R/L）一次，右角、左角交替切换。通常使用右角模式进行观测。

（3）水平读数设置

水平读数设置有两种方法。方法一：通过锁定水平读数进行设置。先转动照准部，使水平读数接近要设置的读数，接着用水平微动螺旋旋转至所需的水平读数，然后按 F2（锁定）键，使水平读数不变，再转动照准部照准目标。按 YES 键完成水平读数设置。方法二：通过键盘输入进行设置，先照准目标，再按 F3（置盘）键，按提示输入所要的水平读数。

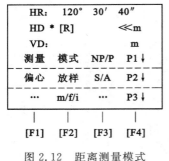

图 2.12　距离测量模式

在测角模式下，可进行角度复测、水平角 90° 间隔蜂鸣声的设置、垂直角与百分度（坡度）切换、天顶距与高度角切换等。

测回法和方向观测方法测角，与经纬仪测角方法步骤相同。

2.2.3.2　距离测量

按 ◢ 进入距离测量模式。距离测量模式分为 3 个页面，软键信息显示在显示屏幕的最底行，如图 2.12 所示，各软键的功能见表 2.7。

表 2.7　距离测量模式下各软键的功能

页数	软键	显示符号	功　　能
1	F1	测量	启动测量
	F2	模式	设置测距模式精测/粗测/跟踪
	F3	NP/P	无/有棱镜模式切换
	F4	P1↓	显示第 2 页软键功能
2	F1	偏心	偏心测量模式
	F2	放样	放样测量模式
	F3	S/A	设置音响模式
	F4	P2↓	显示第 3 页软键功能
3	F2	m/f/i	米、英尺或者英尺、英寸单位的转换
	F4	P3↓	显示第 1 页软键功能

在进行距离测量时，首先要进行棱镜常数、大气改正值（气温、气压值）等参数的设置，所谓棱

镜常数就是光在棱镜中的传播速度和在空气中不一致而引起的测距误差,通常会使距离测量大一些,此时可通过棱镜常数进行修正。光在大气中的传播速度会随大气的温度和气压而变化,15 ℃和760 mmHg是仪器设置的一个标准值,此时的大气改正值为0 ppm。实测时,可输入温度和气压值,全站仪会自动计算大气改正值(也可直接输入大气改正值),并对测距结果进行改正。

设置距离测量可设为单次测量和N次测量。一般设为单次测量,以节约用电。距离测量可分为三种测量模式,即精测模式、粗测模式和跟踪模式。完成上述设置后,就可以直接进行距离测量、偏心测量和距离放样等功能的操作。

(1) 直接距离测量

当距离测量模式和观测次数设定后,在测角模式下,照准棱镜中心,按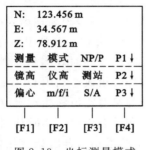键,即开始连续测量距离,显示内容从上往下为水平角(HR)、平距(HD)和高差(VD)。再按一次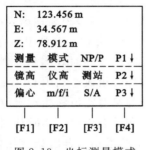键,显示内容变为水平角(HR)、垂直角(V)和斜距(SD)。当连续测量不再需要时,可按F1(测量)键,按设定的次数测量距离,最后显示距离平均值。

注意:当光电测距正在工作时,HD右边出现"*"标志。

(2) 偏心测量

当棱镜直接架设有困难时,如要测定电线杆中心位置,偏心测量模式是十分有用的。只要在与仪器平距相同的点P处安置棱镜,在设置仪器高度、棱镜高度后,用偏心测量(第2页F1键)即可测得其到被测物中心的距离和被测物的中心坐标。

在距离测量模式下,选择偏心测量(偏心)模式,接着照准棱镜P点,按F1(测量)键测定仪器到棱镜的水平距离,再按F4(设置)键确定棱镜的位置,接着用水平制动螺旋照准目标点,然后每按一次距离测量键,即键,平距(HD)、高差(VD)和斜距(SD)依次显示,若在偏心测量之前,设置(输入)了仪器高、棱镜高、测站点坐标,每按一次坐标测量键,即键,N、E和Z坐标依次显示。最后按ESC键返回前一个模式。

(3) 距离放样

在距离测量模式下,按"放样"键(第2页F2键)可进行距离放样,显示出测量的距离与设计的放样距离之差。在"放样"模式下,选择平距(HD)、高差(VD)和斜距(SD)中的一种测量方式,输入放样设计的距离,然后照准棱镜,按键,开始放样测量,显示测量距离与放样设计距离之差。移动棱镜,直到测量距离与设计距离的差值为0。

2.2.3.3　坐标测量

按键进入坐标测量模式。坐标测量模式分为3个页面,软键信息显示在显示屏幕的最底行,如图2.13所示,各软键的功能见表2.8。

N: 123.456 m			
E: 34.567 m			
Z: 78.912 m			
测量	模式	NP/P	P1↓
镜高	仪高	测站	P2↓
偏心	m/f/i	S/A	P3↓
[F1]	[F2]	[F3]	[F4]

图2.13　坐标测量模式

表 2.8　坐标测量模式下各软键的功能

页数	软键	显示符号	功　　　　能
1	F1	测量	开始测量
	F2	模式	设置距离测量模式,精测/粗测/跟踪
	F3	NP/P	无/有棱镜模式切换
	F4	P1↓	显示第 2 页软键功能
2	F1	镜高	输入棱镜高
	F2	仪高	输入仪器高
	F3	测站	输入测站点(仪器站)坐标
	F4	P2↓	显示第 3 页软键功能
3	F1	偏心	偏心测量模式
	F2	m/f/i	米、英尺或者英尺、英寸单位的转换
	F3	S/A	设置音响模式
	F4	P3↓	显示第 1 页软键功能

全站仪可在坐标测量模式 ![] 下直接测定碎部点(立棱镜点)坐标。在坐标测量之前必须将全站仪进行定向,输入测站点坐标。若测量三维坐标,还必须输入仪器高和棱镜高,具体操作如下:

在坐标测量模式下,先通过第 2 页的 F1(镜高)、F2(仪高)、F3(测站)分别输入棱镜高、仪器高和测站点坐标,再在角度测量模式下,照准后向点(后视点),设定测站点到定向点的水平度盘读数,完成全站仪的定向。然后照准立于碎部点的棱镜,按 ![] 开始测量,显示碎部点坐标(N,E,Z),即(X,Y,H)。

2.3　GPS-RTK 测量系统

2.3.1　GPS-RTK 测量系统简介

全球定位系统(Global Positioning System)简称为 GPS,是随着现代科学技术的迅速发展而建立起来的精密卫星导航定位系统,是美国国防部批准美国海陆空三军联合研制的新一代卫星导航系统。GPS 目前发射卫星已经超过 32 颗,其中 24 颗为工作卫星,均匀地分布在 6 个相对于赤道倾角为 55°的近似圆形轨道上,卫星距离地球表面的平均高度为 20200 km,卫星运行速度为 3800 m/s,运行周期为 11 时 58 分钟。每颗卫星可覆盖全球约 38% 的面积。卫星的分布可保证在地球上任何地点、任何时刻能同时观测到 4 颗卫星。GPS 系统主要由空间卫星部分、地面监控部分和用户设备三大部分组成。利用 GPS 进行定位的方法有很多种。若按照参考点的位置不同,则定位方法可分为绝对定位和相对定位;按用户接收机在作业中的运动状态不同,则定位方法可分为静态定位和动态定位。实时动态测量 RTK(Real Time Kinematic)是全球卫星导航定位技术与数据通信技术相结合的载波相位实时动态差分定位技术,它能够实时地提供测站点在指定坐标系中的三维定位结果,并达到厘米级精度,属于动态相对定位。

2.3.1.1　GPS-RTK 测量系统概述

在以载波相位观测量为根据的 GPS 精密定位中,初始整周未知数的确定是定位的一个关键问题,准确而快速地解算整周未知数,对保障定位精度、缩短定位时间、提高 GPS 定位效率都具有极其重要的意义。1993 年,莱卡公司成功地开发了一种动态确定整周未知数的方法,并研制出了相应的软件,能够在接收机运动过程中确定整周未知数或实现动态初始化,从而实现了精密实时动态相对定位(RTK),为了增加解的可靠性和精确性,除了尽可能多地跟踪卫星之外,观测的历元数应该尽可能多。目前这一方法已在短基线(10 km 以内)实时动态相对定位中得到了成功的应用,其定位精度可以达到厘米级。

在 RTK 作业模式下,基准站通过数据链将其观测值和测站坐标信息一起传送给流动站。流动站不仅通过数据链接收来自基准站的数据,还要采集 GPS 观测数据,并在系统内组成差分观测值进行实时处理,同时给出厘米级定位结果,用时不足一秒钟。流动站可处于静止状态,也可处于运动状态;可在固定点上先进行初始化后再进入动态作业,也可在动态条件下直接开机,并在动态环境下完成周模糊度的搜索求解。在整周未知数解固定后,即可进行每个历元的实时处理,只要能保持 4 颗以上卫星相位观测值的跟踪和必要的几何图形,则流动站可随时给出厘米级定位结果(图 2.14)。

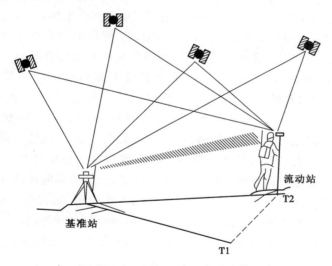

图 2.14　GPS-RTK 测量系统测量示意图

RTK 技术的关键在于数据处理技术和数据传输技术,RTK 定位时要求基准站接收机实时地把观测数据(伪距观测值,相位观测值)及已知数据传输给流动站接收机,数据量比较大,一般都要求 9600 的波特率,这在无线电上不难实现。

随着科学技术的不断发展,RTK 技术已由传统的 1+1 或 1+2 发展到了广域差分系统 WADGPS,有些城市已建立起 CORS 系统,这就大大扩大了 RTK 的测量范围,当然 RTK 技术在数据传输方面也有了长足的进展,由原先的电台传输发展到现在的 GPRS 和 GSM 网络传输,大大提高了数据的传输效率和范围。在仪器方面,现在的仪器不仅精度高而且比传统的 RTK 更简洁、更容易操作。

2.3.1.2　常规 GPS-RTK 测量系统

常规 GPS-RTK 测量系统按照软、硬件来划分主要由 GPS 接收机、数据传输系统和 GPS-

RTK 测量的软件系统三部分组成。

（1）GPS 接收机

GPS-RTK 测量系统中至少应包含两台 GPS 接收机，其中一台安置于基准站上，另一台或若干台分别安置于不同的用户流动站上。基准站应设在测区内较高且观测条件良好的已知点上。在作业中，基准站的接收机应连续跟踪全部可见 GPS 卫星，并将观测数据实时地发送给用户站。GPS 接收机可以是单频或双频。当系统中包含多个用户接收机时，基准站上的接收机多采用双频接收机，采样本应与流动站接收机采样本相同。

（2）数据传输系统

基准站同用户流动站之间的联系是靠数据传输系统（简称数据链）来实现的。数据传输设备是完成实时动态测量的关键设备之一，由调制解调器和无线电台组成。在基准站上，利用调制解调器将有关数据进行编码，然后由无线电发射台发射出去。在用户站上利用无线电接收机将其接收下来，再由调制解调器将数据还原，并送给用户流动站上的 GPS 接收机。

（3）GPS-RTK 测量的软件系统

软件系统的功能和质量，对于保障实时动态测量的可行性、测量结果的可靠性及精度具有决定性意义。实时动态测量软件系统应具备的基本功能为：① 整周未知数的快速解算；② 根据相对定位原理，实时解算用户站在 WGS-84 坐标系中的三维坐标；③ 根据已知转换参数，进行坐标系统的转换；④ 求解坐标系之间的转换参数；⑤ 解算结果的质量分析与评价；⑥ 作业模式（静态、准动态、动态等）的选择与转换；⑦ 测量结果的显示与绘图。

如果按仪器架设位置划分，GPS-RTK 测量系统主要由基准站和流动站两部分组成。GPS-RTK 系统基准站由基准站 GPS 接收机及卫星接收天线、无线电数据链电台及发射天线、直流电源等组成。其作用是求出 GPS 实时相位差改正值，然后将改正值及时地通过数据电台传递给流动站以精化其 GPS 观测值，得到经差分改正后流动站较准确的实时位置。GPS-RTK 作业能否顺利进行，关键的问题是无线电数据链的稳定性和作用距离是否满足要求。它和无线电数据链电台本身的性能、发射天线的类型、参考站的选址、设备的架设、环境无线电的干扰情况等有直接的关系。流动站由一台 GPS 接收机、接收电台和控制器组成，主要根据实时接收到的卫星数据和基准站观测数据，实时解算两点之间的基线，并根据参数计算显示用户站相应坐标系的三维坐标及其精度。其工作流程如图 2.15 所示。

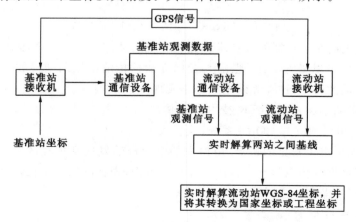

图 2.15　常规 GPS-RTK 测量系统示意图

2.3.1.3 网络 GPS-RTK 测量系统

网络 GPS-RTK 测量系统又称多基准站 GPS-RTK 测量系统,指在一定区域内建立多个参考站,对该地区构成网状覆盖,并进行连续跟踪观测,通过这些站点组成卫星定位观测值的网络解算,获取覆盖该地区和该时间段的 RTK 改正参数,用于该区域内 RTK 测量用户进行实时 RTK 改正的定位方式。与常规 GPS-RTK 测量系统相比,多基准站 GPS-RTK 测量系统的优势有以下几点:

① 扩大了移动站与基准站的作业距离,且完全保证定位精度;

② 对于长基线 GPS 网络,用户无需架设自己的基准站,费用大幅度降低;

③ 改进了 OTF 初始化时间,提高了作业效率;

④ 提高了定位的可靠性,确保了定位质量;

⑤ 可以进行实时定位,又可以进行事后差分处理;

⑥ 应用范围更广泛,可以满足各种控制测量、水运工程测量、疏浚定位、施工放样定位、变形观测、工程监控、船舶导航、生态环保以及城市测量与城市规划等。

目前应用于网络 GPS-RTK 测量的数据处理方法有:虚拟 RTK 基准站法(Virtual Reference Station, VRS)、偏导数法、线性内插法和条件平差法,其中虚拟 RTK 基准站法(VRS)是多基准站 GPS-RTK(又称网络 GPS-RTK)测量的数据处理方法中一种较好的方法,技术最为成熟。

(1)多基准站 GPS-RTK 测量系统工作原理

如果在某一大区域内,均匀布设若干个(3 个以上)连续运行的 GPS 基准站,构成一个基准站网,就可以借鉴广域差分 GPS 和具有多个基准站的局域差分 GPS 中的基本原理和方法,经过有效的组合,移动站将其概略坐标播发给控制中心;然后控制中心搜集周围基准站的数据进行网平差,算出移动站的虚拟观测值;最后控制中心又将这些观测值播发给移动站,从而实时算出移动站精密坐标。

(2)多基准站 GPS-RTK 测量系统组成及数据流程

整个系统由基准站网、数据处理中心和数据通信线路组成(图 2.16)。基准站上应配置双频全波长 GPS 接收机,该接收机能同时提供精确的双频伪距观测值。基准站按规定的采样率进行连续观测,并通过数据链实时将观测资料传送给数据处理中心,其通信方式可采用数字数据网 DON 或其他方式。而流动站可以采用移动数字电话网络,如 GSM、CDMA、COPD 或 GPRS 等方式向控制中心传送标准的 NAME 位置信息,告知它的概位。控制中心接收到其信息后重新计算所有 GPS 观测数据,并内插到与流动站相匹配的位置。数据处理中心根据流动站送来的近似坐标来判断该站位于哪 3 个基准站所组成的区域内,然后根据这 3 个基准站的观测资料求出该流动站处所产生的系统误差,再向流动站发送改正过的 RTCM 信息,流动站根据接收到的 RTCM 信息,结合自身 GPS 观测值,组成双差相位观测值,快速确定整周模糊度参数和位置信息,完成实时定位。流动站可以处于 VRS 网络中任何一点,这样流动站的 RTK 接收机的定位系统误差就能减少或削弱,提高了定位的准确度、可靠度。这是一种为一个虚拟的、没有实际架设基准站建立原始基准数据的技术,故称之为"虚拟基准站(VRS)"。

由此可知,虚拟基准站法是设法在移动站相距数米或数十米处建立虚拟的"基准站",并根据周围各基准站上的实际观测值算出该虚拟"基准站"上的虚拟观测值,由于虚拟站离移动站相当近,故流动站只需采用常规 GPS-RTK 测量技术就能利用虚拟基准站进行实时相对定位,

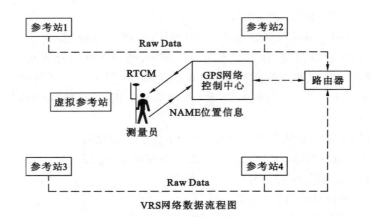

图 2.16　多基准站 GPS-RTK 测量系统组成及数据流程

获得较准确的定位结果。

多基准站 GPS-RTK 测量技术的发展与应用代表了 GPS 未来发展的方向。由于多基准站 GPS-RTK 测量技术的先进性,它一经问世便受到世界各国的广泛关注。德国、瑞士、日本等一些国家已建成或正在建设多基准站 GPS-RTK 测量系统,我国也已开始着手 VRS 技术的应用。

2.3.2　GPS-RTK 测量系统的基本使用

以南方灵锐 S82-2008 GPS-RTK 测量系统为例,对 GPS-RTK 的基本功能使用作一些介绍。图 2.17 所示为南方灵锐 S82-2008 GPS-RTK 测量系统按键和指示灯界面。

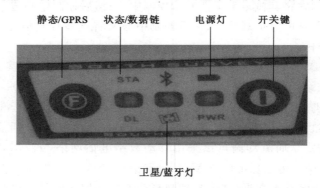

图 2.17　南方灵锐 S82-2008 GPS-RTK 测量系统按键和指示灯界面

2.3.2.1　指示灯及其含义

图 2.18 表示灵锐 S82-2008 各灯以及按键代表的含义设置。键 F 的基本思路:开机决定工作模式以及通信直联,工作后选择通信方式。

各灯以及按键代表的含义:

BAT 表示内置电池:长亮表示供电正常;闪烁表示电量不足。

PWR 表示外接电源:长亮表示供电正常;闪烁表示电量不足。

BT 表示蓝牙连接;

SAT 表示卫星数量;

STA 在静态模式下表示记录灯,在动态模式下表示数据链模块是否正常运作;

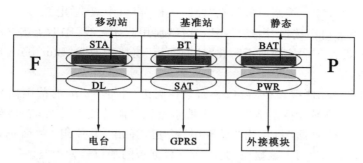

图 2.18 南方灵锐 S82-2008 GPS-RTK 测量系统各灯以及按键

DL 在静态模式下表示长亮,在动态模式下表示数据链模块是否正常运作;

F——功能键,负责工作模式的切换以及电台、GPRS 模式的切换;

P——开关键,进行开关机以及确认。

长按 P 键 3~10 秒关机(三声关机),10 秒后进入自检(长响,新机要求自检一次)。

2.3.2.2　仪器设置

(1)基准站电台发射

P+F 长按　等 6 个灯都同时闪烁;按 F 键选择本机的工作模式,当 BT 灯亮,按 P 键确认,选择基准站工作模式;等数秒钟电源灯正常后,长按 F 键,等 STA 和 DL 灯闪烁,放开 F 键(听到第二声响后放手即可),按 F 键,SAT、PWR 灯循环闪,当 PWR 亮时,按 P 键确认,选择电台传输方式。

(2)基准站 GPRS 工作模式

P+F 长按　等 6 个灯都同时闪烁;按 F 键选择本机的工作模式,当 BT 灯亮,按 P 键确认,选择基准站工作模式;等数秒钟电源灯正常后,长按 F 键,等 STA 和 DL 灯闪烁,放开 F 键(听到第二声响后放手即可),按 F 键,SAT、PWR 灯循环闪,当 SAT 灯亮时,按 P 键确认,选择 GPRS 传输方式,此时是双发模式,双发模式的意思是网络和外接电台同时发射。

(3)移动站、电台模式

P+F 长按　等 6 个灯都同时闪烁;按 F 键选择本机的工作模式,当 STA 灯亮,按 P 键确认,选择移动站工作模式;等数秒钟电源灯正常后,长按 F 键,等 STA 和 DL 灯闪烁,放开 F 键(听到第二声响放手即可),按 F 键,DL、SAT、PWR 灯循环闪,当 DL 灯亮时,按 P 键确认,选择电台传输方式。工作过程中按一下 F 键,灯的状态表示目前是移动站电台模式(3 秒后自动转入工作状态)。

(4)移动站 GPRS 模式

P+F 长按　等 6 个灯都同时闪烁;按 F 键选择本机的工作模式,当 STA 灯亮时,按 P 键确认,表示目前是移动站工作模式;等数秒钟电源灯正常后,长按 F 键,等 STA 和 DL 灯闪烁,放开 F 键(听到第二声响后放手即可),按 F 键,DL、SAT、PWR 灯循环闪,当 SAT 灯亮按 P 键确认,选择 GPRS 通信方式。移动站正常工作后,按一下 F 键,灯的状态表示移动站 GPRS 通信(3 秒后自动转入工作状态)。

2.3.2.3　手簿与蓝牙连接

(1)手簿设置

打开主机,然后对手簿进行如下设置:

①"开始"→"设置"→"控制面板",在"控制面板"窗口中双击"电源"。

② 在电源属性窗口中选择"内建设备",选择"启用蓝牙无线(B)",点击"OK"关闭窗口。

③"开始"→"设置"→"控制面板",在"控制面板"窗口中双击"Bluetooth 设备属性",弹出"蓝牙管理器"对话框。

④ 点击"搜索",弹出"搜索…"窗口。如果在附近(小于 12 m 的范围内)有上述主机,在"蓝牙管理器"对话框将显示搜索结果。整个搜索过程可能持续 10 s 左右,请耐心等待。

⑤ 选择"T068…"数据项,点击"服务组"按钮,弹出"服务组"对话框,对话框里显示"PRINTER"和"ASYNC"两个数据项,此时所有数据项的端口号皆为空。

⑥ 双击"ASYNC"数据项,弹出四个选项:"活动"、"发送"、"加密"和"认证"。选择"活动",此时"ASYNC"数据项中的端口变为"COM7",点击"OK"关闭所有窗口。

(2) 连接设置

把工程之星软件安装到上述手簿中,同时保持主机开机,然后进行如下设置(图 2.19):

① 打开工程之星软件,进入工程之星主界面。点击"提示"窗口中的"OK"。

②"设置"→"连接仪器",在"连接仪器"对话框中,选择"输入端口",点击"连接"。如果连接成功,状态栏中将显示相关数据。如果连不通,则退出工程之星重新连接(如果以上设置都正确,此时直接连接即可)。如果出现特殊情况(比如上述端口显示"COM6"),请在"输入端口"中输入数字"6"。

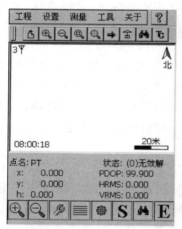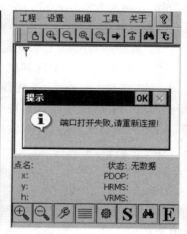

图 2.19 连接设置

(3) VRS 连接

① 将手簿设置和测试程序拷入 Flash Disk 目录下。

② 设置程序图标,运行,选择连接方式,按"打开",然后按"读取"。

③ 用 GPRS 连接 VRS 时,必须选择 VRS_NTRIP 模式,输入 IP、端口、用户、密码、APN 域名,按"设置"。

④ 列表获取:英文中名为"Mount Point",先在"域名"框输入任意值,按"设置",设置成功后就按"列表"获取域名列表,会显示列表数据,选取使用的域名(也可以直接输入,要区分字母大小写),然后按"设置",就可以了。GPRS 设置参数都保存在主机的 GPRS 模块中,设置一次就可以了,以后使用时只需直接打开主机,用手簿连接就可以采集数据。

⑤ VRS测试:选择连接方式,按"打开",就会显示接收数据。按"信号",就会获取当前GPRS模块的信号强度。按"状态",会显示当前GPRS模块的状态,有关状态和主机DL灯显示在"帮助"中有相关说明。按"主机",显示的接收数据就是OEM板的GGA定位数据。同样,按"通讯",显示的是和GPRS模块接收的数据。按"重启",就会关闭当前GPRS连接,重新启动GPRS模块。按"测试1",就会按照一定的指令顺序发送给GPRS模块,并把测试数据保存到"Flash Disk\VRS_TEST"目录下。按"测试2"和"测试1"一样,按照一定的顺序发送指令,"测试2"的指令要比"测试1"深入一点,如果有问题就可以把测试记录的文件发过来,查看哪里出错。登录成功后按"保存",就把接收到的数据保存到一个指定的文件夹中。

⑥ 在"工程之星"中的设置:以上的设置可以在工程之星的"设置"→"网络连接"→"设置"对话框中设置。当屏幕左上角显示"R"时,"设置"菜单中才会显示"网络连接",否则会显示"电台设置"。登录服务器成功后,在工程之星的"设置"→"移动站设置"中选择相应的差分数据格式就可以收到差分解了。RTCM2.3的选择RTCM格式,RTCM3.0的选择RTCM3格式,CMR和CMR+的选择CMR格式。下次使用时只需直接打开主机,用手簿连接就可以使用,不需进行任何设置和调试。

2.3　数字测图系统的其他硬件设备

数字测图系统的其他硬件设备主要是内业输入和输出设备,内业输入设备主要包括数字化仪、扫描仪和键盘、鼠标、磁带驱动仪等,内业输出设备主要是绘图仪等。

2.3.1　数字化仪

数字化仪是数字测图系统中的一种图形数据采集设备,主要用来获取矢量数据,用它从地图上获取空间位置数据。数字化仪工作的实质是把图上的位置点信息转换成数字化的平面坐标点信息,并输入给计算机。其硬件主要有图形感应板、定位器(检测器)及电子处理器三部分。

图形感应板是一个长方形面板,里面印刷着等距离的平行网线路。工作时,扫描脉冲依次加到网格阵列 X、Y 方向的各条线上。

定位器又称坐标输入控制器或检测器,它实质上是一个检测线圈,其上有16个功能键。当定位器在图形感应板上移动时,定位器线圈发射出的信号被图形感应板上的栅格阵列接收,从而发生电磁耦合,也就是说,当定位器十字中心点对准要输入的图形的某点,并按下按钮时,扫描脉冲扫过检测线圈,检测线圈就感应到扫描脉冲,并经逻辑电路确定该点的坐标。当连续移动定位器时,定位器根据移动轨迹产生一连串的坐标数据,并输入给计算机。有些数字化仪的图形感应板的边缘有一块被称为"菜单"的区域,上面有许多常用图形符号或功能,可通过用户自定义。

电子处理器是将感应板和定位器所获得的电磁信息进行处理,使其成为与计算机相适应的数字信息。

数字化仪的主要性能指标如下:

(1) 最大有效幅面:指能够有效地进行数字化操作的最大面积。通常有A0、A1、A2、A3等幅面。

（2）最高分辨率：指数字化仪与计算机的接口大多采用标准 RS-232C 串行接口，数据传送速度（波特率）采用可变方式，通常最低的速率为 150 或 300；最高的速率为 9600 或 19200。其中数据位、停止位和奇偶校验等都可以设置，以便满足不同传送速率的要求。这里所说的波特率是每秒传送信息位的数量，即每秒离散事件或信号事件的个数，当每个信号事件用二进制表示时，波特率即为比特数/秒。例如，在微型机中设定格式为 Mode com1:9600,n,8,1,p，则表示数字化仪接在串行口 COM1 上，设置数据传输率为 9600，8 位数据位，1 位停止位，无校验位。

必须指出，用数字化采集数据是一项艰苦工作，它需要操作人员用定位器跟踪图上的区域边界、道路、等高线等要素，并将各种位置信息送给计算机。因此，在进行数字化采集数据时应注意分要素标描，必要时给予编号，以免遗漏信息，注意标出各要素的特征点，减少输入过程中形态的失真，如注意标出等高线拐点等。数字化地图的质量优劣同操作者的经验及对输图的负责程度有关。

2.3.2　扫描仪

扫描仪是数字测图系统中又一种重要的输入设备，主要用来获取栅格数据，即将各种图件转换成栅格数据结构的数字化图像数据，再输入计算机。

扫描仪是机电一体化的产品，它的硬件主要有光学成像部分、机械传动部分和转换电路部分，其核心部分是完成光电转换的电耦合器件 CCD(Charge Coupled Device)。扫描仪将自身携带的光源照射到图件上，以反射光或透射光的形式，将光信号传给 CCD 器件，并将它转换成电信号，然后进行模/数（A/D）转换，把形成的数字图像信号传给计算机。

2.3.2.1　扫描仪的主要性能指标

（1）分辨率

它是指单位长度上的取样点数，通常以图像采样点/英寸来表示，记作 DPI(Dot Per Inch)或 PPI(Pixel Per Inch)。从物理上讲分辨率是图像扫描仪 CCD 器件的排列密度。例如 300DPI 表示该扫描仪每英寸有 300 个 CCD 器件，有些扫描仪用内插算法来进一步提高分辨率，为了区分起见，未经插值时的分辨率称物理分辨率或光学分辨率。一般来说，扫描仪的光学分辨率低于实际标出的分辨率，严格地说只有光学分辨率才真正代表一台扫描仪的物理精度。

（2）彩色位数

对于黑白二值扫描仪，每个像素用一位来表示，低于阈值的电压为 0，反之为 1。而在灰度扫描仪中，每个像素有多个灰度层次，因此需要用多个二进制位来表示。如 4 位精度的模/数转换器可以输出 16 种灰度值，为 0000（黑）到 1111（白）。对彩色扫描仪而言，用彩色位数来表示图像扫描仪对色彩的分辨率，从物理上讲，彩色位数是扫描仪 A/D 转换器的位数。

由于彩色图像显示和电视接收机一样，都是基于三基色原理而得到各种彩色。因此，彩色图像需要存放红、绿、蓝（R,G,B）3 种原色，上面所说的 A/D 转换器也应选择 3 的倍数，如 3×6 位、3×8 位、3×10 位、3×12 位。目前，图像扫描仪及其软件常采用 3×8 位，称 24 彩色位。显然，彩色位越大，扫描的彩色图像质量越高，所需数据量也就越大。

（3）扫描仪的硬件接口

由于扫描仪同计算机之间连接时所传送的图像数据量很大，用传统的串行口和并行口进行数据通信速度太慢，不宜选用，通常采用如下几种通信接口：

① SCSI(Small Computer System Interface)接口,这种接口传送速率高,但必须另装 SCSI 卡,再进行系统配置。

② EPP(Enhanced Parallel Port)接口,这是一种新型并行通信接口,它采用双向、半双向方向进行数据传输,可认为是计算机高速并行口,最高速率达 2Mb/s,数据传输速率与 SCSI 接口相当。由于这种接口不需要扫描仪专用接口卡,只要计算机支持 EPP 协议即可。因为目前所有的 Pentium 计算机都支持 EPP 协议,预计今后 EPP 接口将成为扫描仪的标准接口。其他的标准接口如 USB(Universal Serial Bus)接口,传输速率为 12Mb/s,Fireware 传输速率可达 100 Mb/s。

扫描仪输出栅格结构的图像数据的格式已经标准化,常用格式有 TIF 格式、BMP 格式等。其应用软件与图像软件有关,如 Photoshop、Photostyler、Imagestar 等。

2.3.2.2 扫描仪的分类

目前市场上扫描仪的种类很多,并有很多不同的分类方法,按转换部件类型分有以 CCD 为核心的平板式、手持式扫描仪及以光电倍增管为核心的滚动式扫描仪;按扫描图像幅面大小可分为小幅面手持式扫描仪、中等幅面的台式扫描仪及大幅面工程扫描仪;按扫描图稿的介质分有反射式(纸介质)扫描仪、透射式(胶片)扫描仪和反射透射式多用途扫描仪;按颜色分有黑白扫描仪和彩色扫描仪;而按用途分又有通用型扫描仪(扫描图稿)和专用型扫描仪(如条形码读入器,卡片读入器)等。

2.3.3 绘图仪

绘图仪作为计算机的外围设备,是数字测图系统中不可缺少的一种输出设备。

绘图仪种类较多,按绘图方式分为笔式绘图仪和无笔式绘图仪;按走纸方式分为滚动式绘图仪和平板式绘图仪;按图幅分为 A0、A1、A2 和 A3 绘图仪;按绘图颜色分为黑白绘图仪和彩色绘图仪;按性能指标分为低档、中档和高档绘图仪;按功能分为绘图用、刻膜用和感光用绘图仪等。

2.3.3.1 绘图仪的主要性能指标

(1) 绘图速度

由于绘图仪是一种慢速设备,它的速度和计算机速度相差很大,因此不可能在主机发送数据的同时完成绘图任务。为此,必须设计绘图缓冲存储器,把主机发送来的数据存储在缓冲存储器中,由绘图仪"慢慢去画"。

当然,不同类型的绘图仪其绘图速度差别很大。如通常的笔式绘图仪的走笔的速度的数量级约为 1 m/s。喷墨绘图仪速度比笔式绘图仪快,如用喷墨绘图仪绘出一张 A0 图约为 30 s,而笔式绘图仪却要用 2 h。当然同样是笔式绘图仪和喷墨绘图仪,其速度也因型号不同而不同。

(2) 分辨率

不同类型的绘图仪对该指标含义仅具有一定的差异,对于笔式绘图仪往往用机械分辨率和软件分辨率来描述。

机械分辨率是指机械装置可移动的最小距离,如 Calcomp3036 的机械分辨率为 0.0125 mm。

软件分辨率也称可寻址分辨率,是指图形数据每增加一个最小单位时绘图点移动的最小距离,如软件分辨率为 0.025 mm、0.05 mm 或 0.1 mm。

对喷墨绘图仪而言,分辨率可用每英寸的像素点即 DPI 表示,如 HP Design jet650C 喷墨绘图仪的分辨率黑白的为 600DPI,彩色的为 300DPI。

（3）精度

精度包括重复精度和距离精度。重复精度，是指重复跟踪指定图形时，两次外滑的距离，显然距离越小，精度越高。距离精度也称零位精度，指从零位向 X、Y 方向移动最大距离后，再移到零位时的偏移量。

通常，在不具体指定某精度时，指最大精度数值。例如 Calcomp3036 笔式绘图仪的距离精度为 ± 0.1 mm。

2.3.3.2 按绘图方式对绘图仪的分类

（1）笔式绘图仪

它通常分滚筒式和平板式两种。滚筒式绘图仪通常由滚动传动部分、绘图笔传动部分、脉冲电机驱动部分及操作控制部分等组成。画图时，图纸在一个方向滚动（如 X 方向），绘图笔在另一方面（如 Y 方向）移动。所画的直线或曲线，实际上由许多阶梯状折线组成，由于这些折线的距离很小（例如 $0.1 \sim 0.6$ mm），所以看上去是一条光滑的直线或曲线。

平板绘图仪用静电吸附或磁力压条等方式固定纸张，通常控制横架和笔架分别向 X 和 Y 方向移动来完成画图任务，这种绘图仪所用机械部件较前者少，因此其绘图精度高于滚动式绘图仪。

笔式绘图仪价格低、消耗品成本低，适用于矢量数据结构图形的输出，但因其速度慢，现在已经很少使用。

（2）无笔式绘图仪

从物理上讲，它没有绘图笔，但从逻辑上讲，它又具有模拟绘图笔的逻辑笔。无笔式绘图仪将计算机传来的矢量数据转换成长栅格数据，然后用逻辑笔进行绘制，并采用一遍走纸画图的方式，避免了笔式绘图往返走纸造成的偏差，且使绘图的速度得到了很大提高。

无笔式绘图仪还分为喷墨绘图仪、静电绘图仪、激光绘图仪等。

喷墨绘图仪是近几年发展起来的新型绘图仪。它的关键部件是喷墨头，喷墨头中的墨水通过加热汽化，或压电陶瓷产生的压力把墨水喷出喷嘴，印到图纸上形成图像。目前既有单喷头的黑白喷墨绘图仪，也有双喷头、四喷头的彩色喷墨仪。这种绘图仪随着技术的成熟，价格不断下降，加上具有速度快、绘图质量高等优点，正在替代笔式绘图仪。

静电绘图仪是采用矢量栅格转换技术，将矢量的图形光栅转成一系列基本图形单元进行光栅处理，最后将带电介质通过调色槽，使调色剂中色吸附到潜像点上，使该点显像。这种绘图仪数据运算处理能力强、精度高、色彩效果佳，但结构复杂、价格高。

2.4 数字测图软件系统

2.4.1 数字测图软件系统简介

数字测图软件系统包括为完成数字化成图工作用到的所有软件，即各种系统软件（如操作系统 Windows）、平台软件（如计算机辅助设计软件 AutoCAD）和实现数字化成图功能的应用软件或者称为专用软件（如南方测绘仪器公司的 CASS 成图软件）。

数字化成图软件是数字测图系统中一个极其重要的组成部分，软件的优劣直接影响数字测图系统的效率、可靠性、成图精度和操作的难易程度。选择一种成熟的、技术先进的数字测

图软件是进行数字化测图工作的关键。目前,市场上比较成熟的数字化成图软件主要有如下几种:

(1) 南方测绘仪器有限公司的"数字化地形地籍成图系统 CASS"。

(2) 清华山维新技术开发公司的"GIS 数据采集处理与管理系列软件"。

(3) 武汉瑞得测绘自动化公司的"数字测图系统 RDMS"。

(4) 北京威远图公司的"CitoMap 地理信息数据采集"。

(5) 广州开思测绘软件公司的"SCSGIS2000"。

一个数字测图系统的运行,主要是人员通过系统对数据的管理,数据管理是核心,人员是关键。数字测图系统对使用人员有较高的技术要求,他们应是既掌握了现代测绘技术又具有一定的计算机操作和维护经验的综合型人才。数字测图系统中的数据主要指系统运行过程中的数据流。它包括:采集(原始)数据、处理数据和数字地形图产品数据。采集数据可能是野外测量与调查的结果,如控制点、碎部点、地物属性等,也可能是内业直接从已有的纸质地形图或图像数字化或矢量化得到的结果,如地形图数字化数据和扫描矢量化数据等。处理数据主要是指系统运行过程中产生的一些过渡性数据流。数字地形图产品数据是指生成的数字地形图数据文件,一般包括空间数据和非空间数据两大部分。数字测图系统中数据的主要特点是结果复杂、数据量庞大,这也是开发数字测图系统时必须考虑的重点和难点之一。

2.4.2　数字测图软件系统的基本功能

一般来说,数字测图系统软件应具有以下功能:

(1) 具备数据的采集和输入、数据的处理和编辑、图形的生成和输出、数据的应用与维护和数据的转换等功能;

(2) 系统通用性强、稳定性好,图形界面直观、简洁,操作使用符合测量人员的习惯;

(3) 数字图中使用的地物符号、文字注记、制图规范以及地物的编码等必须符合国家正在实施的标准;

(4) 系统应包含多种作业模式,如测记模式、电子平板模式、编码成图模式等;

(5) 应能识别主要仪器设备的数据格式,能直接与这些设备进行通信,并提供这些仪器设备的数据的转换接口,以便与其他软件进行数据交换。

(6) 成果的输出应标准、美观并符合规范要求。

思考与练习

2.1　全站仪主要由哪几部分组成?

2.2　简述增量式光栅度盘测角原理。

2.3　简述电磁波测距原理。

2.4　如何使用拓普康 GPT-3100 进行角度测量?

2.5　如何使用拓普康 GPT-3100 进行距离测量?

2.6　简述 GPS-RTK 测量系统的构成及其定位原理。

2.7　简述常规 GPS-RTK 测量系统的组成和测量方法。

2.8　简述网络 GPS-RTK 测量系统的测量方法。

2.9　南方灵锐 S82-2008 GPS-RTK 测量系统的仪器设置有哪几种模式?

2.10　简述南方灵锐 S82-2008 GPS-RTK 测量系统的 VRS 连接方法。

3   图根控制测量

测区高级控制点的密度不可能满足大比例尺测图的需要,这时应布置适当数量的图根控制点,又称图根点,直接供测图使用。图根控制布设,是在各等级控制下进行加密,一般不超过两次附合。在较小的独立测区测图时,图根控制可作为首级控制。

图根控制测量按施测项目不同分为图根平面控制测量和图根高程控制测量。传统图根平面控制测量多采用导线测量、三角测量、交会测量等方法,图根高程控制测量采用图根水准测量和三角高程测量。近些年来由于现代化仪器的出现,特别是全站仪和 GPS 的使用,使得图根控制布设形式、测量方法和测量手段都发生了重大变化。现阶段采用的图根控制测量方法主要以全站仪三角高程导线测量和 GPS-RTK 测量为主。这些方法都可以直接测算出图根点的三维坐标,也就是说这些方法将图根平面控制测量和图根高程控制测量同时完成,既可以保证图根控制测量的精度,同时也极大地提高了工作效率。图根点的精度,相对于邻近等级控制点的点位中误差,不应大于图上 0.1 mm,高程中误差不应大于测图基本等高距的 1/10。

图根平面控制测量,可采用图根导线(网)、极坐标法(引点法)和交会法等方法布设。在各等级控制点下加密图根点,不宜超过二次附合。在难以布设附合导线的地区,可布设成支导线。测区范围较小时,图根导线可作为首级控制。图根点的高程应采用图根水准测量或电磁波测距三角高程测量。

3.1   全站仪图根导线测量

3.1.1   导线布设

全站仪导线测量与传统的导线测量布设形式完全相同,其特点是易于自由扩展、地形条件限制少、观测方便、控制灵活。一般分为以下几种:单一附合导线、单一闭合导线、支导线及导线网(如图 3.1、图 3.2、图 3.3、图 3.4 所示)。不同的是全站仪在一个点位上,可以同时测定后视方向与前视方向之间所夹的水平角、照准方向的垂直角、天顶距,测站距后视点和前视点的倾斜距离或水平距离,测站与后视点以及前视点间的高差,也就是全站仪在一个点位上可以同时进行三要素的测量,与传统导线测量相比,极大地提高了工作效率。

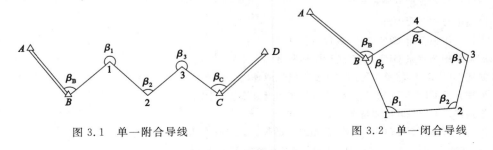

图 3.1 单一附合导线 　　　　　　　　　　　图 3.2 单一闭合导线

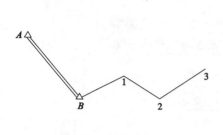

图 3.3 支导线

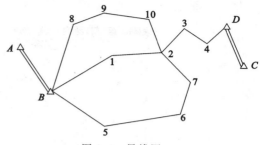

图 3.4 导线网

图根点应视需要埋设适当数量的标石。城市建设区和工业建设区标石的埋设,应考虑满足地形图修测的需要。

3.1.2 观测方法

3.1.2.1 距离测量

导线的边长采用全站仪双向施测,每个单向施测一测回,即盘左盘右分别进行观测,读数较差和往返测较差均不宜超过 20 mm。测边前应测定温度、气压,进行气象改正。

3.1.2.2 水平角观测

水平角观测采用测回法和方向观测法,水平角施测一测回,上下两个半测回角度较差按图根导线要求不大于 36″,中误差不宜超过 20″。全站仪导线测量角度闭合差不大于 $\pm 60''\sqrt{n}$(n 为测站数),导线相对闭合差不大于 1/2500。

3.1.2.3 高程测量

电磁波测距三角高程,要求 2″级全站仪中丝观测一个测回,盘左盘右竖盘指标差较差不大于 25″,竖直角较差不大于 25″,电磁波测距三角高程测量附合路线长度不应大于 5 km,布设成支导线不应大于 2.5 km。附合或环线闭合差不大于 $\pm 40\sqrt{D}$ mm(D 为边长,单位 km)。仪器高、规标高量取至毫米,其路线应起闭于图根以上各等级高程控制点。每边的高差采用全站仪往返观测,每个单向施测一测回,即盘左盘右分别进行观测,盘左盘右和往返测高差较差均不宜超过 0.02Dm(D 为边长,单位 km)。300 m 以内按 300 m 计算。

在观测时,一般是在一个测回中同步完成角度、距离和三角高程测量,由于检核条件多,要求在观测时要注重细节,对仪器的整平对中、仪器和棱镜的量高、观测对准等操作方面要做到精益求精,以保证观测结果的准确性。四等以下各级基础平面控制测量的最弱点相对于起算点点位中误差不应大于 5 cm,四等以下各级基础高程控制的最弱点相对于起算点的高程中误差不应大于 2 cm,图根点相对于图根起算点的点位中误差,按测图比例尺 1∶500 不应大于 5 cm,1∶1000、1∶2000 不应大于 10 cm。高程中误差不应大于测图基本等高距的 1/100。

3.1.3 平差计算

随着计算机技术的不断发展,以及各种数据处理软件的不断完善,目前控制网数据的平差计算基本采用平差软件完成。下面以南方平差易 2005(Power Adjust 2005,简称 PA2005)为例来进行三角高程导线的平差处理。

3.1.3.1 主界面

启动后即可进入平差易的主界面。PA2005 的操作界面主要分为两部分——顶部下拉菜单和工具条,如图 3.5 所示。

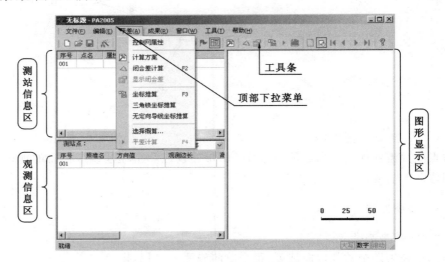

图 3.5　PA2005 主界面

主界面中包括测站信息区、观测信息区、图形显示区以及顶部下拉菜单和工具条。

3.1.3.2　平差易做控制网平差的过程

平差易做控制网平差的过程如图 3.6 所示。

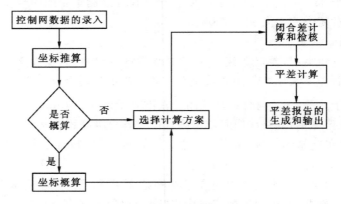

图 3.6　平差作业流程图

(1) 控制网数据的录入

控制网数据的录入分数据文件读入和直接键入两种。符合 PA2005 文件格式的数据均可直接读入。读入后,PA2005 自动推算坐标和绘制网图。PA2005 为手工数据键入提供了一个电子表格,以"测站"为基本单元进行操作。键入过程中,PA2005 将自动推算其近似坐标和绘制网图。首先,在测站信息区中输入已知点信息(点名、属性、坐标)和测站点信息(点名);然后,在观测信息区中输入每个测站点的观测信息,如图 3.7 所示。

① 测站信息

"序号":指已输测站点个数,它会自动叠加。

"点名":指已知点或测站点的名称。

"属性":用以区别已知点与未知点,其中 00 表示该点是未知点,10 表示该点是有平面坐

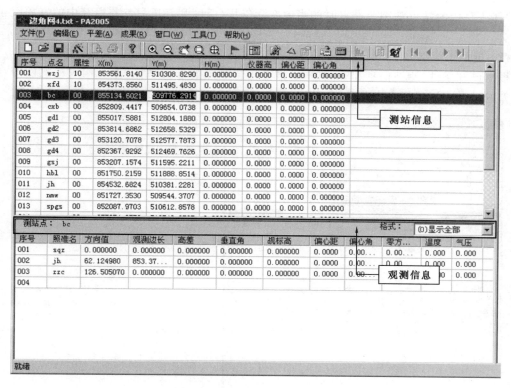

图 3.7 电子表格观测数据输入

标而无高程的已知点,01 表示该点是无平面坐标而有高程的已知点,11 表示该已知点既有平面坐标也有高程。

"X,Y,H":分别指该点的纵、横坐标及高程(X:纵坐标,Y:横坐标)。

"仪器高":指该测站点的仪器高度,它只有在三角高程的计算中才使用。

"偏心距、偏心角":指该点测站偏心时的偏心距和偏心角(不需要偏心改正时则可不输入数值)。

② 观测信息

观测信息与测站信息是相互对应的,当某测站点被选中时,观测信息区中就会显示该点为测站点时所有的观测数据。故当输入了测站点时,需要在观测信息区的电子表格中输入其观测数值。第一个照准点即为定向点,其方向值必须为 0,而且定向点必须是唯一的。

"照准名":指照准点的名称。

"方向值":指观测照准点时的方向观测值。

"观测边长":指测站点到照准点之间的平距(在观测边长中只能输入平距)。

"高差":指测站点到观测点之间的高差。

"垂直角":指以水平方向为零度时的仰角或俯角。

"觇标高":指测站点观测照准点时的棱镜高度。

"偏心距、偏心角、零方向角":指该点照准偏心时的偏心距和偏心角(不需要偏心改正时则可不输入数值)。

"温度":指测站点观测照准点时的当地实际温度。

"气压":指测站点观测照准点时的当地实际气压(温度和气压只参与概算中的气象改正计算)。

（2）近似坐标推算

根据已知条件(测站信息和观测信息)推算出待测点的近似坐标,作为构成动态网图和导线平差的基础。用鼠标点击菜单"平差\坐标推算"即可进行坐标的推算。如图3.8所示。

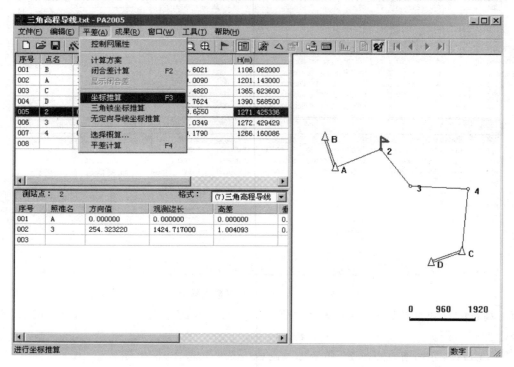

图 3.8　坐标推算

注意:每次打开一个已有数据文件时,PA2005 会自动推算各个待测点的近似坐标,并把近似坐标显示在测站信息区内。当数据输入或修改原始数据时则需要用此功能重新进行坐标推算。

（3）选择概算

主要对观测数据进行一系列的改化,根据实际的需要来选择其概算的内容并进行坐标的概算。如图3.9所示。

选择概算的项目有:归心改正、气象改正、方向改化、边长投影改正、边长高斯改化、边长加乘常数和Y含500公里。需要参与概算时就在项目前打"√"即可。

① 归心改正

归心改正根据归心元素对控制网中的相应方向做归心计算。在平差易软件中只有在输入了测站偏心或照准偏心的偏心角和偏心距等信息时才能够进行此项改正。如没有进行偏心测量,则概算时就不进行此项改正。

此实例数据中没有输入偏心信息,所以不用选择此概算项目。

② 气象改正

气象改正就是改正测量时温度、气压和湿度等因素对测距边的影响。

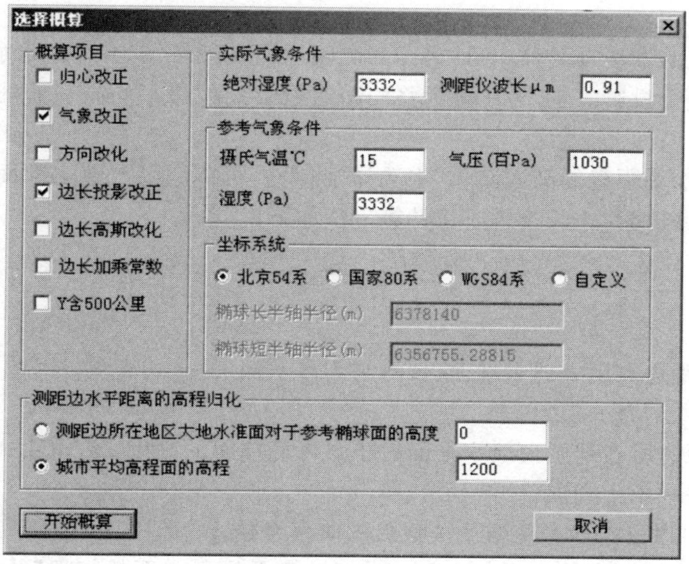

图 3.9 选择概算

a. 实际气象条件(外业控制测量时的气象条件):每条边的温度和气压在测站的观测信息区中输入。

绝对湿度:控制测量时的当地湿度,单位为 mmHg,此项改正值非常小,一般不参与改正。

测距仪波长:测距仪发射的电子波波长,单位为 μm。此实例数据中的电子波波长为0.91 μm。

b. 参考气象条件:在此条件下测距仪所测的距离为真值,没有误差,也是标定的气象条件。

摄氏气温:测距仪的标定温度,单位为℃。此实例数据中的标定温度为 15 ℃。

湿度:测距仪的标定湿度,单位为 mmHg。此实例数据中的标定湿度为3332 mmHg。

气压:测距仪的标定气压,单位为百 Pa。此实例数据中的标定气压为 1030 百 Pa。

注意:如果外业作业时已经对边长进行了气象改正或忽略气象条件对测距边的影响,那么就不用选择此项改正。如果选择了气象改正就必须输入每条观测边的温度和气压值,否则将每条边的温度和气压值分别当做零来处理。

③ 方向改化

方向改化是指将椭球面上方向值归算到高斯平面上,其公式为:

$$\zeta = \frac{\rho''}{2R_\mathrm{m}^2} \cdot Y_\mathrm{m} \cdot \Delta X \tag{3.1}$$

式中 ζ——方向改正数;

$\dfrac{\rho''}{2R_\mathrm{m}^2}$——由《高斯—克吕格投影计算用表》按两点间平均纬度查取。

$$Y_\mathrm{m} = 2Y_1 + Y_2 \tag{3.2}$$

$$\Delta X = X_2 - X_1 \tag{3.3}$$

式中 X、Y——推算的近似坐标;

R_m——地球曲率半径。

④ 边长投影改正

边长投影改正的方法有两种:一种为已知测距边所在地区大地水准面对于参考椭球面的高度而对测距边进行投影改正;另一种为将测距边投影到城市平均高程面的高程上进行投影改正。

当在"测距边水平距离的高程归化"中选择"测距边所在地区大地水准面对于参考椭球面的高度"并输入高度值时,边长投影改正计算方法如下:

$$S = D\left[1 - \frac{H_m + h_g}{R_n} + \frac{(H_m + h_g)^2}{R_n^2}\right] \tag{3.4}$$

式中　D——测距边水平距离,m;

　　　H_m——测距边高出大地水准面(黄海平均海水面)的平均高程,m;

　　　S——大地线长度;

　　　h_g——测距边所在地区大地水准面对于参考椭球面的高度,m,可由相应测区大地水准面差距图中查取;

　　　R_n——测距边方向参考椭球面法截弧的曲率半径,m。

当在"测距边水平距离的高程归化"中选择"城市平均高程面的高程"并输入其高程值时,边长投影改正计算方法如下:

$$S = H + D \tag{3.5}$$

此时测距边长度的归算改正数为:

$$H = -\frac{H_u - H_m}{R_n}D$$

式中　H_u——城市平均高程面的高程,m。

⑤ 边长高斯改化

边长高斯改化也有两种方法,它是根据"测距边水平距离的高程归化"的选择不同而不同。选择"测距边所在地区大地水准面对于参考椭球面的高度"时,高斯改化计算方法如下:

第一步:先将测距边水平距离 D 归算到参考椭球面上,边长 S 按式(3.4)计算。

第二步:将 S 再归算到高斯平面的测距边 S_0,公式为

$$S_0 = \left(1 + \frac{Y_m^2}{2R_m^2} + \frac{\Delta Y^2}{24R_m^2}\right) \cdot S \tag{3.6}$$

式中　S——椭球面上大地线长度;

　　　S_0——高斯平面上的长度;

　　　$Y_m = \dfrac{Y_1 + Y_2}{2}$,$Y_1$、$Y_2$ 抄自近似坐标计算;

　　　$\Delta Y = Y_1 - Y_2$。

改化的大小与子午线有关,距子午线越远改化的距离就越大。选择"城市平均高程面的高程"时,高斯改化计算方法如下:

第一步:先将测距边投影测区选定在城市平均高程面上。边长投影改正按式(3.5)计算。

第二步:将 S 再归算到高斯平面的测距边 S_0,按式(3.6)计算。

⑥ 边长加乘常数

利用测距仪的加乘常数对测距边进行改正。改正数 ΔS 为

$$\Delta S = a + b \times S \tag{3.7}$$

式中　　*a*——固定误差值，其值在"计算方案"的"测距仪固定误差"中输入；

　　　　b——比例误差值，其值在"计算方案"的"测距仪比例误差"中输入。

⑦ *Y* 含 500 公里

若 *Y* 坐标包含了 500 公里常数，则在高斯改化时，软件将 *Y* 坐标减去 500 公里后再进行相关的改化和平差。

⑧ 坐标系统

包括北京 54 系（1954 年北京坐标系）、国家 80 系（1980 年国家坐标系）、WGS84 系（美国 GPS 坐标系）、自定义（自定义坐标系）。

（4）计算方案的选择

用鼠标点击菜单"平差"下"平差方案"菜单项，弹出如图 3.10 所示对话框。计算方案包括控制网的等级、参数、限差、平差方法和高程平差。对于同时包含了平面数据和高程数据的控制网，如三角网和三角高程网并存的控制网，一般处理过程是先进行平面网处理，然后再进行高程网处理，PA2005 会使用已经较为准确的平面数据，如距离等来处理高程数据。对精度要求很高的平面高程混合网也可以在平面和高程处理间多次切换，迭代出精确的结果。

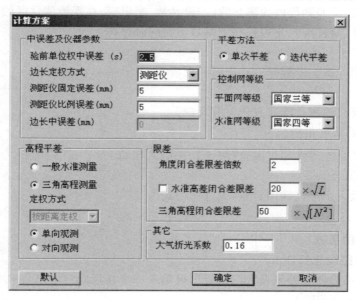

图 3.10　计算方案

① 平面控制网的等级

PA2005 提供的平面控制网等级有：国家二等、三等、四等，城市一级、二级，图根及自定义。此等级与它的验前单位权中误差是一一对应的。如平面控制网等级为城市二级时它的验前单位权中误差为 8″，当选择自定义时验前单位权中误差可任意输入。

② 边长定权方式

包括测距仪、等精度观测和自定义。根据实际情况选择定权方式。

③ 测距仪定权

通过测距仪的固定误差和比例误差计算出边长的权。"测距仪固定误差"和"测距仪比例误差"是测距仪的检测常数，它是根据测距仪的实际检测数值（单位为毫米）来输入的（此值不能为零或空）。

④ 等精度观测

各条边的观测精度相同,权也相同。

⑤ 自定义

自定义边长中误差。此中误差为整个网的边长中误差,它可以通过每条边的中误差来计算。

⑥ 平差方法

平差方法有单次平差和迭代平差两种。

单次平差:进行一次普通平差,不进行粗差分析。

迭代平差:不修改权而仅由新坐标修正误差方程。

⑦ 高程平差

高程平差包括一般水准测量平差和三角高程测量平差。当选择水准测量时其定权方式有两种,即按距离定权和按测站数定权。

按距离定权:按照测段的距离来定权。

按测站数定权:按照测段内的测站数(即设站数)来定权,在观测信息区的“观测边长”框中输入测站数。注意:软件中观测边长和测站数不能同时存在。

⑧ 单向观测

每一条边只测一次。一般只有直觇没有反觇。

⑨ 对向观测

每一条边都要往返测。既有直觇又有反觇。

⑩ 闭合差计算限差倍数

闭合导线的闭合差容许超过限差($M\sqrt{N}$)的最大倍数。

⑪ 水准高差闭合差限差

规范容许的最大水准高差闭合差,其计算公式为

$$n \times \sqrt{L}$$

式中　　n——可变的系数;

　　　　L——闭合路线总长,km。

如果在“水准高差闭合差限差”前打“√”,可输入一个高程固定值作为水准高差闭合差。

⑫ 三角高程闭合差限差

规范容许的最大三角高程闭合差,其计算公式为

$$n \times \sqrt{[N^2]}$$

式中　　n——可变的系数;

　　　　N——测段长,km;

　　　　$[N^2]$——测段距离平方和。

⑬ 大气折光系数

改正大气折光对三角高程的影响,其计算公式为

$$\Delta H = \frac{1-K}{2R} S^2$$

式中　　K——大气垂直折光系数(一般为 0.10～0.14);

S——两点之间的水平距离；

R——地球曲率半径。

（5）闭合差计算与检核

点击"平差"菜单下"闭合差计算"菜单项，弹出如图 3.11 所示对话框。根据观测值和"计算方案"中设定的参数来计算控制网的闭合差和限差，从而来检查控制网的角度闭合差或高差闭合差是否超限，同时检查、分析、观测粗差或误差。

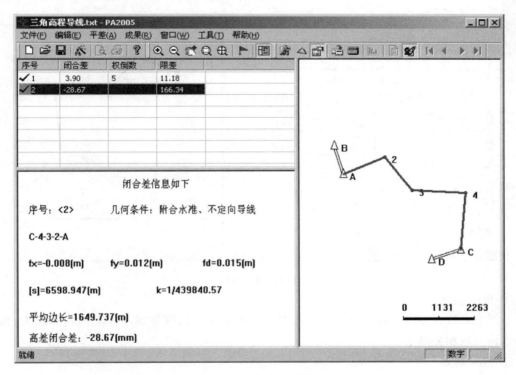

图 3.11　闭合差计算

左边的闭合差计算结果与右边的控制网图是动态相连的，它将数和图有机地结合在一起，使计算更加直观，检测更加方便。

①"闭合差"

表示该导线或导线网的观测角度闭合差。

②"权倒数"

即导线测角的个数。

③"限差"

它的值为权倒数开方×限差倍数×单位权中误差（平面网为测角中误差）。

在闭合差计算过程中"序号"前面"！"表示该导线或导线网的闭合差超限，"√"表示该导线或导线网的闭合差合格。"×"则表示该导线没有闭合差。

对导线网，闭合差信息区包括 f_x、f_y、f_d、K、最大边长、平均边长以及角度闭合差等信息。若为无定向导线则无 f_x、f_y、f_d、K 等项。闭合导线中若边长或角度输入不全也没有 f_x、f_y、f_d、K 等项。

在闭合差信息区内点击鼠标的右键，即可显示"平面查错"和"闭合差信息"两个选项。点击"平面查错"项即可显示"平面角度、边长查错信息"。如图3.12所示,提供了粗差检测信息。

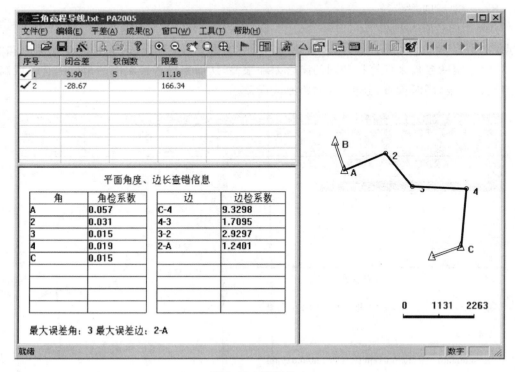

图3.12　错误检查

① 角检系数

指闭合导线或附合导线在往返推算时点位的偏移量。偏移量越小该点的粗差越大,偏移量越大该点的粗差越小。

② 边检系数

指闭合导线或附合导线的全长闭合差的坐标方位角与各条导线方位角的差值。差值越小该点的粗差越大,差值越大该点的粗差越小。

通过闭合差可以检核闭合导线是否超限,甚至可以检查到某个点的角度输入是否有错。需要注意的是在角度闭合差没有超限时才进行边长检查;当只存在一个角度或一条边长粗差时才能进行平面查错;当存在两个或两个以上的粗差时它的检测结果就不十分准确;若各检测系数相同或相差不大时闭合导线或附合导线就没有粗差。

（6）平差计算

用鼠标点击菜单"平差\平差计算"即可进行控制网的平差计算。如图3.13所示。

平面网可按"方向"或"角度"进行平差,它根据验前单位权中误差(单位:°″)和测距边的固定误差(单位:m)及比例误差(单位:10^{-6})来计算。

（7）平差报告的生成与输出

① 精度统计表

点击菜单"成果\精度统计"即可进行该数据的精度分析,如图3.14所示。

精度统计结果如图3.15所示。

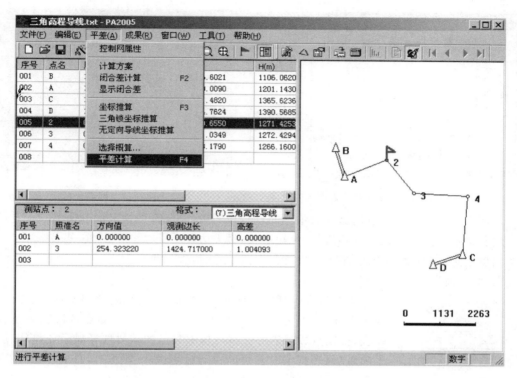

图 3.13 平差计算

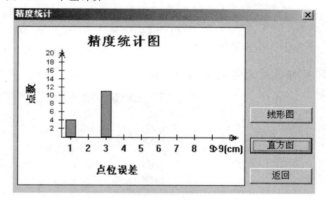

图 3.14 精度统计菜单   图 3.15 精度统计直方图

精度统计主要统计在某一误差分配范围内点的个数。从直方图统计表中可以看出,在误差 2～3 cm 区分配的点最多为 11 个点;在 0～1 cm 区分配的点有 4 个。线形图统计表中有误差点的线性变化,如图 3.16 所示。

② 网形分析

点击菜单"成果"下"网形分析"菜单项,即可进行网形分析。如图 3.17 所示。

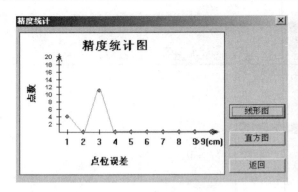

图 3.16　精度统计线形图　　　　　　　图 3.17　网形分析

最弱信息：包括最弱点（离已知点最远的点），最弱边（离起算数据最远的边）。

边长信息：包括总边长，平均边长，最短边长，最大边长。

角度信息：包括最小角度，最大角度（测量的最小或最大夹角）。

③ 平差报告

图 3.18　报告属性菜单

平差报告包括控制网属性、控制网概况、闭合差统计表、方向观测成果表、距离观测成果表、高差观测成果表、平面点位误差表、点间误差表、控制点成果表等。也可根据自己的需要选择显示或打印其中若干项，成果表打印时其页面也可自由设置。它不仅能在 PA2005 中浏览和打印，还可输入到 Word 中进行保存和管理。

输出平差报告之前可进行报告属性的设置，用鼠标点击菜单"窗口\报告属性"，如图 3.18 所示。

成果输出：包括统计页、观测值、精度表、坐标、闭合差等，需要打印某种成果表时就在相应的成果表前打"√"即可。如图 3.19 所示。

图 3.19　平差报告属性

输出精度：可根据需要设置平差报告中坐标、距离、高程和角度的小数位数。

打印页面设置：打印页面的长和宽的设置。

3.2　GPS-RTK 图根控制测量

目前在数字化测图中普遍使用 GPS-RTK 图根控制测量方法，其具有速度快、作业面积大、不传递误差等特点。该方法一般分为以下两种：一是利用双频 RTK 实现快速静态作业模式；二是 RTK 实时动态测量模式。下面以徕卡 1200 为例介绍 GPS-RTK 图根控制测量。

3.2.1　双频 RTK 快速静态测量

快速静态测量就是利用快速整周模糊度解算法原理所进行的 GPS 静态测量。

快速静态定位模式要求 GPS 接收机在每一流动站上，静止地进行观测。在观测过程中，同时接收基准站和卫星的同步观测数据，实时解算整周未知数和用户站的三维坐标，如果解算结果的变化趋于稳定，且其精度已满足设计要求，便可以结束实时观测。在图根控制测量中，利用快速静态测量大约 5 分钟即可达到图根控制点点位的精度要求。因此，快速静态定位具有速度快、精度高、效率高等特点。下面以徕卡 1200 为例介绍快速静态测量。快速静态测量的仪器操作（按照操作流程编制操作顺序）共分 3 个步骤：

3.2.1.1　建立一个静态配置集

（1）新建配置集

打开工作手簿，在主屏幕上有测量、程序、管理、转换、配置和工具等功能，选择第 3 个图标"管理"，如图 3.20(a)所示。

弹出图 3.20(b)界面，该界面下有作业、数据、编码表、坐标系、配置集和天线选项，选择第 5 项"配置集"。

按 F1 键继续，弹出图 3.20(c)界面，界面上存在的为已有的配置集名，按 F2 键"新建"，到图 3.20(d)界面，输入配置集名称，这样相当于建立了一个配置集文件，以后只要做静态测量就可以调用这个配置集了，"描述"是对建立的配置集进行一定的文字说明，"创建者"是输入创建者的姓名，这两个项目都可以不输入。然后按 F1 键保存，弹出图 3.20(e)界面。

（2）配置参数

进入图 3.20(e)配置界面，进行"向导模式"设置，有"简化的项目"和"查看所有内容"两种选项，"查看所有内容"涉及所有的设置内容，而"简化的项目"只涉及一部分设置。选择"查看所有内容"，进行所有内容的设置。

按 F1 键继续，到配置"语言"的界面，如图 3.20(f)所示，这里提供了许多国家的语言，选择系统语言为中文"CHINESE"。

然后，按 F1 键继续，进入"单位"设置界面，主要对距离单位、距离小数点位、角度单位、角度小数点位、坡度单位、速度单位和面积单位进行设置，如图 3.20(g)所示，按照我们的工作习惯一般选择"单位"设置（可以按 F6 键换页来选择角度、时间、格式等项的设置）。

设置好以后，按 F1 键继续到图 3.20(h)界面，进行"实时模式"的设置，光标在"实时模式"处回车，选择："无"。

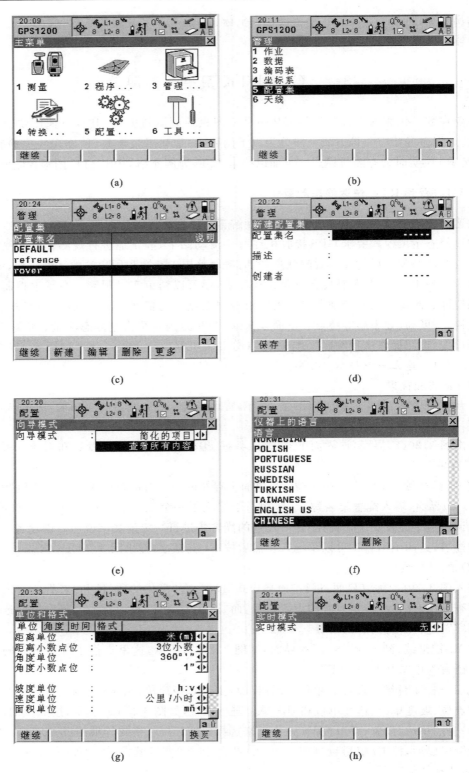

图 3.20　配置集界面

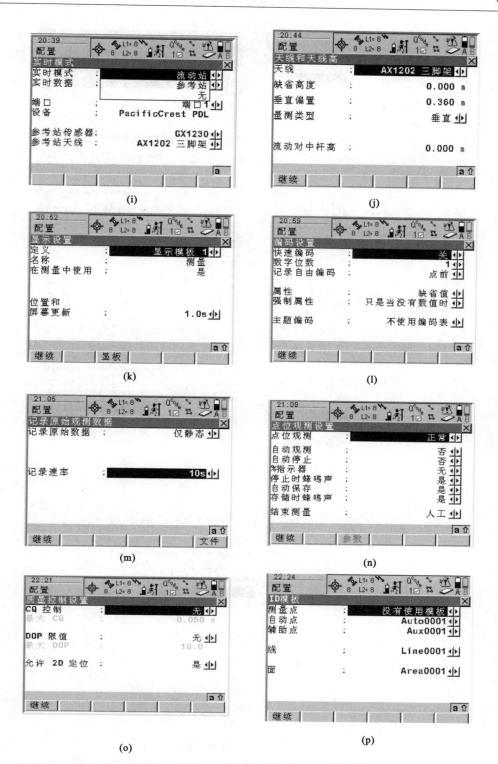

续图 3.20 配置集界面

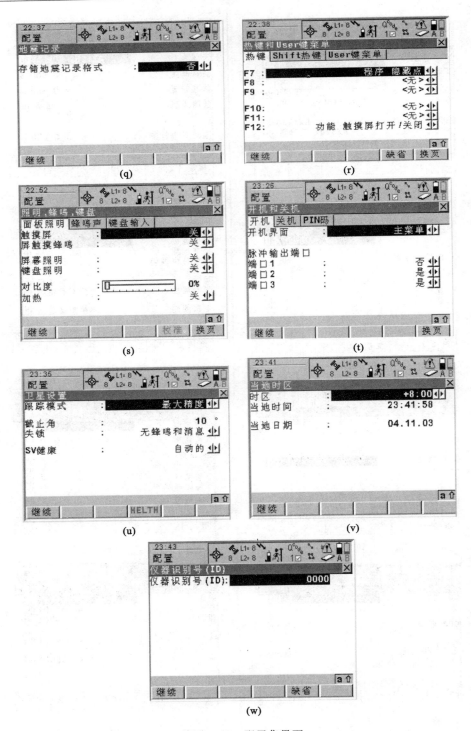

续图 3.20 配置集界面

按 F1 键继续,弹出"实时模式"参数设置界面,如图 3.20(i)所示,在这个界面中,可以对实时模式、实时数据、端口、设备、参考站传感器和参考站天线等进行设置,实时模式有"流动站"、"参考站"和"无"三项选择,选择与作业相一致的参数,如选择在"参考站"处回车,界面变换为配置"天线和天线高",如图 3.20(j)所示,可以对天线类型和天线进行设置,选择"AX1202 三脚架","缺省高度"不输,"垂直偏置"是默认值,"量测类型"为垂直。

然后按 F1 键继续,进入"显示设置"界面,如图 3.20(k)所示,可以按 F3 键来设置"显示模板"内容,此项设置的功能就是让用户可以按照自己的需求来定义测量时屏幕上所显示的内容,可以设置 16 行。"位置和屏幕更新"可以设置屏幕上的数据刷新率。

设置好后,按 F1 键继续,进入"编码设置",如图 3.20(l)所示,在测量时可以使用"编码设置",一般较少使用此设置,尤其在静态测量时完全没有必要,可以把"快速编码"设为"关","主题编码"选择"不使用编码表"即可。

然后按 F1 键继续,到图 3.20(m)进入"记录原始观测数据"设置,按照上图更改,"记录原始数据"设置为"仅静态","记录速率"即数据采样间隔,就是多长时间记录一个原始数据历元,改为 10 秒或按照用户自己测量需要来进行调整。要注意的是,在同时使用几台仪器进行静态测量时,每台仪器的记录速率值必须设置成一样。

完成后按 F1 键继续,进入"点位观测设置",如图 3.20(n)所示,"点位观测设置"里面内容使用缺省设置即可。这项设置实际上主要适用于有计划地进行一些测量,比如长期参考站测量等。

完成后按 F1 键继续,进入"质量控制设置",如图 3.20(o)所示,此项设置实际上是设置一些测量的限差,静态一般不需要设置。在做 GPS-RTK 测量时,如果设置了限差,则在测量时,一旦测量值超过限差,仪器会自动出现提示窗口,问是否要保存数据。按照测量作业要求完成设置。

按 F1 键继续,进入"ID 模板"设置,如图 3.20(p)所示,"ID 模板"设置实际上是用来设置在测量时点号的增加方式。"测量点"如果选择"没有使用模板",则点号按照缺省的方式自动增加,如在测量时,第一个点号为 1,把 1 号点保存,则点号自动变为 2;如第一个点号为 A1,保存后点号自动变为 A2。可以自己建立一个模板,让点号的增加按照自己的需求来变化。一般测量时完全可以不做此项设置,点号可以任意编辑。"自动点"、"辅助点"、"线"、"面"的模板设置同上。

设置好后,按 F1 键继续,进入"地震记录"设置,如图 3.20(q)所示,此项设置一般选为"否",在某些国家,必须为地震测量准备一些信息。这些信息作为地震记录输出,与每个实时测量点一起存储地震记录。对一些有特殊需求的用户可能有用。

按 F1 键继续,进入"热键和 User 键菜单"设置,如图 3.20(r)所示,此项设置主要是用来设置快捷键所对应的功能,在测量时可按快捷键打开一些需要的功能窗口,而不需退出测量界面。"热键"可设置 F7～F12 键,"Shift 热键"可设置 Shift 键和 F7～F10 组合键功能,"User 键菜单"可设置"User 键菜单"里面的功能选项。具体设置如图 3.20(r)所示,在光标所在 F7 键位置回车,显示出的是所有可选的功能,在其中任选一个作为 F7 键的功能,选好后继续。其他的键功能设置方法一样,也可以不设置,仪器本身带有的缺省设置可以满足基本的需求。

配置完成所使用的热键后,按 F1 键继续,进入"照明,蜂鸣,键盘"的设置,如图 3.20(s)所示,设置屏幕相关参数,主要有"面板照明"、"蜂鸣声"和"键盘输入"设置,在"面板照明"中,"加热"一般设为"关",如果天气寒冷,可以设为"开",则到一定的温度下仪器会自动地给液晶屏加热,确保工作顺利进行,但比较耗电。

设置好后按 F1 键继续,到图 3.20(t)所示界面,该界面主要功能是进行"开机和关机"状态设置,"开机界面"设置是仪器开机时所进入的界面,一般设为"主菜单",也可以设置为其他,如"测量",则开机时仪器会直接进入"测量"界面。"脉冲输出端口"一般用户设为"是"或"否"

均可,只有当一些用户需要连接一些其他特殊设备时,才必须设为"是"。按 F6 键进入"关机"设置,"恢复"选项里面两项设置均可。这项功能主要是设置仪器意外掉电后重新加电后仪器的动作。"仅仅突然丢失"表示掉电恢复之后接收机自动开机。"一直"表示掉电恢复之后接收机自动开机并回到掉电前的操作屏幕。

按 F1 键继续,到图 3.20(u),进入"卫星设置"界面,其中"跟踪模式"一般选"最大精度",这样仪器会自动剔除一些较差的卫星信号,只有在很恶劣的环境下(如遮挡很严重时)选择"最大跟踪",此时仪器会把能跟踪到的卫星信号全部接收,包括较差的卫星信号,这样在测量时会带来一些较大的残差,影响测量精度,甚至在 GPS-RTK 测量时不能计算出固定解。"截至角"即卫星高度角限值,设为 10°,则卫星高度角在 10°以下的卫星信号被拒绝,不接收。卫星参数设置好后按 F1 键继续,系统显示图 3.20(v)界面,对"当地时区"进行设置,在中国地区"时区"均为"+8:00"。时区设置完后按 F1 键继续,到图 3.20(w)界面,进入"仪器识别号"设置,"仪器识别号"为仪器 SN 号码的后四位,自动识别,自动输入。然后按 F1 键继续,继续回到主菜单。静态配置集建立完成。

3.2.1.2　新建一个作业文件

在主菜单界面图 3.20(a)中选"管理",弹出"管理"界面,如图 3.20(b)所示,该界面下有作业、数据、编码表、坐标系、配置集和天线选项,选择"作业"确认后,进入图 3.21(a)所示界面,界面所示为已有作业文件,如果继续以前作业,选择已有文件,如果做新的作业,就要按"新建"功能。

按 F2 键新建,进入图 3.21(b)所示界面,主要包括概要、编码表、坐标系和平均等参数的设置。在概要里输入一个新建作业的名称,可以描述其特性,也可以不描述。创建者可输入也可不输入,"设备"必须选"CF 卡",不能选"内存"。编码表、坐标系、平均设置均可不选。

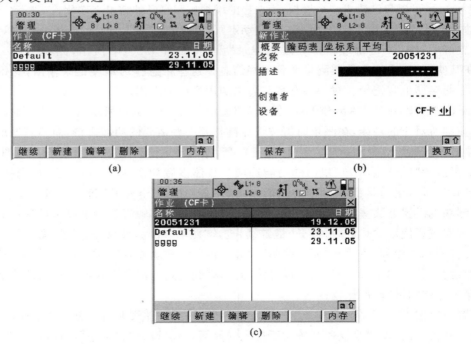

图 3.21　作业界面

按 F1 键保存,到图 3.21(c)所示界面,光标在要选用的作业处,按 F1 键继续,这个作业被选用,以后要输入数据才能进入到这个作业里面。回到主菜单,这样就新建了一个作业文件,下面就可以测量了。

3.2.1.3 进行静态测量

在开机主菜单点击"测量",到图 3.22(a)界面,进入"测量"的设置,然后选择相应的作业和配置集。这时就采用了前面设置好的配置,测量时,可以对天线高进行编辑。

在"作业"处选择已经建立好的作业名称,按 F6 键到图 3.22(b)所示界面,进入"坐标系"设置,一般选择坐标系为 WGS1984。

按 F1 键继续,回到图 3.22(a)所示界面,这时"坐标系"变为灰色,说明"坐标系"已经设置好了。

在"配置集"处选择已建的静态的配置集名称,在"天线"处进行天线高设置。

按 F1 键继续,到图 3.22(c)所示界面,输入点号、量测的天线高。

按 F1 键观测,到图 3.22(d)所示界面,则在"3D CQ"会显示数值。这时,系统就会自动记录符合条件的接收数据,观测时间到后,按 F1 键停止,再按 F1 键保存,这个点的数据采集完成。退回到主菜单,关机,搬迁仪器到下一点,如上继续进行测量。

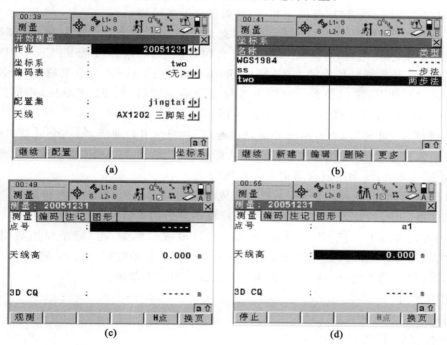

图 3.22 测量界面

3.2.2 RTK 实时动态测量

RTK 实时动态测量前需要在一控制点上静止观测数分钟,有的仪器只需 2~10 s 进行初始化工作,之后流动站就可以按预定的采样间隔自动进行观测,并连同基准站的同步观测数据,实时确定采样点的空间位置。

RTK 实时动态测量图根控制点时,一般将仪器存储模式设定为平滑存储,然后设定存储次数,一般设定为 5～10 次,可根据需要设定,测量时其结果为每次存储的平均值,其点位精度一般为 1～3 cm。实践证明,RTK 实时动态测量图根控制点能够满足大比例尺数字测图对图根控制测量的精度要求。下面同样以徕卡 1200 为例介绍利用实时动态 RTK 进行图根控制点测量。

徕卡 1200 RTK 实时动态测量分为参考站仪器安置和流动站仪器施测两部分,其中参考站仪器安置分三步:建立参考站配置集、新建作业及连接仪器、设置仪器为参考站;流动站仪器施测分三步:建立配置集、新建作业、坐标测量。下面分别介绍。

3.2.2.1　参考站仪器安置

(1) 设置参考站的配置集

在主菜单上选择第 3 个图标"管理",然后选择第 5 项"配置集",然后按 F2 键新建,输入名字。按 F1 键存储,前面几个步骤与静态配置集一样,直到图 3.23(a)所示界面。在静态模式时,选择"导向模式",在动态模式时选择"实时模式"。

按 F1 键继续后,界面转到图 3.23(b)所示界面,选择"参考站"后回车,到图 3.23(c)所示界面,在"实时数据"处选择电台数据传输类型,即数据格式,可选 Leice 专用格式、CMR、CMR＋格式和 RTCM 格式,选什么样的格式都行,要注意的是,参考站选了什么格式的数据,流动站必须与之相同。"端口"可任选其一,然后进行设备设置。

按 F5 键设置后,到图 3.23(d)所示界面,此处有三项选项卡,分别是"电台"、"Modems/GSM"和"其他",点击"电台"卡页面,有许多电台供我们选择,选择"Pacific Crest PDL"电台。"Modems/GSM"是数据链传输的方式,Modems 是通常方式,GSM 是借助移动 GSM 卡进行数据链通信。"其他"是端口设置。对以上进行适当的设置后,按 F1 键继续,返回到图 3.23(c)所示界面,这时,设备处显示"Pacific Crest PDL"。

按 F1 键继续,到图 3.23(e)所示界面,在"通道"处修改电台通道,每一个通道对应一个频率,可直接输入通道号值,如"1",按回车键确认即可。注意,参考站和流动站的通道必须一致,如果参考站通道选 1,流动站电台通道必须也选为 1。

按 F1 键继续,设置天线,同静态一样。完成后进行编码设置,如果进行碎部测量,则进行编码设置,这里,进行的是图根控制测量,所以可以不进行编码设置。

在编码设置界面上。按 F1 键继续,到图 3.23(f)所示界面,在"记录原始数据"处选为"是"或者"否"均可,一般地,做 GPS-RTK 测量不需要记录原始数据。按 F1 键继续,以下设置与前面所列的静态设置完全一样。配置集建立完成后回到主菜单。

(2) 新建作业

新建作业,同静态的设置一样。

(3) 连接仪器、设置仪器为参考站

把仪器连接架设好以后,在主菜单界面选择"测量",进入测量界面,图 3.23(g)所示选择作业,选择配置集。

按 F1 键继续,到图 3.23(h)所示界面,在"点号"处选择参考站所在点的点号,输入天线高,如果参考站点坐标已知,可预先把此点的坐标输入到仪器里面,按 F2 键进行 WGS84 设置和已知坐标录入。

如果参考站仪器所在点位的 WGS84 坐标未知,则按 F4 键,仪器自动测量出当前点位的 WGS84 坐标,输入点号,保存。

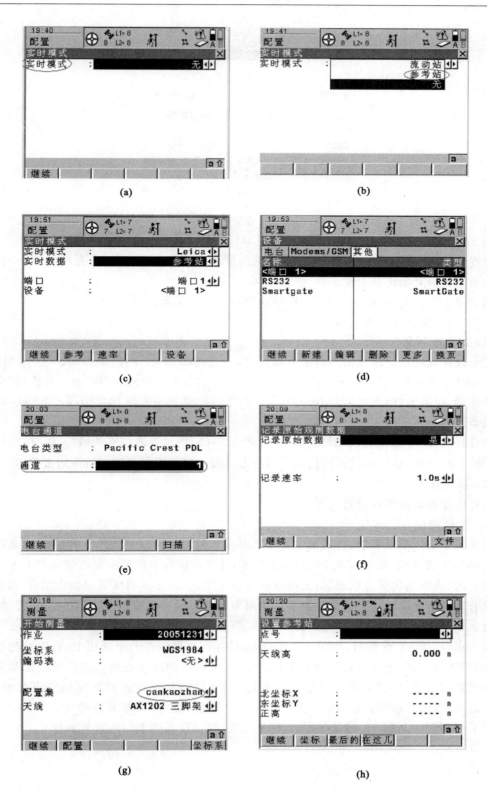

图 3.23　设置参考站界面

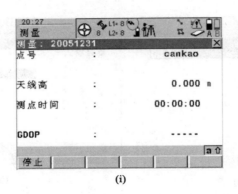

(i)

续图 3.23　设置参考站界面

按 F1 键继续,参考站开始工作,到图 3.23(i)所示界面。参考站仪器设置完成。

设置好以后,正常情况下上图中小圆圈里的箭头应该是向着左上方,有规律地一闪一闪,说明参考站仪器开始正常工作了。

当要停止工作时,只需按一下 F1 键停止即可回到主菜单。

3.2.2.2　流动站仪器施测

(1)建立配置集

首先设置流动站的配置集。前面步骤同上,一直到图 3.24(a)所示界面。"实时模式"选择"流动站","实时数据"要和参考站选为一样的类型,"参考站传感器"和"参考站天线"选项和参考站相同,设备的"电台"、"Modems/GSM"和端口设置与参考站设置相同。"通道"要和参考站仪器选为一样。

设置好后按 F2 键进行流动站设置,进入图 3.24(b)所示界面。流动站"天线"按图所示选择,其他不变,继续,以后的设置同前面所讲静态设置一样。配置集建完后返回主菜单。

(2)新建作业

新建作业和前面作业设置一样。

(3)坐标测量

在主菜单进入测量界面,转到图 3.24(c)所示界面。选择建立的作业和建好的流动站的配置集,按 F1 键继续,转到图 3.24(d)所示界面,注意图圆圈里的箭头应该朝向右下方有规律地一闪一闪,表明电台信号联通了;上图圆圈里为十字丝时,才表明仪器初始化完成,得到固定解。只有固定解才满足一定的测量要求。如果十字丝中间有小圆圈,说明解结果为浮动解,精度约为分米级。

输入点号,按 F1 键观测,如图 3.24(e)所示界面,此界面有四个选项卡,可以对测量点的属性、编码进行编辑,也可以对测量点进行注记,还可以查询测量点的位置以及根据测量点进行图形编辑,在"3D CQ"处显示精度。一般地,固定解的精度应该在厘米级或者毫米级,看"RTK 定位"后面的数值表示测量了几个历元。只要是固定解,测量几秒即可。

按 F1 键停止,再按 F1 键保存,此点测量完成,移动仪器到下一点重复测量。

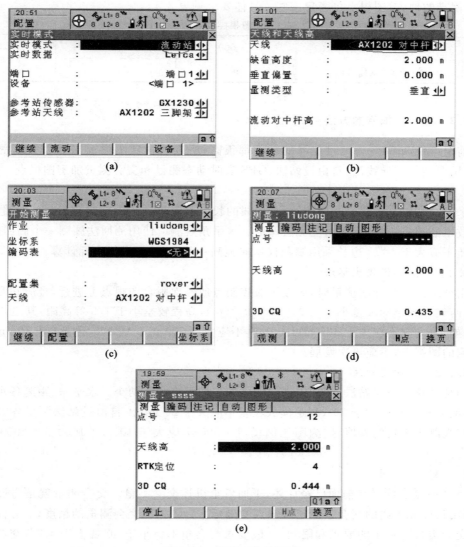

图 3.24　设置流动站界面

3.3　图根点的加密

　　外业数字测图应充分利用控制点和图根点。当图根点密度不足时,可采用支导线法、极坐标法、自由设站法和交会法等方法增设测站点。不论采用何种方法,测站点相对于邻近图根点,点位精度的中误差不应大于 $0.1 \times M \times 10^{-3}$(m),高程中误差不应大于测图基本等高距的 1/6。

3.3.1　图根点密度

　　由于现阶段测量仪器精度的提高、施测距离的加大,数字测图对图根点的密度要求已不很严格,一般以在 500 m 内能测到碎部点为原则。通视条件好的地方,图根点可稀疏些,地物密集、通视困难的地方,图根点可密集一些。具体要求见表3.1。

表 3.1 图根控制点密度

测图比例尺	1∶500	1∶1000	1∶2000
图根控制点的密度(点数/km²)	64	16	4

3.3.2 图根点加密的方法

目前全站仪和 GPS 等测量仪器的精度都很高,所以当遇到图根控制点丢失或密度不够时,多采用全站仪支导线法、自由设站法、GPS 实时动态测量和交会测量加密图根点。

3.3.2.1 全站仪支导线法

当采用全站仪支导线法时应注意,支导线的长度不应超过图根控制测量导线长度的 1/2,支站级数不能超过三级,否则精度无法保证。水平角观测应使用测回法施测一个测回,其圆周角闭合差不应大于 40″。边长采用测距仪单向施测一测回,然后进行坐标计算。

3.3.2.2 全站仪极坐标法

采用全站仪极坐标法测量时,应在等级控制点或一次附合图根点上进行,且应联测两个已知方向,两组计算坐标较差小于 $0.2 \times M \times 10^{-3}$(m),高程较差小于 1/5 等高距,其边长按测图比例尺,如 1∶500 不应大于 300 m;1∶1000 不应大于 500 m;1∶2000 不应大于 700 m。极坐标法所测的图根点,不应再次发展。

3.3.2.3 自由设站法

采用全站仪自由设站法测量时,观测的已知点数不应少于两个。水平角、距离各观测一测回,其半测回较差不应大于 30″,测距读数较差不应大于 20 mm。自由设站法测量各方向解算水平角与观测水平角的差值,按测图比例尺,1∶500 不应大于 40″,1∶1000、1∶2000 均不应大于 20″。

3.3.2.4 交会测量

GPS 实时动态测量在前面已经详述,下面着重讲述交会测量。交会测量就是通过测角或测距,利用角度和距离的交会来确定未知点的坐标。为了保证交会测量的精度,一方面对交会角度和交会边长有一定的要求和限制,一般要求交会角不应小于 30° 或大于 150°,交会边长的限制与测图比例尺有关,一般不宜超过 $0.5 \times M \times 10^{-3}$(m)。分组计算所得的坐标较差,不应大于 $0.2 \times M \times 10^{-3}$(m)。另一方面还要求要有多余的观测。在计算过程中,要对观测质量进行检核。只有满足了规范的要求,成果才能应用。交会测量包括单三角形、前方交会、侧方交会、后方交会和侧边交会。

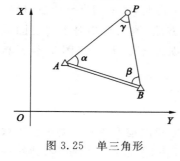

图 3.25 单三角形

(1) 单三角形

单三角形是指由两个已知点和一个未知点构成的测角三角形,如图 3.25 所示。A、B 为已知点,P 为未知点,相应的观测角为 α、β、γ。由于确定 P 点的平面坐标必要观测个数为 2,故有一个多余观测,可以用以检查观测质量。

单三角形的解算首先要进行观测检核,即计算三角形的角度闭合差,并与规范规定的限差进行比较。三角形的角度闭合差一般为该等级测角中误差的 3 倍。若角度闭合差小于或等于限差,则观测合格,可以进行坐标计算;若角度闭合差超过限差,则应重新观测。

三角形闭合差:

$$W = \alpha + \beta + \gamma - 180°$$

当 W 满足规范要求时,要将 W 反号平均分配到观测角上。角度改正数为

$$V = \frac{-W}{3}$$

改正数 V 一般计算到整秒,当 W 不能整除时,要对改正数 V 进行调整,以满足 $\sum V = -W$,计算坐标采用改正后的观测角度值。

P 的坐标根据改正后的 α、β 角值和 A、B 点已知坐标计算:

$$\left. \begin{array}{l} x_p = \dfrac{x_A \cot\beta + x_B \cot\alpha - y_A + y_B}{\cot\alpha + \cot\beta} \\[3mm] y_p = \dfrac{y_A \cot\beta + y_B \cot\alpha + x_A - x_B}{\cot\alpha + \cot\beta} \end{array} \right\} \tag{3.8}$$

式(3.8)的推导过程如下:

由图 3.25 知

$$x_P - x_A = S_{AP} \cos\alpha_{AP}$$
$$y_P - y_A = S_{AP} \sin\alpha_{AP}$$
$$\alpha_{AP} = \alpha_{AB} - \alpha$$

可得:

$$x_P - x_A = S_{AP} \cos(\alpha_{AB} - \alpha) = S_{AP} \cos\alpha_{AB} \cos\alpha + S_{AP} \sin\alpha_{AB} \sin\alpha$$
$$y_P - y_A = S_{AP} \sin(\alpha_{AB} - \alpha) = S_{AP} \sin\alpha_{AB} \cos\alpha - S_{AP} \cos\alpha_{AB} \sin\alpha$$

因

$$\cos\alpha_{AB} = \frac{x_B - x_A}{S_{AB}}, \quad \sin\alpha_{AB} = \frac{y_B - y_A}{S_{AB}}$$

故

$$x_P - x_A = \frac{S_{AP} \sin\alpha [(x_B - x_A)\cot\alpha + (y_B - y_A)]}{S_{AB}}$$
$$y_P - y_A = \frac{S_{AP} \sin\alpha [(y_B - y_A)\cot\alpha - (x_B - x_A)]}{S_{AB}}$$

又

$$\frac{S_{AP}}{S_{AB}} = \frac{\sin\beta}{\sin(\alpha + \beta)}$$

将上式等号两端同乘 $\sin\alpha$,得:

$$\frac{S_{AP} \sin\alpha}{S_{AB}} = \frac{\sin\beta \sin\alpha}{\sin(\alpha + \beta)} = \frac{\sin\beta \sin\alpha}{\sin\alpha \cos\beta + \cos\alpha \sin\beta} = \frac{1}{\cot\beta + \cot\alpha}$$

故

$$x_P - x_A = \frac{(x_B - x_A)\cot\alpha + (y_B - y_A)}{\cot\alpha + \cot\beta}$$
$$y_P - y_A = \frac{(y_B - y_A)\cot\alpha + (x_B - x_A)}{\cot\alpha + \cot\beta}$$

移项得

$$x_P = \frac{(x_B - x_A)\cot\alpha + (y_B - y_A)}{\cot\alpha + \cot\beta} + \frac{x_A(\cot\alpha + \cot\beta)}{\cot\alpha + \cot\beta}$$

$$= \frac{y_A\cot\beta + y_B\cot\alpha - x_A + x_B}{\cot\alpha + \cot\beta}$$

式(3.8)称为余切公式,它可以由两个观测角和两个已知坐标直接计算未知点的坐标,避免了由坐标反算求已知方位角和未知边长的计算过程,因而被广泛地应用于测量计算中。应用该公式时,A、B、P 三点应按逆时针编号排列。α、β、γ 角也必须与 A、B、P 三点按图 3.25 中的对应关系编排,否则将会出现错误。

由于式(3.8)涉及的数据较多,输入时容易出错。所以,对计算结果要进行验算。验算的方法是,将 P、A 看做是已知点,用 γ、α 角来计算 B 点的坐标;或将 B、P 看做是已知点,用 β、γ 角来计算 A 点的坐标。如果计算的坐标与原坐标一致,则表明计算无误。

单三角形未知点坐标的精度除了与角度观测精度有关外,还与三角形形状有关。一般来说,单三角形的图形构成以未知点为顶点的等腰三角形,且 γ 大于 90°较为有利。在角度观测精度相同的条件下,当 α、β 两角近似相等,交会角 γ 为 101°时,点位精度最高。

(2)前方交会

在单三角形测量中,不观测 γ 角,就是前方交会的基本图形。但是布设这种基本图形,因为没有多余观测,无法发现错误和控制观测质量,故不宜在实际生产中应用。实际工作中的前方交会如图 3.26 所示,一般要求从 3 个或 4 个已知点上,对同一个未知点观测两组数据,分别计算出未知点的两组坐标,并以限定它们的差值大小来控制观测质量。

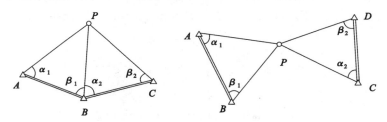

图 3.26　前方交会

前方交会不需要计算角度改正数,坐标计算直接用观测角按余切公式进行。计算验算时,γ 角按 $180° - (\alpha + \beta)$ 求得。

分别求出两组坐标后,进行观测质量检查:

$$f_x = x_1 - x_2$$
$$f_y = y_1 - y_2$$
$$f_s = \sqrt{f_x^2 + f_y^2}$$

一般测量规范规定,两组坐标的较差不得超过 2 倍的比例尺精度,即

$$f_s \leq 2 \times 0.1M \quad (mm)$$

式中　M——测图比例尺分母。

若两组坐标的较差满足规范要求,则取两组坐标的平均值为最后的计算结果。若超过限差,则应重新观测。

前方交会的图形也是构成以未知点为顶点的等腰三角形,γ 大于 90°较为有利。在角度观

测精度相同的条件下,当 α、β 两角近似相等,交会角 γ 为 109°时,点位精度最高。

（3）侧方交会

前方交会基本图形中的两个观测角,有一个因为某种原因不能在已知点上观测,而改在未知点上观测,这种交会测量称为侧方交会。如图 3.27 所示,A、B、C 为已知点,P 为未知点,α、γ 为观测角,ε 为检查角。

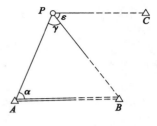

图 3.27 侧方交会

侧方交会仍然按余切公式计算未知点坐标,所不同的是在应用公式前,必须先将另一个已知点上的内角计算出来,再按公式计算。

侧方交会只有一个三角形,且只观测了两个角,缺少检核条件。为了检核观测成果,侧方交会一般要求在未知点上多观测一个检查角 ε,而且这个检查方向的目标点必须是已知点,具体的检查方法如下:

按余切公式求出 P 点坐标后,由 B、C、P 的坐标分别反算出 PB、PC 的坐标方位角 α_{PB}、α_{PC} 及 P、C 点的距离 S_{PC}。由 PB、PC 的坐标方位角计算检查角的计算值 $\varepsilon_{计}$:

$$\varepsilon_{计} = \alpha_{PB} - \alpha_{PC}$$

计算检查角计算值与观测值之差 $\Delta\varepsilon$:

$$\Delta\varepsilon = \varepsilon_{计} - \varepsilon$$

$\Delta\varepsilon$ 的容许值取决于 C 点横向位移 e 的容许值,如图 3.27 所示。一般规定 e 不大于 $0.1M$（mm）,即不大于 $M/10000$（m）,M 为测图比例尺分母。

$\Delta\varepsilon$ 一般较小,以秒为单位,e 与 $\Delta\varepsilon$ 的关系式可以写成

$$e = \frac{\Delta\varepsilon S_{PC}}{\rho''}$$

则有

$$\Delta\varepsilon = \frac{e\rho''}{S_{PC}}$$

将 e 的容许值代入,即得到 $\Delta\varepsilon$ 容许值的表达式

$$\Delta\varepsilon \leqslant \frac{M \times 10^{-4}\rho''}{S_{PC}} \tag{3.9}$$

若 $\Delta\varepsilon$ 满足式（3.9）的要求,则计算的 P 点坐标可用。否则,侧方交会应重新观测。侧方交会图形以交会角 γ 为 90°最佳。

（4）后方交会

只在未知点上设站的单点测角交会称为后方交会。后方交会的图形如图 3.28 所示,A、B、C、D 为已知点,P 为未知点,仅在未知点 P 上观测 α、β 角及检查角 ε,通过计算就可以求得 P 点的坐标。

后方交会的优点是只在未知点上安置经纬仪观测水平角,外业工作量小,选点灵活方便,缺点是要求与多个已知点通视,内业计算复杂一些。

后方交会的计算有多种方法,下面介绍其中一种常用的方法。

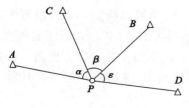

图 3.28 后方交会

按图 3.28 中的点位和角度编号（注意 C 点排在中间）,

先求出下列中间参数

$$
\left.
\begin{aligned}
a &= (x_A - x_C) + (y_A - y_C)\cot\alpha \\
b &= (y_A - y_C) + (x_A - x_C)\cot\alpha \\
c &= -(x_B - x_C) + (y_B - y_C)\cot\beta \\
d &= (y_B - y_C) + (x_B - x_C)\cot\beta
\end{aligned}
\right\}
\tag{3.10}
$$

$$
k = \frac{a+c}{b+d}
\tag{3.11}
$$

再求坐标增量

$$
\left.
\begin{aligned}
\Delta x_{CP} &= \frac{a - bk}{1 + k^2} = \frac{dk - c}{1 + k^2} \\
\Delta y_{CP} &= k\Delta x_{CP}
\end{aligned}
\right\}
\tag{3.12}
$$

式中,坐标增量的两种算法可以检核计算正确与否。

最后计算坐标

$$
\left.
\begin{aligned}
x_P &= x_C + \Delta x_{CP} \\
y_P &= y_C + \Delta y_{CP}
\end{aligned}
\right\}
\tag{3.13}
$$

后方交会观测检查是在未知点上多观测一个检查角,以检核观测成果的质量。具体检查计算可以采用两种方法进行:一种是将 α、β 和 β、ε 看做是两组观测,分别按后方交会计算 P 点的两组坐标,然后按前方交会观测检查的方法进行;另一种同侧方交会观测检查的方法一样,即求出 P 点的坐标后,由 B、P、D 三点的坐标反算 $\angle BPD$($\angle BPD$ 就是 ε_{H}),并与观测的检查角进行比较,以判断是否符合规范要求。只有观测满足规范要求,计算的坐标才可用。

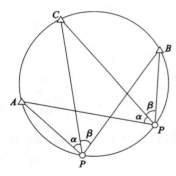

图 3.29　危险圆

若后方交会的未知点 P 恰好位于三个已知点 A、C、B 的外接圆上(三点共圆),如图 3.29 所示,则无论 P 点在圆周上任何位置,α、β 角的大小不变,恒等于已知三角形的内角 $\angle B$、$\angle A$,此时 P 点的坐标无定解。该圆称为危险圆。

实际生产中,P 点绝对位于危险圆上的情况极少发生,但 P 点靠近危险圆的情况很容易出现。P 点靠近危险圆时,虽然能解出坐标,但其误差很大。为避免 P 点在危险圆上或靠近危险圆,选用的已知点应尽可能地分布在 P 点的四周,P 点位置离危险圆的距离不得小于该圆半径的 1/5。

（5）测边交会

测边交会是指通过观测距离来确定控制点的坐标。如图 3.30 所示,A、B、C 为已知点,P 为未知点,S_1、S_2、S_3 为观测边长。本来 P 点的坐标由 S_1、S_2 就可以确定,但是,没有观测检查,不能发现错误,所以要求再观测 S_3,以便进行观测检查。

测边交会由于没有观测角度,所以不能推算方位角。计算坐标时,先要由三角形边长反算内角,然后按一般方法计算坐标即可。具体计算步骤如下:

① 由 AB 的坐标反算 AB 边的边长 S_{AB} 和方位角 α_{AB}。

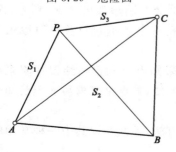

图 3.30　测边交会

② 由余弦定律反算 $\triangle ABP$ 的内角 $\angle A$（或 $\angle B$）：

$$\cos\angle A = \frac{S_1^2 + S_{AB}^2 - S_2^2}{2S_1 S_{AB}}$$

③ 计算 AP 边的坐标方位角 α_{AP}：

$$\alpha_{AP} = \alpha_{AB} - \angle A$$

④ 计算 AP 边的坐标增量 Δx_{AP}、Δy_{AP}：

$$\left.\begin{array}{l} \Delta x_{AP} = S_1 \cdot \cos\alpha_{AP} \\ \Delta y_{AP} = S_1 \cdot \sin\alpha_{AP} \end{array}\right\}$$

⑤ 计算 P 点坐标：

$$\left.\begin{array}{l} x_P = x_A + \Delta x_{AP} \\ y_P = y_A + \Delta y_{AP} \end{array}\right\}$$

测边交会的观测检查如同前方交会的观测检查一样，即分别以 S_1、S_2 和 S_2、S_3 计算两组坐标，然后看其较差是否满足规范要求。若满足要求，可取两组坐标的平均值为最后结果；若不满足规范要求，则应重新观测。

测边交会的图形，交会角为 90°时最为有利。

思考与练习

3.1 图根控制网的布设形式有哪些？

3.2 数据采集前测站设置需做哪些工作？

3.3 简述三角高程导线测量的步骤及技术要求。

3.4 图根点的密度有哪些要求？

3.5 加密图根点有哪些方法？

3.6 简述 GPS 快速静态测量的步骤。

3.7 交会测量包括哪几种？

4 数字测图外业

地面数字测图工作通常分为野外数据采集和内业数据处理、绘图两部分。野外数据采集通常利用全站仪或 GPS-RTK 等测量设备直接测定地形点的位置,即平面坐标和高程,并记录其连接关系及其属性,为内业成图提供必要的信息,它是数字测图的基础工作,直接影响成图质量与效率。

4.1 碎部点数据采集

4.1.1 碎部点的选择

地面上的地物、地貌形态虽然多种多样,但这些形态总是可以概括、分解成各种几何形体。而任何几何形体都是由不同的面构成的,任何面又都可由一些具有决定性的点所连成的直线或曲线来确定。可以说,各种地物、地貌的形态最终都是由点决定的。把决定地物、地貌形态的点称为地物特征点或地貌特征点。

地形测图中需要将地物、地貌的特征点测绘到图纸上,这些特征点统称为碎部点。碎部测量实际上就是测定地物、地貌碎部点在图上的平面位置及其高程,然后依此描绘出各种地物、地貌。

数字测图数据采集时,遵循空间数据库产品应根据需要或建库的要求采集所需的属性数据的原则,且不应遗漏属性项。属性数据类型、代码和记录格式可自行规定,并应在技术设计书或相关技术文件中说明。

4.1.1.1 地物特征点的选择

地物特征点主要有道路的交叉点和转弯点,河流、池塘、湖泊岸边线的转弯点,房屋轮廓线的转折点,管线、境界线的起点、终点、交叉点、转折点,草地、耕地、森林等的边界线的转折点,独立地物的中心点等。由于地物形状极不规则,一般规定主要地物凸凹部分在图上大于 0.4 mm 时均应表示出来,小于 0.4 mm 时可用直线连接。

点状要素(独立地物)能按比例表示时,应按实际形状采集,不能按比例表示时应精确测定其定位点或定线点。有方向性的点状要素应先采集其定位点,再采集其方向点(线)。

具有多种属性的线状要素(线状地物、面状地物公共边、线状地物与面状地物边界线的重合部分),只可采集一次,但应处理好多种属性之间的关系。线状地物采集时,应视其变化测定,适当增加地物点的密度,以保证曲线的准确拟合。

数字测图地物点的选择还要参考所使用成图软件的地物绘图方法,如一般方正的四角房屋可以只测绘三个角或相邻的两角,并量取房屋宽度,软件成图通常叫做"三点房屋、两点房屋"。南方 CASS 软件在绘制 U 形台阶时,通过 U 形台阶的四个外侧轮廓线交点和台阶数绘制,而有的软件是通过 U 形台阶的四个外侧轮廓线交点和一个内侧点绘制。

4.1.1.2　地貌特征点的选择

地貌特征点主要在最能反应地貌特征的山脊线、山谷线等地性线上,其主要有山丘的顶点,鞍部的中心点,坡脊线方向和坡度的变化点,山脊、山谷、山脚的转弯点和交叉点等,如图 4.1 所示。

图 4.1　地貌的特征点的选择

地貌一般以等高线表示,特征明显的地貌不能用等高线表示时,应以符号表示,或测记高程点;数字测图等高线的绘制是一般通过测量的碎部点的高程构成 DEM(数字高程模型),然后自动生成等高线,所以测点时,要满足构成 DEM(数字高程模型)的精度要求,比如陡坎要在坎上和坎下均需测点,而且点要有一定的密度。

4.1.1.3　碎部点的取舍

根据规定的比例尺,按规范和图式的要求在采集碎部点时对地物、地貌进行综合取舍,地物、地貌各项要素的表示方法和取舍原则,按规范的有关规定执行。如各类建筑物、构筑物及主要附属设施数据均应采集,房屋以墙为主,建筑物、构筑物轮廓凸凹在图上小于 0.5 mm 时,可予以综合;地上管线的转角点均应实测,管线直线部分的支架线杆和附属设施密集时,可适当取舍;斜坡、陡坎比高小于 1/2 基本等高距或在图上长度小于 5 mm 时可舍去;当坡、坎较密时,可适当取舍;一年分几季种植不同作物的耕地,以夏季主要作物为准;地类界与线状地物重合时,按线状地物采集。

4.1.1.4　碎部点的密度和测距长度

为了提高数字测图绘制等高线的精度,要求在测图时对测点有一定的密度和测距要求,一般地形点间距和碎部点测距最大长度应按照表 4.1 的规定执行,地性线和断裂线应按其地形变化增大采点密度。如遇特殊情况,在保证碎部点精度的前提下,碎部点测距长度可适当加长。

表 4.1　地形点间距和碎部点测距长度　　　　　　　　　　　　　　(单位:m)

比例尺	1:500	1:1000	1:2000
地形点平均间距	25	50	100
碎部点测距最大长度	200	350	500

4.2.2　碎部点坐标测算方法

理论上,数字测图要求每一个碎部点的坐标及高程均为实测数据,但实际工作中如此要求是不切合实际的,不仅工作量大,而且有些点位是不能达到的,因此必须灵活运用各种测绘方法,包括极坐标法、偏心测量法、距离交会法、直角坐标法、直线及方向交会法、对称法等。下面介绍几种常用的碎部点坐标测算方法。

4.2.2.1 极坐标法

极坐标法是测量碎部点最常用的方法。如图 4.2 所示,O 为测站点,B 为定向点,P 为待求点。在 O 点安置好仪器,量取仪器高 i,照准 B 点,读取 OB 方向的方位角值 α_{OB};然后照准待求点 P,镜高为 V_P,方位角读数为 α_{OP},再测出 O 至 P 点间的斜距 S 和天顶距 Z(全站仪多数将竖盘读数设置成天顶距),水平距离 $D = S \times \cos Z$,则待定点坐标和高程可由下式求得,即

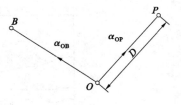

图 4.2 极坐标法

$$X_P = X_O + D\cos\alpha_{OP}$$
$$Y_P = Y_O + D\sin\alpha_{OP}$$
$$H_P = H_O + \frac{D}{\tan Z} + i - V_P$$

4.2.2.2 直线延长偏心法

当目标点与测站点不通视或无法立镜时,可采用偏心观测法(包括直线延长偏心法、距离偏心法、角度偏心法等)间接测定碎部点的点位。但应注意偏心法对高程测量无效。如图 4.3 所示,O 为测站点,欲求 B 点,但测站点 O 到待测点 B 不通视。此时可在地物边线方向找 B'(或 B'')点作为辅助点,先用极坐标法测定其坐标,再用钢卷尺量取 BB'(BB'')的距离 d,B 点坐标即可用下式求得,即

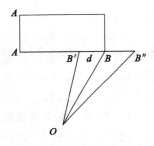

图 4.3 直线延长偏心法

$$X_B = X'_B + d\cos\alpha'_{AB}$$
$$Y_B = Y'_B + d\sin\alpha'_{AB}$$

4.2.2.3 距离偏心法

如图 4.4 所示,欲测定 B 点,但 B 点(比如 B 点在电线杆中心)不能立标尺或反光镜,可先用极坐标法测定偏心点 B_2(水平角读数为 L_i,水平距离为 D_{OB_1}),再丈量偏心点 B_1 到目标 B 的水平距离 d,即可求出目标点 B 的坐标。

(1)当偏心点位于目标前方或后方(B_1 或 B_2)时,如图 4.4(a)所示,即偏心点在测站和目标点的连线上,B 点的坐标可由下式求得,即

$$X_B = X_O + (D_{OB_1} \pm d)\cos\alpha_{OB_1}$$
$$Y_B = Y_O + (D_{OB_1} \pm d)\sin\alpha_{OB_1}$$

式中　α_{OB_1}——OB 方向的坐标方位角。

当所测点位于 OB 连线上时,d 取"+";当位于 OB 延长线上时,d 取"-"。

(2)当偏心点位于目标点 B 的左边或右边(B_1 或 B_2)时,偏心点至目标点的方向和偏心点至测站点 O 的方向应成直角,如图 4.4(b)所示,B 点的坐标可由下式求得,即

$$X_B = X_{B_1} + d\cos\alpha_{B_1 B}$$

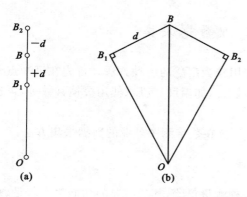 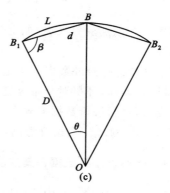

图 4.4　距离偏心法

$$Y_B = Y_{B_1} + d\sin\alpha_{B_1 B}$$

式中　$\alpha_{B_1 B} = \alpha_{OB_1} \pm 90°$；位于左侧时，取"$+$"，位于右侧时取"$-$"。

（3）当偏心点位于目标点 B 的左边或右边（B_1 或 B_2）时，选择偏心点至测站点的距离与目标点 B 至测站点的距离相等处（等腰偏心测量法），可先测得 B_1 的坐标和 $B_1 B$ 之间的距离，如图 4.4(c)所示，B 点的坐标可按下式求得，即

$$X_B = X_{B_1} + d\cos\alpha_{B_1 B}$$

$$Y_B = Y_{B_1} + d\sin\alpha_{B_1 B}$$

式中　$\alpha_{B_1 B} = \alpha_{OB_1} \pm 90°$；当 B_1 位于 OB 的左侧时取"$-$"号，右侧时取"$+$"号。

一般情况下，偏心距 d 较小，此时弧长 $L \approx d\beta$，可由下式求得，即

$$\theta = \frac{d \times 180°}{\pi D}$$

$$\beta = 90° - \frac{\theta}{2}$$

4.2.2.4　距离交会法

如图 4.5 所示，已知碎部点 A、B，欲测碎部点 P，则可分别量取 P 至 A、B 两点的距离 D_1、D_2，即可求得 P 点的坐标。根据已知边 D_{AB} 和 D_1、D_2 用下式计算 α 和 β。

$$\alpha = \arccos \frac{D_{AB}^2 + D_1^2 - D_2^2}{2D_{AB}D_1}$$

$$\beta = \arccos \frac{D_{AB}^2 + D_2^2 - D_1^2}{2D_{AB}D_2}$$

然后利用戎格公式即可求得 X_P，Y_P：

$$X_P = \frac{X_A \cot\beta + X_B \cot\alpha - Y_A + Y_B}{\cot\alpha + \cot\beta}$$

$$Y_P = \frac{Y_A \cot\beta + Y_B \cot\alpha + X_A - X_B}{\cot\alpha + \cot\beta}$$

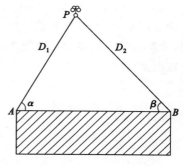

图 4.5　距离交会法

4.2　全站仪数据采集

使用全站仪进行野外数据采集是目前应用较为广泛的一种方法。首先在已知点上安置全站仪,并量取仪器高,开机对全站仪进行参数设置,如温度、气压、使用棱镜常数等,再进行测站和后视的设置,最后进行数据采集。

下面以 GPT3100N 全站仪为例,介绍全站仪在数字测图外业的数据采集方法。

4.2.1　全站仪坐标数据采集的基本原理

全站仪是目前测量工作中普遍应用的一种测量仪器,其最主要的功能之一就是数据采集。数据采集就是利用全站仪测量地表空间指定点的坐标。

(1)在进行数据采集之前首先将水平角置于 HR。

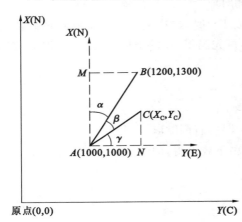

图 4.6　全站仪坐标测量基本原理

(2)要进行数据采集,得使全站仪找到坐标北方向,即进行坐标系设置。如图 4.6 所示,地面上有两个已知控制点 A 和 B,假设将仪器架在 A 点上,进入数据采集程序,输入 A 点坐标(1000,1000),然后将望远镜十字丝交点对准 B 点所立的单杆尖部(尽量要对准尖部,因为对准尖部要比对准棱镜的十字丝交点更准确)。输入 B 点的坐标(1200,1300),这样全站仪就找到了北方向。找到北方向主要是让全站仪建立坐标系,这样全站仪才能将所测的点都置于同一个坐标系内。下面举例说明。

如图 4.6 所示:在三角形 ABM 中,$BM=Y_B-Y_A=1300-1000=300$,$AM=X_B-X_A=1200-1000=200$,$\tan\alpha=BM/AM=1.5$。$\alpha=\arctan 1.5=56°18'36''$,这时候全站仪会认为从对准 B 点的方向逆时针旋转 $56°18'36''$ 就是北方向,同时从 A 点垂直于北方向的方向就是东方向。

(3)全站仪找到北方向后,将全站仪从对准 B 点转到对准 C 点,从对准 B 点转到对准 C 点的过程中,全站仪直接将 β 就测出来了,在上图中 $\beta=20°15'20''$,对准 C 点后,直接按测量键,全站仪就会测量 AC 的距离,AC 的距离出来后,全站仪就会利用内部的程序将 C 点坐标计算出来:

$$\gamma=90°-\alpha-\beta=90°-56°18'36''-20°15'20''=13°26'04'', \quad A_C=100 \text{ m},$$

$$A_N=Y_C-Y_A=Y_C-1000, \quad C_N=X_C-X_A=X_C-1000,$$

$$\sin\gamma=\frac{C_N}{A_C}=\frac{X_C-1000}{100}=0.2323, \quad \text{所以 } X_C=1023.233;$$

$$\cos\gamma=\frac{A_N}{A_C}=\frac{Y_C-1000}{100}=0.9726, \quad \text{所以 } Y_C=1097.263。$$

4.2.2 全站仪坐标数据采集的方法步骤

4.2.2.1 准备工作

（1）数据采集文件名的选择

按下 MENU 键,仪器显示主菜单 1/3 界面,如图 4.7 所示,按 F1 键,仪器进入数据采集状态,显示数据采集菜单,提示输入数据采集文件名。文件名可直接输入,比如以工程名称命名或以日期命名等,也可以从全站仪内存调用。若需调用坐标数据文件中的坐标作为测站点或后视点用,则预先应由数据采集菜单选择一个坐标数据文件。

```
菜单                    1/3
F1： 数据采集
F2： 放样
F3： 存储管理    P1↓
```

图 4.7　主菜单 1/3 界面

（2）已知控制点的录入

全站仪在测图前最好在室内就将控制点成果录入到全站仪内存中,从而提高工作效率。先由主菜单中的 1/3 页的 F3"存储管理"进入坐标输入状态,依次将控制点坐标(X,Y,H)输入到内存中。如图 4.8 所示。

操作过程	操作	显　示
② 由菜单 1/3 按 F3 (存储管理)键	F3	存储管理　　　1/3 F1:文件状态 F2:查找 F3:文件维护　P↓
③ 按 F4 (P↓)键	F4	查找： F1:测量数据 F2:坐标数据 F3:编码库
④ 按 F1 (输入坐标)键	F1	选择文件 　FN：＿＿＿＿＿ 输入　调用　———回车
⑤ 选择坐标类型 NEZ:坐标数据 PTL:点到线坐标数据	F1	选择文件 　F1:NEZ 　F2:PTL 输入　调用　———回车
⑥ 按 F1 (输入)键,输入点号 按 F4 (回车)键	F1 输入点号 F4	N:12.322 m E:34.286 m Z:1.5772 m 输入　———　———　回车
⑦ 按 F1 (输入)键,输入坐标 按 F4 (回车)键	F1 输入点号 F4	输入坐标数据 　编码：＿＿＿＿＿ 输入　调用　———　回车
⑧ 输入编码,按(回车)键入下一个点 输入显示屏,点号自动增加	F1 输入点号 F4	输入坐标数据 　点号：＿＿＿＿＿ 输入　调用　———　回车

图 4.8　控制点坐标输入

（3）仪器参数设置及内存文件整理

仪器在使用前要对仪器中影响测量成果的内部参数进行检查、设置，包括温度、气压、棱镜常数、测距模式等。检查仪器内存中的文件，如果内存不足可删掉已传输完毕的无用的文件。

4.2.2.2　数据采集操作步骤

（1）安置仪器

在测站上进行对中、整平后，量取仪器高，仪器高量至毫米。打开电源开关 POWER 键，转动望远镜，使全站仪进入观测状态，再按 MENU 菜单键，进入主菜单。

（2）输入数据采集文件名

在主菜单 1/3 下，选择"数据采集"，输入数据采集文件名（或默认上一次作业使用的文件）。若需调用坐标数据文件中的坐标作为测站点和后视点坐标用，则应预先由数据采集菜单 2/2 选择一个坐标文件。操作如下：由数据采集菜单 2/2 按 F1（选择文件）键，再按 F2（坐标数据）键，输入或调用文件名后按 F4（回车）键。如图 4.9 所示。

操作过程	操作	显　　　示
① 由数据采集菜单 2/2 按 F1（选择文件）键	F1	数据采集　　　　　　　2/2 F1:选择文件 F2:编码输入 F3:设置　　　　　　　P↓
② 按 F2（坐标文件）键	F2	选择文件 F1:测量文件 F2:坐标文件
③ 按 7.1.1"数据采集文件的选择"介绍的方法选择一个坐标文件		选择文件 FN:＿＿＿＿＿＿ 输入　调用　———回车

图 4.9　输入文件名

（3）输入测站数据

在主菜单 1/3 下，选择"数据采集"，输入数据采集文件名后回车，显示图 4.10 界面，按 F1 键进行测站设置，测站数据的设定有两种方法：一是调用内存中的坐标数据（作业前输入或调用测量数据）；二是直接由键盘输入坐标数据。以内存中的坐标数据为例，操作如下：在数据采集菜单 1/2 下，选择 F1（测站点输入）键，显示原有数据，按 F4（测站）键分别输入测站点的点号或坐标、标识符、仪器高，按 F3（记录）键，再按 F3 键返回数据采集 1/2。采用无码作业时，一般不输入编码。如图 4.11 所示。

```
数据采集          1/2
F1:  输入测站点
F2:  输入后视点
F3:  测量          P↓
```

图 4.10　数据采集菜单 1/2 界面

操作过程	操作	显　　示
① 由数据采集菜单 1/2 按 F1 (输入测站点)键。即显示原有数据	F1	点号　　　->PT-01 标识符:_____ 仪高:　0.000 m 输入　查找　记录　测站
② 按 F4(测站)键	F4	测站点 点号:　PT-01 输入　调用　坐标　回车
③ 按 F1(输入)键	F1	测站点 点号:　PT-01 --- ---　[CLR]　[ENT]
④ 输入点号,按 F4 键 * 1)	输入点号 F4	点号　　　->PT-11 标识符: 仪高:　0.000 m 输入　查找　记录　测站
⑤ 输入标识符,仪高 * 2) * 3)	输入标识符 输入仪器高	点号　　　->PT-11 标识符: 仪高:　1.235 m 输入　查找　记录　测站
⑥ 按 F3(记录)键	F3	点号　　　->PT-11 标识符: 仪高->1.235 m 输入　查找　记录　测站 >记录?　　　[是]　[否]
⑦ 按 F3(是)键。显示屏返回数据采集菜单 1/2	F3	数据采集　　　1/2 F1:输入测站点 F2:输入后视点 F3:测量　　　P↓

图 4.11　测站点数据输入

(4) 输入后视点数据

后视定向数据一般有三种方法:一是调用内存中的坐标数据;二是直接输入控制坐标;三是直接键入定向边的方位角。操作步骤如下:由数据采集菜单 1/2,按 F2(后视)键即显示原有数据。按 F4(后视)键,再按 F1(输入)键依次输入后视点的坐标(N,E,Z)、编码、镜高。如图 4.12 所示。

操作过程	操作	显　　示
① 由数据采集菜单 1/2 按 F2 (后视)，即显示原有数据	F2	后视点－> 编码： 镜高：　　　　　0.000 m 输入　置零　测量　后视
② 按 F2 (后视)键 * 1)	F4	后视 点号－> 输入　调用　NE/AZ　[回车]
③ 按 F1 (输入)键	F1	后视 点号： 回退　空格　数字　回车
④ 输入点号，按 F4 (ENT)键 * 2)，按同样方法，输入点编码，反射镜高 * 3) * 4)	输入 PT # F4	后视点　－>PT-22 编码： 镜高：　　　　　0.000 m 输入　置零　测量　后视
⑤ 按 F3 (测量)键	F3	后视点　－>PT-22 编码： 镜高：　　　　　0.000 m 角度　*斜距　坐标　－－－
⑥ 照准后视点 选择一种测量模式并按相应的软键 例：F2 (斜距)键	照准	V：　　90°00′00″ HR：　　0°00′00″ SD * [n]　　　<<< m >测量…
进行斜距测量，根据定向角计算结果设置水平度盘读数，测量结果被寄存，显示屏返回到数据采集菜单 1/2	F2	数据采集　　　　1/2 F1：输入测站点 F2：输入后视点 F3：测量　　　　P↓

图 4.12　定向点数据输入

（5）定向

当测站点和后视点设置完后按 F3 (测量)键，再照准后视点，选择一种测量方式如 F3 (坐标)，这时定向方位角设置完毕。

（6）检查

定向完毕后，一般要对至少一个已知点进行测量，以检验前面的操作是否符合测图所需要的点位和高程误差要求，若达到要求，就可以进行碎部点测量了，否则要重新进行前面的工作。

（7）碎部点测量

在数据采集菜单 1/2 下，按 F3 (前视/侧视)键即开始碎部点采集。按 F1 (输入)键输入点号后，按 F4 (回车)键，以同样方法输入编码和棱镜高。按 F3 (测量)键，照准目标，再按 F3 (坐标)键测量开始，数据被存储。进入下一点，点号自动增加，如果不输入编码，采用无码作业或镜高不变，可选 F4 "同前"。如图 4.13 所示。

操作过程	操作	显　　示
① 由数据采集菜单 1/2,按 F3 (测量)键。进入待测点测量	F3	点号－> 编码: 镜高:　　　　0.000 m 输入　查找　测量　同前
② 按 F1 (输入)键,输入点号后 * 1)按 F4 (ENT)确认	F1 输入镜高 F4	点号　　　=PT-01 编码:－> 镜高:　　　　0.000 m 输入　查找　测量　同前
③ 按同样方法输入编码、棱镜高	F1 输入编码 输入镜高 F4	点号:　　PT-01 编码－>　SOUTH 镜高:　　1.200 m 输入　查找　测量　同前
④ 按 F3 (测量)键	F3	点号:　　PT-01 编码:－>　SOUTH 镜高:　　1.200 m 角度　*斜距　坐标　偏心
⑤ 照准目标点	照准	
⑥ 按 F1 到 F3 中的一个键 * 3) 　例: F2 (斜距)键 　开始测量 　数据被存储,显示屏变换到下一个镜点	F2	V:　　　　90°00′00″ HR:　　　　0°00′00″ SD *[n]　　<<< m >测量 … ――――――――――― <完成>
⑦ 输入下一个镜点数据并照准该点	照准	点号　　－>PT-02 编码:　　SOUTH 镜高:　　1.200 m 输入　查找　测量　同前
⑧ 按 F4 (ENT)(同前)键 按照上一个镜点的测量方式进行测量 测量数据被存储 按同样方式继续测量 按 ESC 键即可结束数据采集模式	照准 F4	V:　　　　90°00′00″ HR:　　　　0°00′00″ SD *[n]　　<<< m >测量 … ――――――――――― <完成> 　 点号　　－>PT-03 编码:　　SOUTH 镜高:　　1.200 m 输入　查找　测量　同前

图 4.13　碎部点数据采集

4.2.2.3　全站仪数据文件管理

文件管理指对全站仪内存中的文件按时或定期进行整理,包括命名、更名、删除及文件保存与使用。管理好文件能够保障外业工作的顺利进行,避免由于文件的丢失或损坏给测量工作带来损失。野外工作中,要做到"当天文件当天管,当天数据当天清"。

4.2.3 测记法

野外数据采集除碎部点的坐标数据外,还需要有与绘图有关的其他信息,如碎部点的地形要素名称、碎部点连接线形等,通常用草图、简码记录其绘图信息,然后将测量数据传输到计算机,经过人机交互进行数据、图形处理,最后编辑成图,这种在野外一边用仪器采集点的坐标,一边记录绘图信息的方法叫做测记法。根据记录方式的不同,测记法作业可分为草图法或编码法。

4.2.3.1 草图法

数字测图野外数据采集碎部点时,需要绘制工作草图,用工作草图记录地形要素名称、碎部点连接关系,然后在室内将碎部点显示在计算机屏幕上,根据工作草图,采用人机交互方式连接碎部点,这种生成图形的方法叫草图法,又称"无码作业",绘制工作草图是保证数字测图质量的一项措施,它是计算机进行图形编辑修改的依据。

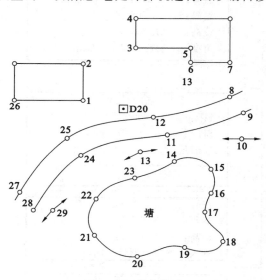

图 4.14   外业草图

进行数字测图时,如果测区有相近比例尺的地图,则可利用旧图或影像图并适当放大复制,裁成合适的大小(如 A4 幅面)作为工作草图。在这种情况下,作业员可先进行测区调查,对照实地将变化的地物反映在草图上,同时标出控制点的位置,这种工作草图也起到工作计划图的作用。在没有合适的地图可作为工作草图的情况下,应在数据采集时绘制工作草图。工作草图应绘制地物的相关位置、地貌的地性线、点号、丈量距离记录、地理名称和说明注记等。草图可按地物相互关系一块块地绘制,也可按测站绘制,地物密集处可绘制局部放大图。草图上点号标注应清楚正确,并和全站仪记录点号一一对应,如图 4.14 所示。草图的绘制要遵循清晰、易读、符号应与图示相符、比例尽可能的协调的原则。

草图法一般需要三个人员为一组,一个进行观测,一个进行跑尺,另一个进行草图绘制,由于该法简单,容易掌握,野外作业速度快,所以大量应用在实际工作中,但是草图法需要人机交互绘制图形,内业工作量大。

4.2.3.2 编码法

为了便于计算机识别,碎部点的地形要素名称、碎部点连接线形信息也都用数字代码或英文字母代码来表示,这些代码称为地物编码,又叫图形信息码。编码法就是在野外测量碎部点时,每测一个地物点都要在电子手簿或全站仪上输入地物的编码,这样采集的数据就可以在相应的系统中完成自动绘图,从而大大地减少内业编图的工作量。

按照《1:500,1:1000,1:2000 地形图要素分类与代码》(GB 14804—93)标准,地形图要素分为 9 个大类:测量控制点、居民地和垣栅、工矿建(构)筑物及其他设施、交通及附属设施、管线及附属设施、水系及附属设施、境界、地貌和土质、植被等。地形图要素代码由 4 位数字码组成,从左到右,第 1 位是大类码,用 1～9 表示,第 2 位是小类码,第 3、第 4 位分别是一、二级代码。例如一般房屋代码为 2110,简单房屋为 2120,围墙代码为 2430,高速公路为 4210,等级公路为 4220,等外公路为 4230 等。除独立地物外,线状地物和面状地物符号是由两个或更多的点连接起来构成。对于同一种地物符号,连接线的形状也可以不同。例如房屋的轮廓线多数为直线段的连线,也有圆弧段。因此在点与点连接时,需要有连接线的编码。连接线分为直线、圆弧、曲线,分别以 1、2、3 表示,称为连接线形码。为了使一个地物上的点由点记录按顺序自动连接起来,形成一个图块,需要给出连线的顺序码,例如用 0 表示开始,1 表示中间,2 表示结束。

　　国家的编码体系完整,但不便于记忆,所以通常情况下,在外业数据采集时,用便于记忆的简编码代替,然后在绘图的时候由系统自动替换回来完成绘图,此种工作方式也称"带简编码格式的坐标数据文件自动绘图方式",简编码一般由地物简码和关系码组成。下面以南方 CASS 的野外简码为例进行说明。

　　① 地物简码

　　CASS 地物简码有 1～3 位,第一位是英文字母,大小写等价,后面是范围为 0～99 的数字,无意义的 0 可以省略,例如,A 和 A00 等价,F1 和 F01 等价。简码后面可跟参数,参数有下面几种:控制点的点名,房屋的层数,陡坎的坎高等。简码第一个字母不能是"P",该字母只代表平行信息。简码如以"U"、"Q"、"B"开头,将被认为是拟合的,以"K"、"H"、"X"开头,被认为是不拟合的。房屋类和填充类地物将自动被认为是闭合的。可旋转独立地物要测两个点以便确定旋转角。例如:K0——直折线形的陡坎,U0——曲线形的陡坎,W1——土围墙,T0——标准铁路(大比例尺),Y012.5——以该点为圆心、半径为 12.5 m 的圆,详见表 4.2。

表 4.2　地物符号代码

地物类别	编码方案
控制点	C+数(0—图根点,1—埋石图根点,2—导线点,3—小三角点,4—三角点,5—土堆上的三角点,6—土堆上的小三角点,7—天文点,8—水准点,9—界址点)
房屋类	F+数(0—坚固房,1—普通房,2——一般房屋,3—建筑中房,4—破坏房,5—棚房,6—简单房)
垣栅类	W+数(0,1—宽为 0.5 m 的围墙,2—栅栏,3—铁丝网,4—篱笆,5—活树篱笆,6—不依比例围墙、不拟合,7—不依比例围墙、拟合)
铁路类	T+数[0—标准铁路(大比例尺),1—标(小),2—窄轨铁路(大),3—窄(小),4—轻轨铁路(大),5—轻(小),6—缆车道(大),7—缆车道(小),8—架空索道,9—过河电缆]
电力线类	D+数(0—电线塔,1—高压线,2—低压线,3—通信线)
管线类	G+数[0—架空(大),1—架空(小),2—地面上的,3—地下的,4—有管堤的]
线类(曲):	X(Q)+数(0—实线,1—内部道路,2—小路,3—大车路,4—建筑公路,5—地类界,6—乡、镇界,7—县、县级市界,8—地区、地级市界,9—省界线)
坎类(曲)	K(U)+数(0—陡坎,1—加固陡坎,2—斜坡,3—加固斜坡,4—垄,5—陡崖,6—干沟)
植被土质	拟合边界:B—数(0—旱地,1—水稻,2—菜地,3—天然草地,4—有林地,5—行树,6—狭长灌木林,7—盐碱地,8—沙地,9—花圃) 不拟合边界:H—数(0—旱地,1—水稻,2—菜地,3—天然草地,4—有林地,5—行树,6—狭长灌木林,7—盐碱地,8—沙地,9—花圃)

续表 4.2

地物类别	编 码 方 案
圆形物	Y+数(0—半径,1—直径两端点,2—圆周三点)
平行体	P+[X(0—9),Q(0—9),K(0—6),U(0—6)…]
点状地物	如:A13—泉、A14—水井、A70—路灯、A75—亭、A78—水塔、A89—塑像、A98—独立坟等

② 关系码

关系码是描述地物点连接关系的代码,CASS 关系码见表 4.3。

表 4.3　描述连接关系的符号的含义

符　　　号	含　　　义
+	本点与上一点相连,连线依测点顺序进行
−	本点与下一点相连,连线依测点顺序相反方向进行
n+	本点与上 n 点相连,连线依测点顺序进行
n−	本点与下 n 点相连,连线依测点顺序相反方向进行
P	本点与上一点所在地物平行
nP	本点与上 n 点所在地物平行
+A$	断点标识符,本点与上点连
−A$	断点标识符,本点与下点连

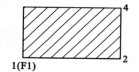

1(F1) 4 2

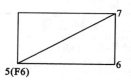

5(F6) 7 6

图 4.15　地物起点的操作码

③ 操作码的具体构成规则

对于地物的第一点,操作码=地物代码。如图 4.15 中的 1、5 两点(点号表示测点顺序,括号中为该测点的编码)。

连续观测某一地物时,操作码为"+"或"−"。其中"+"号表示连线依测点顺序进行;"−"号表示连线依测点顺序相反的方向进行,如图 4.16 所示。在 CASS 中,连线顺序将决定类似于坎类的齿牙线的画向,齿牙线及其他类似标记总是画向连线方向的左边,因而改变连线方向就可改变其画向。

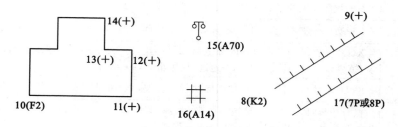

14(+) 13(+) 12(+) 10(F2) 11(+) 15(A70) 16(A14) 8(K2) 9(+) 17(7P或8P)

图 4.16　连续观测点的操作码

交叉观测不同地物时,操作码为"n+"或"n-"。其中"+"、"-"号的意义同上,n 表示该点应与 n 个点前面或后面的点相连(n=当前点号"-",连接点号"-1",即跳点数),还可用"+A$"或"-A$"标识断点,A$是任意助记字符,当一对 A$ 断点出现后,可重复使用 A$字符。如图 4.17 所示。

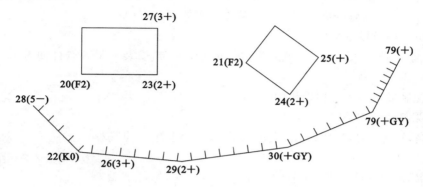

图 4.17　交叉观测点的操作码

观测平行体时,操作码为"P"或"nP"。其中,"P"的含义为通过该点所画的符号应与上点所在地物的符号平行且同类;"nP"的含义为通过该点所画的符号应与以上跳过 n 个点后的点所在的符号画平行体,对于带齿牙线的坎类符号,将会自动识别是堤还是沟。若上点或跳过 n 个点后的点所在的符号不为坎类或线类,系统将会自动搜索已测过的坎类或线类符号的点。因此,用于绘平行体的点,可在平行体的一"边"未测完时测对面点,亦可在测完后接着测对面的点,还可在加测其他地物点之后,测平行体的对面点。如图 4.18 所示。

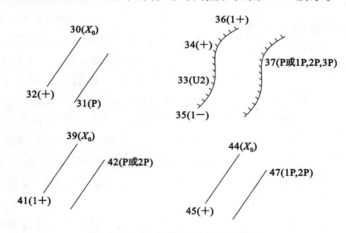

图 4.18　平行体观测点的操作码

4.2.4　电子平板法

所谓电子平板法就是将装有测图软件的便携机或掌上电脑专用电缆在野外与全站仪相连,现场边测边绘的作业方法。"电子平板"作业方式的重要功能是它能够连接各种全站仪,实现野外数据采集的自动输入和记录,并且可以在野外将地形图绘制出来,实现所见即所测。下面以"CASS 电子平板"为例进行介绍。

4.2.4.1　测图前的准备工作

在进行碎部测量时要求绘图员清楚地物点之间的连线关系,对于复杂地形要求测站到碎部点之间的距离要短,要勤于搬站,否则会让绘图员绘图困难。对于房屋密集的地方可以用皮尺丈量法丈量,用交互编辑方法成图。野外作业时,测站的绘图员与碎部点的跑尺员相互之间的通信非常重要,因此对讲机必不可少。准备工作如下:

（1）人员组织及设备配置

每小组编配 3～5 人。每小组配备设备:全站仪一台,安装 CASS 软件便携机一台,脚架、棱镜、对中杆、对讲机等。

（2）将控制成果录入到便携机中

控制成果格式:

1 点点名,1 点编码,1 点 Y（东）坐标,1 点 X（北）坐标,1 点高程

……

n 点点名,n 点编码,n 点 Y（东）坐标,n 点 X（北）坐标,n 点高程

4.2.4.2　电子平板碎部点采集及成图方法

在测图过程中,主要是利用系统右侧屏幕菜单功能,用鼠标选取屏幕菜单相应图层中的图标符号,根据命令区的提示进行相应的操作即可将地物点的坐标测出来,并在屏幕编辑区展绘出地物符号,也可以同时使用系统的其他编辑功能,绘制图形、注记文字。

（1）测站安置

① 安置全站仪。对中、整平、量仪器高,并用电缆将便携机和全站仪连好,开机进入 CASS。

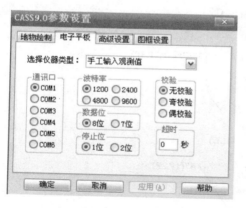

图 4.19　参数配置

② 参数配置。在主菜单选取"文件"中的"CASS 参数配置"屏幕菜单项后,选择"电子平板"页,出现图 4.19 所示的对话框,选定所使用的全站仪类型,并检查全站仪的通信参数与软件中设置是否一致,按"确定"按钮确认所选择的仪器。

③ 定显示区。定显示区的作用是根据坐标数据文件的数据大小定义屏幕显示区的大小。首先移动鼠标至"绘图处理/定显示区"项,按左键,选择控制点的坐标数据文件名,则命令行显示屏幕的最大最小坐标。

④ 测站设置。鼠标点击屏幕右侧菜单之"电子平板"项,如图 4.20 所示,弹出图 4.21 所示的对话框。选择测区的控制点坐标数据文件,如 C:\CASS\DEMO\STUDY. DAT。若事前已经在屏幕上展出了控制点则直接点"拾取"按钮,再在屏幕上捕捉作为测站、定向点的控制点;若屏幕上没有展出控制点,则手工输入测站点点号及坐标、定向点点号及坐标、定向起始值、检查点点号及坐标、仪器高等参数,利用展点和拾取的方法输入测站信息,如图 4.22 所示。

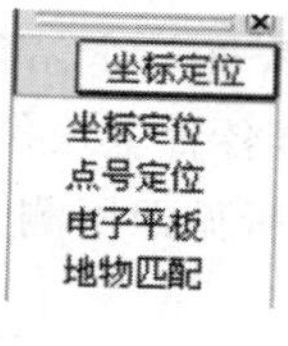

图 4.20　屏幕菜单

（2）碎部采集

在测图的过程中,主要是利用系统屏幕的右侧菜单功能,如要测一幢房子、一根电线杆等,需要用鼠标选取相应图层的图标,也可以同时利用

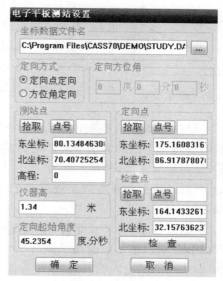

图 4.21 测站设置　　　　　　　图 4.22 测站定向

系统的编辑功能,如:文字注记、移动、拷贝、删除等操作,还可以同时利用系统的辅助绘图工具,如:画复合线、画圆、操作回退、查询等操作。如果图面上已经存在某实体,就可以用"图形复制(F)"功能绘制相同的实体,这样就避免了在屏幕菜单中查找的麻烦。

CASS 系统中所有地形符号都是根据最新国家标准地形图图式和规范编制的,并按照一定的方法分成各种图层。如:控制点层,所有表示控制点的符号都放在此图层(三角点、导线点、GPS 点等);居民地层,所有表示房屋的符号都放在此图层(包括房屋、楼梯、围墙、栅栏、篱笆等符号)。下面以测定"四点房屋"为例说明。

① 首先移动鼠标在屏幕右侧菜单中选取"居民地"项的"一般房屋",系统便弹出图 4.23 所示的对话框。

② 移动鼠标到表示"四点房屋"的图标处按鼠标左键,被选中的图标和汉字都呈高亮度显示。然后按"确定"按钮,弹出全站仪连接窗口如图 4.24 所示。

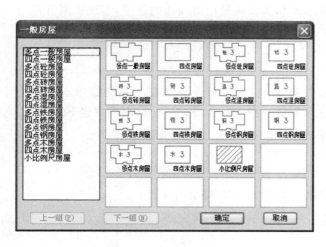

图 4.23 一般房屋符号

图 4.24 全站仪连接

③系统驱动全站仪测量并返回观测数据（手工则直接输入观测值）。当系统接收到数据后，便自动在图形编辑区将表示简单房屋的符号展绘出来，如图 4.25 所示。

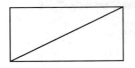

图 4.25　简单房屋

4.2.4.3　电子平板野外测图注意事项

（1）当测三点房时，要注意立镜的顺序，必须按顺时针或逆时针立尺。

（2）当测有辅助符号（如陡坎的毛刺）时，辅助符号生成在立尺前进方向的左侧，如果方向与实际相反，可用下面的方法换向："地物编辑（A）——线型换向"功能换向。

（3）要在坎顶立尺，并量取坎高。

（4）当测某些不需参与等高线计算的地物（如房角点）时，在观测控制平板上选择"不建模"选项。

（5）测图过程中，为防止意外，应该每隔 20 分钟或 40 分钟存一下盘，这样即使在中途因特殊情况出现死机，也不致前功尽弃。

（6）如选择手工输入观测值，系统会提示输入边长、角度；如选择全站仪，系统会自动驱动全站仪测量。

（7）镜高是默认为上一次的值。如果棱镜高度改变，要即时改变镜高参数。

（8）测碎部点，其定点方式分全站仪定点方式和鼠标定点方式两种，可通过屏幕右侧菜单的"方式转换"项切换。全站仪定点方式是根据全站仪传来的数据算出坐标后成图。鼠标定点方式是利用鼠标在图形编辑区直接绘图。

（9）跑尺员在野外立尺时，尽可能将同一地物编码的地物连续立尺，以减少在计算机上来回切换。

（10）如果某地物还没测完就中断，转而去测另一个地物，可利用"加地物名"功能添加地物名备查，待继续测该地物时利用"测单个点"功能的"输入要连接本点地物名"项继续连接测量，即多棱镜测量。

总之，采用电子平板的作业模式测图时，首先要准备好测站的工作，然后再进行碎部点的采集，测地物就在屏幕右侧菜单中选择相应图层中的图标符号，根据命令区的提示进行相应的操作即可将地物点的坐标测下来，并在屏幕编辑区里展绘出地物的符号，实现所测所得。

4.3　RTK 坐标数据采集

RTK 技术采用了载波相位动态实时差分方法，RTK 坐标数据采集能够在野外实时得到厘米级的定位精度，它已经是野外数据采集的一种重要手段。下面以南方灵锐 S82-2008 为例具体介绍 RTK 坐标数据采集操作步骤。

4.3.1　安置仪器

仪器安置分为两步：（1）基准站和流动站安置；（2）流动站设置。

4.3.1.1　基准站和流动站安置

（1）基准站安置应遵循的原则

① 基准站要尽量选在地势高、视野开阔地带。

② 要远离高压输电线路、微波塔及其他微波辐射源，其距离不小于 200 m。

③ 要远离树林、水域等大面积反射物。

④ 要避开高大建筑物及人员密集地带。

（2）基准站安置方法

基准站可以安置在已知控制点上，也可以任意设站，将其安置在未知点上。

① 安置脚架于控制点上（或未知点上），安装基座，再将基准站主机装上连接器置于基座之上，对中整平。

② 安置发射天线和电台，建议使用对中杆支架，将连接好的天线尽量升高，再在合适的地方安放发射电台，连接好主机、电台和蓄电池。

③ 检查连接无误后，打开电池开关，再开电台和主机开关，并进行相关设置（主机设置动态模式、电台频道选台设置）。

（3）流动站安置方法

① 连接碳纤对中杆、移动站主机和接收天线，完毕后主机开机。

② 安装 PSION 手簿，将托架连接在对中杆上，在托架上固定数据采集手簿，打开手簿进行蓝牙连接，连接完毕后即可进行仪器设置操作。

（4）基准站安置时的注意事项

① 安置脚架要保证稳定，风天作业时要用其他物体固定脚架，避免被大风刮倒。

② 电源线及连接电缆要完好无损，以免影响信号发射与接收。

③ 电瓶要时常检测电解液、电量，发现电量不足或电解液不足要及时充电或填充电解液。

④ 开机后要随时观察主机及电台信号灯状态，从而判断主机与电台工作是否正常。

⑤ 基准站要留人看管，以便及时发现基准站工作状态以避免基准站被他人破坏或丢失。

⑥ 安置基准站时要检查箱内所有附件的数量及位置，工作结束后要"归位"，避免影响以后工作。

4.3.1.2 流动站设置

南方灵锐 S82-2008 在测站校正前要对主机、流动站、手簿中工程之星软件进行设置。

（1）手工设置流动站

切换动态：P+F 长按，等 6 个灯都同时闪烁；按 F 键选择本机的工作模式，当 STA 灯亮按 P 键确认，选择移动站工作模式。等数秒钟后电源灯正常后长按 F 键，等 STA 灯和 DL 灯闪烁放开 F 键（听到第二声后放手即可）。按 F 键 DL、SAT、PWR 灯循环闪，当 DL 灯亮按 P 键确认，选择电台模式。再开机，主机的工作模式将被设置为动态。

切换静态：P+F 长按，等 6 个灯都同时闪烁。按 F 键选择本机的工作模式，当 BAT 灯亮按 P 键确认，选择静态工作模式。当 DL 灯亮按 P 键确认。再开机，主机的工作模式将被设置为静态。

（2）流动站手簿设置

手簿能对接收机进行动态、静态及数据链的设置，但不能进行静态转动态的设置。用手簿切换其他模式之后，要对各模式的参数进行设置，如基准站电台、模块等。而手动切换，参数则沿用默认设置参数。

4.3.2 测站校正

测站校正的目的是将 GPS 所获得 WGS-84 坐标转换至工程所需要的当地坐标。

4.3.2.1 新建工程

一般以工程名称或日期命名,如图 4.26 所示,单击新建工程,出现新建作业的界面,如图 4.27 所示,新建作业的方式有向导和套用两种。

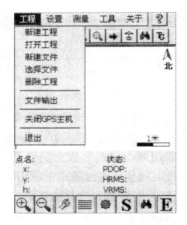

图 4.26 新建工程

图 4.27 作业名称

(1)使用"向导"方式新建工程

首先在作业名称里面输入所要建立工程的名称,新建的工程将保存在默认的作业路径"\系统存储器(或 FlashDisk)\Jobs\"里面,选择新建作业的方式为"向导",然后单击"OK",进入参数设置向导,如图 4.28 所示,再进行参数设置。

(2)使用"套用"方式新建工程

图 4.27 所示选择新建作业的方式为"套用",然后单击"OK",进入打开文件界面,选择好套用的工程文件,单击确定,工程新建完毕。

4.3.2.2 坐标系建立及投影参数设置

(1)坐标系建立

在"参数设置向导"下,单击"椭球系名称"后面的下拉按钮,选择工程所用的椭球系,然后单击"下一步",出现图 4.29 所示的界面。系统默认的椭球为北京 54 坐标系,可供选择的椭球系还有国家 80 坐标系、WGS-84、WGS-72 和自定义坐标系等。如果选择的是常用的标准椭球系,例如北京 54 坐标系,椭球系的参数已经按标准设置好并且不可更改。如果选择用户自定义,则需要用户输入自定义椭球系的长轴和扁率定义椭球。输入设置参数后单击"确定"表明工程已经建立完毕。

(2)投影参数设置

如图 4.29 所示,在"中央子午线"后面输入当地的中央子午线,然后再输入其他参数。输入完之后,如果没有四参数、七参数和高程拟合参数,可以单击"确定",则工程已经建立完毕。如果需要继续,单击"下一步"(进入是否启用四参数和七参数界面);如果不需要可继续单击"确定"。

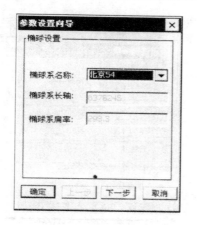

图 4.28 参数设置

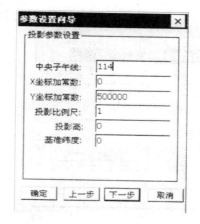

图 4.29 椭球参数

4.3.2.3 求转换参数(四参数、七参数)

"四参数"是同一个椭球内不同坐标系之间进行转换的参数。在工程之星软件中的"四参数"指的是在投影设置下选定的椭球内 GPS 坐标系和施工测量坐标系之间的转换参数。工程之星提供的"四参数"的计算方式有两种:一种是利用"工具/参数计算/计算四参数"来计算,另一种是用"控制点坐标库"计算。参与计算的控制点原则上要用两个或两个以上的公共控制点,控制点等级的高低和分布直接决定了"四参数"的控制范围。经验上,"四参数"理想的控制范围一般都在 $5 \sim 7$ km 以内。"四参数"的 4 个基本项分别是:X 平移、Y 平移、旋转角和缩放比例(尺度比)。操作与计算步骤如下:

参数计算→"计算四参数"→增加→输入转换前和转换后坐标(两个公共控制点)→计算→保存→启用"四参数"。如图 4.30、图 4.31、图 4.32、图 4.32 所示。

"七参数"是分别位于两个椭球内的两个坐标系之间的转换参数。在工程之星软件中的"七参数"指的是 GPS 测量坐标系和施工测量坐标系之间的转换参数。工程之星提供了一种"七参数"的计算方式,"七参数"计算时至少需要 3 个公共的控制点,且"七参数"和"四参数"不能同时使用。"七参数"的控制范围可以达到 10 km 左右。"七参数"格式的 7 个基本项是:X 平移,Y 平移,Z 平移,X 轴旋转,Y 轴旋转,Z 轴旋转,缩放比例(尺度比)。

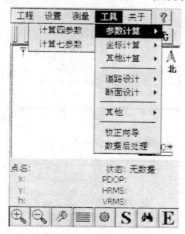

图 4.30 参数计算

图 4.31 "计算四参数"

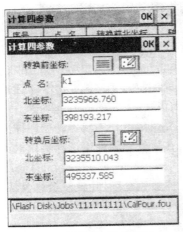

图 4.32　转换前、后坐标录入

图 4.33　启用"四参数"

4.3.2.4　校正方法

在校正之前启用"四参数"(七参数)或者在新建工程一项启用"四参数"(七参数)并输入参数值,然后根据向导完成校正过程。点的校正分两种:一是基准站架设在已知点上;二是基准站架设在未知点上。两种校正方法的操作基本相同,主要区别是:基准站架设在已知点上,要求输入已知点的点位信息;基准站架设在未知点上,要求输入未知点的信息。这里以基准站架设在已知点为例说明,校正步骤如下:

(1) 在参数浏览里先检查所要使用的转换参数是否正确,然后进入"校正向导",如图 4.34 所示。

(2) 选择"基准站架设在已知点",点击"下一步",如图 4.35 所示。

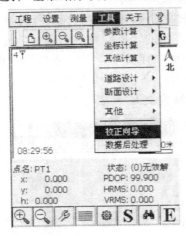

图 4.34　校正向导

图 4.35　校正模式选择

(3) 输入基准站架设点的已知坐标及天线高,并且选择天线高形式,输入完后点击"校正"。

天线高的量测方法如图 4.36 所示。

仪器尺寸:接收机高 96.5 mm,直径 186 mm,密封橡胶圈到底面高 59mm,天线高实际上是相位中心到地面测量点的垂直高,动态模式天线高的量测方法有直高和斜高两种量取方式。

① 直高:地面到主机底部的垂直高度＋天线相位中心到主机底部的高度。

② 斜高:测到橡胶圈中部,在手簿软件中选择天线高模式为斜高后输入数值。

天线高量测:从测点量测到主机上的密封橡胶圈的中部,内业导入数据时在后处理软件中选择相应的天线类型输入即可。

(4)系统会提示你是否校正,并且显示相关帮助信息,检查无误后"确定"校正完毕。如图 4.37、图 4.38 所示。

图 4.36　量测天线高

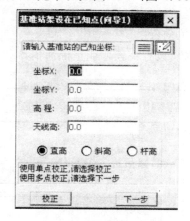

图 4.37　输入基准站数据

图 4.38　校正确认

4.3.3　数据采集

当校正完成后就可以进行数据采集:选择测量→目标点测量→输入点名、属性、天线高→确定保存。工程之星软件提供了快捷方式,测量点时按"A"键,显示测量点信息,输入点名及天线高,按手簿上回车键"Enter"保存数据。

RTK 差分解有以下几种形式:

(1)单点解,表示没有进行差分解,无差分信号。

(2)浮点解,表示整周模糊度还没有固定,点精度较低。

(3)固定解,表示固定了整周模糊度,精度较高。

在数据采集时只有达到固定解状态时才可以保存数据。

4.4　数 据 传 输

4.4.1　全站仪数据传输

数据通信是把数据的处理与传输合为一体,实现数字信息的接收、存储、处理和传输,并对信息流加以控制、校验和管理的一种通信形式。目前全站仪的数据通信主要采用的技术有串行通信技术和蓝牙技术。由于全站仪的通信端口、数据存储方式及数据接收端软件的不同,全站仪的数据通信有多种方式。归纳起来主要有以下几种：利用专用传输程序传输数据；利用超级终端传输数据；蓝牙无线通信方式。

实现全站仪和计算机间的通信，作业前必须要对全站仪、计算机进行通信参数设置。主要内容包括：

（1）设置数据传输速度，即波特率：有 1200、2400、4800、9600、19200 五种，选择一种，选择数据越大传输速度越快。

（2）设置通信参数的校验方式：有 N（无）、O（奇）、E（偶）三种，选择一种。

（3）设置通信参数的数据位：有 7 位、8 位两种，选择一种。

（4）设置通信参数停止位：有 1 位、2 位两种，选择一种。

（5）设置通信设置控制流：选"是"或"否"。

（6）设置通信端口：COM1、COM2、…，一般选 COM1。

通讯时要保证全站仪与计算机通信参数设置一致，只有一致才能正确通信。

全站仪与计算机通信操作如图 4.39 所示。

操作过程	操作	显　　示
① 按[MENU]后，按 F4（P↓）两次	[MENU] F4 F4	菜单　　　　　　　　　3/3 F1：参数组 1 F2：对比度调节　　　　P↓
② 按 F1 键	F1	参数组 1　　　　　　　1/3 F1：最小读数 F2：自动关机 F3：倾斜　　　　　　　P↓
③ 按 F4 两次	F4 F4	参数组 1　　　　　　　3/3 F1：RS-232C 　　　　　　　　　　　P↓
④ 按 F1，显示以前的位置值	F1	RS-232C　　　　　　　1/3 F1：波特率 F2：数据位/奇偶位 F3：停止位　　　　　　P↓
⑤ 按 F3 选择停止位，显示以前的设备值	F3	停止位 [F1：1] F2：2 　　　　　　　　　　　回车
⑥ 按[F2]选择停止位为 2，再按[F4]（回车）	F2 F4	

图 4.39　数据通信

4.4.2 GPS-RTK 数据传输

数据传输的目的是将外业采集数据以绘图时的数据格式传输到计算机中,并以数据文件形式记录保存下来,为数字绘图提供数据源。方法如下(以南方灵锐 S82-2008 为例):

首先在计算机中安装"ActiveSync4 桌面计算机软件",将光盘放入光驱,ActiveSync4 安装向导将自动运行。如果该向导没有运行,可到光驱所在盘符根目录下找到 setup. exe 后双击它运行。如果桌面计算机上没有安装 Outlook,安装向导将询问是否想在安装 ActiVeSync4 之前安装 Outlook。安装了 ActiveSync4 后将其打开出现图 4.40 所示的界面。

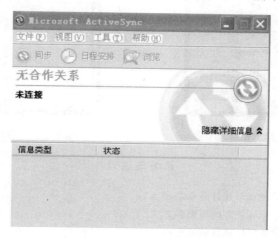

图 4.40　ActiveSync4 初始界面

用 ActiveSync4 传输数据的操作如下:

(1)在传输数据之前要对采集的数据进行转换,工程之星软件提供了用户所需要的各种数据格式转换形式。在流动站手簿的工程之星初始界面中单击"工程/文件输出",在文件格式转换输出对话框的"数据格式"里面选择需要输出的格式,南方 CASS 的数据格式为:点名,属性,y,x,h。如图 4.41 所示。

(2)选择数据格式后,单击"源文件",选择需要转换的原始数据文件,然后单击确定。见图 4.42。

(3)输入目标文件(转换后)的名称,单击"确定",然后点击"转换"。

转换后的数据文件保存在"\FlashDisk\Jobs\0901\data\"里面,格式如下:

Pt1,00000000,505289.844,4577370.459,174.789

Pt2,00000000,505297.188,4577375.755,175.927

Pt3,00000000,505302.308,4577379.381,176.024

Pt4,00000000,505305.864,4577383.730,176.251

Pt5,00000000,505306.207,4577386.946,176.559

(4)用传输线连接 PISION 手簿和计算机,ActiveSync4 自动启动。

(5)与计算机连接后,手簿就是计算机的一个盘符,可以像操作硬盘一样来操作手簿中的文件。选择好路径后,将外业采集并经过转换的数据文件拷贝到计算机中即可。

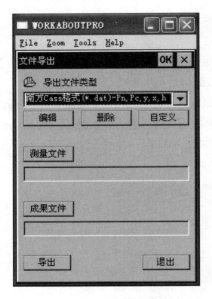

图 4.41　选择数据格式　　　　　　　　　图 4.42　选择数据文件

思考与练习

4.1　GPS 接收机仪器高的量取应注意哪些问题?

4.2　绘图说明极坐标法坐标测算的原理和方法。

4.3　绘图说明距离交会法坐标测算的原理和方法。

4.4　在进行无码作业时,外业草图的绘制应注意哪些方面?

4.5　简述使用 GPT3100N 全站仪实施数据采集的作业步骤。

4.6　简述使用南方灵锐 S82-2008RTK 进行数据采集的作业步骤。

4.7　简述测记法测定碎部点的作业过程。

5 大比例尺数字地形图成图方法

数字测图的成图方法是将碎部点的坐标和图形信息输入计算机,在计算机屏幕上显示地物、地貌图形,经人机交互式编辑,生成数字地形图或其他专题地图。现阶段已经形成了许多用于数字化成图的专业软件。本章以南方测绘仪器有限公司 CASS9.0 数字化地形地籍测量成图系统为例,介绍大比例尺数字地形图成图方法。

5.1 南方 CASS9.0 成图系统简介

5.1.1 CASS9.0 的功能与特点

CASS9.0 数字化地形地籍测量成图系统(以下简称 CASS9.0)是南方测绘仪器有限公司基于 AutoCAD 平台技术开发的 GIS 前端数据处理系统,广泛应用于地形测量、地籍测量、工程测量应用、空间数据建库等领域,该软件具有全面面向 GIS,彻底打通数字化成图系统与GIS 接口,使用骨架线实时编辑、GIS 无缝接口等技术特点,是目前较为流行的数字化地形测量成图软件。

CASS9.0 版本相对于以前各版本除了平台、基本绘图功能上作了进一步升级之外,针对土地详查、土地勘测定界的需要开发了很多专业实用的工具,在空间数据建库的前端数据的质量检查和转换上提供更灵活更自动化的功能。特别是为适应当前 GIS 系统对基础空间数据的需要,该版本对于数据本身的结构也进行了相应的完善。

截至 2011 年,CASS 数字化地形地籍测量成图系统已升级至 CASS9.1 版本,主要面向"数字城市"信息化测绘。

CASS9.0 的运行环境:硬件环境要求 CPU 在 Pentium Ⅲ 或 Pentium Ⅳ(建议使用 Pentium Ⅳ 以上)800 MHz 或同等级,RAM 在 512 MB 以上,并配有图形卡;软件环境要求操作系统为 Microsoft Windows NT/9x/2000/XP,浏览器:Microsoft Internet Explorer 6.0 或更高版本,平台:AutoCAD 2002/2004/2005/2006/2007/2008,文档及表格处理:Microsoft Office 2003 或更高版本。

5.1.2 CASS9.0 主界面介绍

CASS9.0 的操作界面主要分为 4 部分:包括顶部下拉菜单、CAD 工具栏,左侧的 CASS 工具栏,右侧屏幕菜单,底部的命令栏和状态栏,如图 5.1 所示。

5.1.2.1 CASS9.0 顶部下拉菜单

CASS9.0 顶部下拉菜单包括文件、工具、编辑、显示、数据、绘图处理、地籍、土地利用、等高线、地物编辑、检查入库、工程应用和其他应用几个部分。每个下拉菜单项下面都有二级菜单,几乎所有的 CASS9.0 命令及 AutoCAD 的编辑命令都包含在顶部的下拉菜单中,均以对话框或命令行提示的方式与用户交互应答,操作灵活方便。

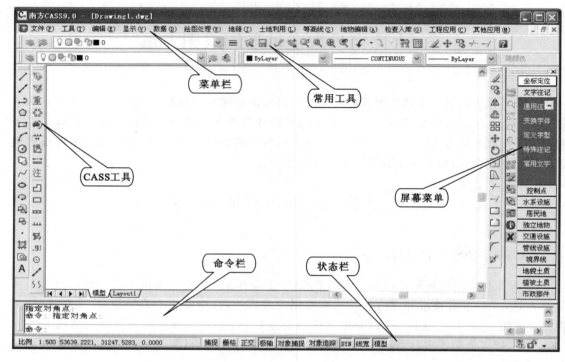

图 5.1　CASS9.0 主界面

5.1.2.2　CASS9.0 工具栏

当您启动 CASS9.0 以后,可以看到在屏幕的上部和左侧分别有一个工具栏。其中上部的工具栏是 AutoCAD 本身就有的,它包含了 AutoCAD 的许多常用功能,如图层的设置、打开老图、图形存盘、重画屏幕等。屏幕左侧的工具栏则是 CASS9.0 所特有的,它具有 CASS9.0 的一些较常用的功能,如察看实体编码、加入实体编码、查询坐标、注记文字等。

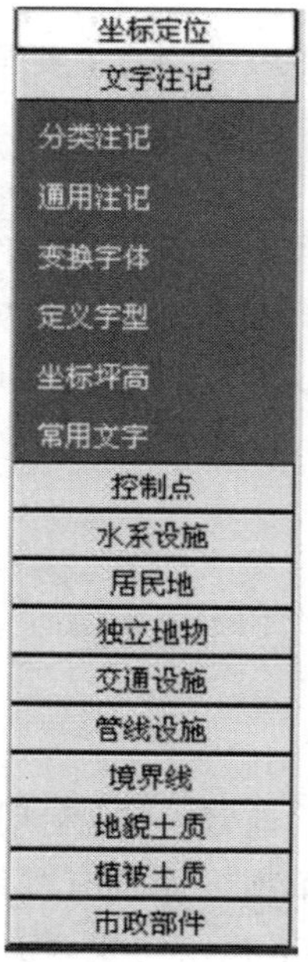

5.1.2.3　CASS9.0 右侧屏幕菜单

CASS9.0 屏幕的右侧设置了"屏幕菜单",在这个栏目中,按照地形图图式标准,制定了所有地物符号和文字注记,主要有文字注记、控制点、水系设施、居民地、独立地物、交通设施、管线设施、境界线、地貌土质、植被土质和市政部件等几大类。这是一个测绘专用交互绘图菜单。进入该菜单的交互编辑功能时,必须先选定定点方式。CASS9.0 屏幕菜单中定点方式包括"坐标定位"、"测点点号"、"电子平板"、"数字化仪"等方式。实际工作中以"坐标定位"方式较为常用。用鼠标单击屏幕右侧的"坐标定位"方式,将显示如图 5.2 所示界面。屏幕菜单是地物绘制的核心。

5.1.2.4　CASS9.0 命令栏

CASS9.0 沿用了 AutoCAD 的命令栏窗口,此窗口适用 CASS 和 AutoCAD 的所有命令,可以在命令栏用键盘操作绘图,此栏是 AutoCAD 人机交互对话绘图的经典设计。CASS 适用 AutoCAD 人

图 5.2　屏幕菜单

机交互对话方式,同时增加了地形图绘图的人机交互的所有命令和对话方式。

5.1.3 CASS9.0 系统常用快捷命令

DD——通用绘图命令

V——查看实体属性

S——加入实体属性

F——图形复制

RR——符号重新生成

H——线型换向

KK——查询坎高

X——多功能复合线

B——自由连接

AA——给实体加地物名

T——注记文字

FF——绘制多点房屋

SS——绘制四点房屋

W——绘制围墙

K——绘制陡坎

XP——绘制自然斜坡

G——绘制高程点

D——绘制电力线

I——绘制道路

N——批量拟合复合线

O——批量修改复合线高

WW——批量改变复合线宽

Y——复合线上加点

J——复合线连接

Q——直角纠正

5.1.4 CASS9.0 系统的常用文件格式

数字化地形测量中,CASS9.0 系统的常用文件有碎部点坐标数据文件 ∗.DAT、Auto-CAD 图形文件 ∗.DWG、图形交换格式文件 ∗.DXF 和 CASS9.0 交换文件 ∗.CAS 等。

5.1.4.1 坐标数据文件

碎部点坐标数据文件是 CASS 最基础的数据文件,扩展名是"DAT",无论是从全站仪传输到计算机还是用 RTK 在野外直接记录数据,都会生成一个坐标数据文件,其格式为:

点名,编码,Y(东)坐标,X(北)坐标,高程

……

注意:

① 文件内每一行代表一个点;

② 每个点 Y(东)坐标、X(北)坐标、高程的单位均是"m";

③ 编码内不能含有逗号,即使编码为空,其后的逗号也不能省略;

④ 所有的逗号不能在全角方式下输入。

5.1.4.2　图形文件

图形文件 *.DWG 是 AutoCAD 的图形文件,数据结构属于 Autodesk 公司的商业秘密,可以通过 AutoCAD 内的转换器转为 *.DXF 文本文件,这样可以很方便地实现数据的读写。

5.1.4.3　图形交换格式文件

图形交换格式文件是 Autodesk 公司为其 AutoCAD 与外部 CAD/CAM 系统接口所定义的一种图形交换格式文件,扩展名是"DXF"。随着 AutoCAD 在业界的广泛使用,大多数的 CAD/CAM 系统都具备与 AutoCAD 接口的功能。DXF 文件的文本格式易于阅读分析,图形数据按照一定的顺序存储,因此一直是广大 CAD/CAM 开发人员研究的对象。

5.1.4.4　CASS9.0 交换文件

CASS9.0 交换文件(扩展名是"CAS")包含了全部图形的几何和属性信息,通过交换文件可以将数字地图的所有信息毫无遗漏地导入 GIS,这为用户的各种应用带来了极大的方便。CAS 文件便于用户将数字地图导入 GIS。用户可根据自己的 GIS 平台的文件格式开发出相应的转换程序。

CASS9.0 的数据交换文件的总体格式如下:

CASS9.0

西南角坐标

东北角坐标

［层名］

实体类型

……

nil

实体类型

……

nil

……

［层名］

……

END

第一行和最后一行固定为"CASS9.0"和"END",第二、三行规定了图形的范围。设想用一个矩形刚好把所有的实体包括进去,则该矩形左下角坐标是西南角坐标,右上角坐标是东北角坐标。CASS9.0 交换文件的坐标格式为"Y 坐标,X 坐标,高程",其中 Y 和 X 坐标分别表示东方向和北方向坐标,高程可以省略,但在表示等高线时不能省略,坐标的单位是"m"。

CASS9.0 交换文件中线状地物都有线型的定义,如在其他系统生成 CASS9.0 交换文件,可在线型栏中以"N"代替,成图时系统会自动根据编码选择相应的线型,如无相应线型,则默认为 CONTINUOUS 型,即实线型。文件正文从第四行开始,以图层为单位分成若干独立的部分,用中括号将层名括起来,作为该图层区的开始行,每个层内部又以实体类别划分开来。

CASS 交换文件共有 POINT、LINE、ARC、CIRCLE、PLINE、SPLINE、TEXT、SPECIAL 等 8 种实体类型,文件中每个层的每种实体类型部分以实体类型名为开始行,以字符串"nil"为结束行,中间连续表示若干个该类型的实体。

5.1.5　其他文件管理

数字化测图的内业处理涉及的数据文件较多。因此,最好养成一套较好的命名习惯,以减少内业工作中不必要的麻烦,建议采用如下的命名约定。

5.1.5.1　简编码坐标文件

由手簿传输到计算机中带简编码的坐标数据文件,建议采用 ∗ JM. DAT 格式;由内业编码引导后生成的坐标数据文件,建议采用 ∗ YD. DAT 格式。

5.1.5.2　引导文件

引导文件指由作业人员根据草图编辑的引导文件,建议采用 ∗. YD 格式。

5.1.5.3　坐标点(界址点)坐标文件

坐标点(界址点)坐标文件是指由手簿传输到计算机的原始坐标数据文件中的一种,建议采用 ∗. DAT 格式。

5.1.5.4　权属引导信息文件

权属引导信息文件是指作业人员在作权属地籍图时根据草图编辑的权属引导信息文件,建议采用 ∗ DJ. YD 格式。

5.1.5.5　权属信息文件

权属信息文件是指由权属合并或由图形生成权属形成的文件,建议采用 ∗. QS 格式。

5.2　平面图绘制的基本方法

对于平面地物图形的编绘,CASS9.0 主要提供了屏幕坐标定位成图法、屏幕点号定位成图法、引导文件自动成图法和简编码自动成图法等成图方法,这与野外数据采集使用的"草图法"、"简码法"和"电子平板法"等作业方式是相一致的。CASS9.0 可实时地将地物定位点和邻近地物(形)点显示在当前图形编辑窗口中,操作十分方便。本节介绍运用 CASS9.0 绘制平面图的基本方法。

5.2.1　屏幕坐标定位成图法

在外业数据采集时,用草图做记录,形成的点的数据文件只有点号、坐标和高程,这时一般用屏幕坐标定位成图。

5.2.1.1　展点

展点前,可以先进行显示区设置和比例尺设置,也可以直接展点。展点主要有"野外测点点号展点"、"野外测点代码展点"和"野外测点点位展点",如图 5.3 所示。一般选择"展野外测点点号"。初次展点,绘图命令栏会提示设置成图比例尺,输入后弹出选择数据文件对话框,选择测量下载的数据文件,点击确定键,测量点的点位和点号就展到绘图区域内。

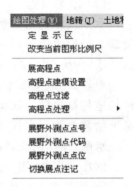

图 5.3　展点下拉菜单

5.2.1.2　选择测点坐标定位成图法

用鼠标单击屏幕右侧的"坐标定位"方式,显示如图 5.8 所示界面。"CASS 坐标"有两个作用,第一表明目前的定点方式为坐标定位方式;第二当用鼠标单击本项目时将返回上级屏幕界面。根据野外作业时绘制的草图,移动鼠标至屏幕右侧菜单区选择相应的地形图图式符号,设置捕捉方式为节点,然后在屏幕中将所有的地物绘制出来。系统中所有地形图图式符号都是按照图层来划分的,例如,所有表示测量控制点的符号都放在"控制点"这一层,所有表示独立地物的符号都放在"独立地物"这一层,所有表示植被的符号都放在"植被土质"这一层。

（1）文字注记

文字注记是在指定的位置以指定的大小书写文字,主要有分类注记、通用注记、变换字体、定义字型、坐标坪高和常用文字等功能,参见图 5.2。坐标坪高是指在图形屏幕上注记任意点的测量坐标和标高;常用文字是将标注的常用文字建立成库,实现常用字的直接选取,如选定其中的某个汉字（词）后,命令栏提示文字定位点（中心点）,用鼠标指定定位点后,系统即在相应位置注记选定的汉字（词）。通用注记是最常用的注记,在执行"通用注记"菜单后,会弹出一个"文字注记信息"对话框,如图 5.4 所示。注记内容均在 ZJ层。在左边的文字框或右边的图块框都可以选取;如果使用左边的文字框,请用鼠标按住文字框右边的竖直滚动杠进行翻页查找,找到后用鼠标选取,然后单击"OK"按钮确认;如果使用右边的图块框,用鼠标分别按 PREVIOUS、NEXT 按钮翻页,查找所需要的注记,找到后用鼠标双击标有注记的图标或用鼠标选取后单击"OK"按钮确定。在这里注记的汉字的字高将按比例尺和图式要求自动生成,如果想改变字体的大小,可以使用下拉菜单"地物编辑/批量缩放/文字"菜单操作。

图 5.4　"文字注记信息"对话框

（2）控制点

控制点主要有平面控制点和其他控制点,通过交互展绘各种测量控制点时,选择所有绘制的控制点符号,可以通过键盘输入坐标或捕捉展点,输入控制点点名和高程,系统将在相应位置上依图式展绘控制点的符号,并注记点名和高程值。

（3）水系设施

水系设施包括自然河流、人工河渠、湖泊池塘、水库、海洋要素、礁石岸滩、水系要素和水利设施。绘制主要有以下方法:

① 点状或特殊水系设施

单点式:地下灌渠出水口、泉等都属于这种地物,绘制时只需用鼠标给定点位。若给定点位后地物符号随着鼠标的移动而旋转,待其旋转到合适的位置后按鼠标左键或回车键;有的点状地物需要输入高程,根据提示键入高程值即可。

水闸:操作同交通设施的三点或四点定位。

依比例水井:用三点画圆的方法来确定依比例水井的位置和形状。

② 线状水系设施的绘制

无陡坎或陡坎方向确定的单线水系设施:绘制这类水系时只需根据提示依次输入水系的

拐点,然后进行拟合即可。

陡坎方向不确定的单线水系设施:这类水系设施的绘制方法与第①种大致相同,只是需要确定陡坎方向。

示向箭头、潮涨、潮落:输入相应符号的定位点,接着移动鼠标时符号便动态的旋转,用鼠标使符号定位方向满足要求。

有陡坎的双线水系设施:绘制这类水系设施时一般是先绘出其一边(绘制方法同第②种),然后再用不同的方法绘制另一边。

各种防洪墙:先绘出墙的一边,然后根据提示输入宽度以确定墙的另一边。

水槽:如果输水槽两边平行,给出一边的两端点及对边上任一点。如果输水槽两边不平行,需给出每一条边的两个点。

③ 面状水系设施

首先画出面状水系的边线,然后进行拟合即可。具体操作注意命令栏提示。

(4)居民地

居民地主要包括一般房屋、普通房屋、特殊房屋、房屋附属、支柱墩和垣栅,一般通过人机交互方式绘制完成居民地图式符号。一般房屋有结构和层数设置,绘制时可分为多点房屋类和四点房屋类,多点房屋类按提示顺次连接最后闭合;四点房屋类指的是矩形房屋,可以根据已知三点或已知两点及宽度或已知四点进行房屋绘制。普通房屋有简单房屋、破坏房屋、棚房和空架房屋。特殊房屋主要指窑洞和蒙古包。房屋附属主要是楼梯、台阶和阳台。垣栅主要是不依比例尺围墙、栅栏(栏杆)、篱笆、活树篱笆、铁丝网类、门廊、檐廊等现状地物和依比例尺围墙。

下面以作四点房屋为例讲解。移动鼠标至右侧菜单"居民地"处按左键,系统便弹出如图 5.5 所示的对话框。再移动鼠标到"四点砖房屋"的图标处按左键,图标变亮表示该图标已被选中,然后移鼠标至"确定"处按左键。这时命令区提示:

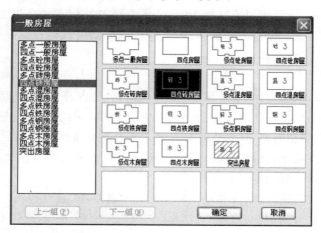

图 5.5 居民地/一般房屋

1. 已知三点/2. 已知两点及宽度/3. 已知四点<1>:

选择 1(缺省为 1),则依次输入三个房角点(如果三点间不成直角将出现平行四边形);选择 2,则依次输入房屋两个房角点和宽度(单位为"m",向连线方向左边画时输正值,向连线方向右边画时输负值);选择 3,则依次输入四个顶点。这里我们输入 1,回车(或直接回车默认选1)。系统提示:

　　输入点：输入房屋的第一点。可以用屏幕捕捉完成，移动鼠标至状态栏，在"对象捕捉"按钮上点击右键，弹出如图 5.6 所示的对话框。再移动鼠标到"节点"的图标处按左键，然后移动鼠标至"确定"处按左键。这时鼠标靠近点号，出现黄色标记，点击鼠标左键，完成捕捉工作。

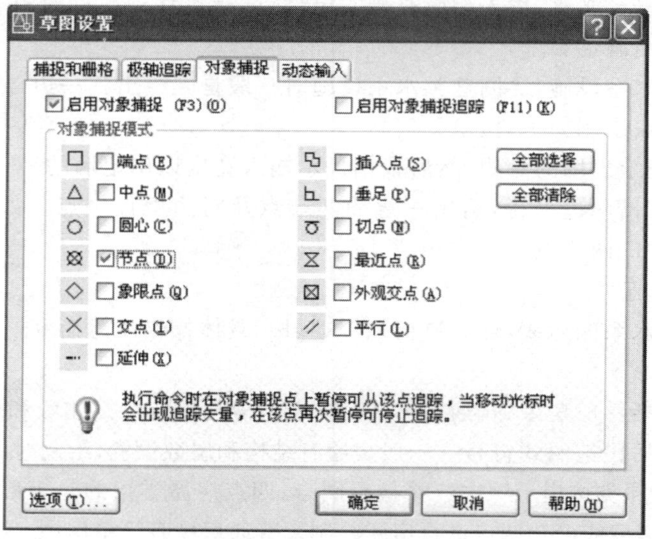

图 5.6　对象捕捉

　　输入点：依次输入房屋的第二点。

　　输入点：依次输入房屋的第三点。

　　房屋的第四点是自动解析完成的。

　　输入层数：＜1＞输入适当层数。完成四点房屋的绘制过程。

　　注意：在输入点时，嵌套使用了捕捉功能，选择不同的捕捉方式会出现不同形式的黄颜色光标，适用于不同的情况。命令区要求"输入点"时，也可以用鼠标左键在屏幕上直接点击，为了精确定位也可输入实地坐标。

　　(5) 独立地物

　　独立地物有矿山、工业设施、农业设施、公共设施、名胜古迹、文物宗教、科学观测和其他设施。按照几何特性可分为：面状独立地物和点状独立地物。面状独立地物的绘制与多点房屋和四点房屋的绘制步骤相同；点状独立地物在选取点状地物的图式符号后，用鼠标给定其定位点（给定的定位点是该点状符号的定位点）。当地物符号要求有绘制方向时，符号会随着鼠标的移动而旋转，按鼠标左键确定其方位即可。

　　下面以"路灯"为例进行演示。移动鼠标至右侧屏幕菜单"独立地物/公共设施"处按左键，这时系统便弹出"独立地物/公共设施"对话框，如图 5.7 所示，移动鼠标到"路灯"的图标处按左键，图标变亮表示该图标已被选中，然后移动鼠标至"确定"处按左键。这时命令区提示：

　　输入点：输入坐标或进行屏幕捕捉点位，就在坐标处或捕捉处绘好了一个路灯。

　　(6) 交通设施

　　交通设施分为铁路及其附属物、道路及其附属物、桥梁及其附属物、渡口码头和航行标志。交通设施的绘制方法有 3 类：

　　① 绘制两边平行的道路，如平行高速公路、平行等级公路、平行等外公路等。点击命令

图 5.7　"独立地物/公共设施"图层图例

栏。系统提示：

第一点：

这一提示将反复出现，按提示输入点以确定道路的一条边线。

闭合 C/隔一闭合 G/隔一点 J/微导线 A/曲线 Q/边长交会 B/回退 U/＜指定点＞：

根据需要选择某一选项进行操作。完成一条边的绘制后，系统提示：

拟合线＜N＞？

当确定道路的一条边后，将出现这一提示，如不需拟合，直接回车即可，如需要拟合，键入 Y 然后回车。系统提示：

1.边点式/2.边宽式＜1＞：

如选 1，用户需用鼠标点取道路另一边任一点；如选 2，用户需输入道路的宽度以确定道路的另一边。输入 2 后出现以下提示：

请给出路的宽度(m)：＜＋/左，－/右＞：

输入道路的宽度。如未知边在已知边的左侧，则宽度值为正，反之为负。

② 绘制一条线的道路，如铁路、高速公路等，所有的单线道路和某些双线道路只需画一条线即可确定其位置和形状。

③ 绘制交通设施，交通设施为各种点状交通设施如路灯、汽车站等，此类只需输入一点；有些地物需输入起点和端点以确定其位置和形状，如过河缆、电车轨道电杆等，此类需输入两点；也有面状交通设施需要输入多点闭合。

（7）管线设施

管线设施包括的地物符号有电力线、通信线、管道、地下检查井和管线附属物，几何图形分为线状管线设施和点状管线设施。线状管线设施的绘制方法与多功能线的绘制相同。有些线状管线设施只需两点（起点和端点）即可确定其位置；有些管线设施在输完点以后系统会提问"拟合线＜N＞？"，输入 Y 进行拟合，如不需拟合，按鼠标右键或直接回车。点状管线设施在输入点状管线设施时用户只需用鼠标指定该地物的定位点即可，输入点后有些地物符号会随着鼠标的移动旋转，此时移动鼠标确定其方向后回车即可。

（8）境界线

境界线主要有行政界限、地籍界限和其他界限。

境界线符号都绘制在 JJ 层。绘制境界线符号时只需依次给定境界线的拐点即可。如果需要拟合,根据提示进行拟合。

（9）地貌土质

地貌土质主要包括等高线、高程点、自然地貌和人工地貌等。绘制可按以下 3 类完成。

① 点状元素

绘制时只需用鼠标给定点位。若给定点位后地物符号随着鼠标的移动而旋转,待其旋转到合适的位置后按鼠标左键或回车键。

② 线状元素

无高程信息的线状地物(自然斜坡除外),绘制这类地物时只需根据提示依次输入地物的拐点,然后进行拟合;有高程信息的线状地物,包括等高线和陡坎,绘制这类地物的方法与无高程信息的线状地物大致相同,只是需要先行输入高程信息;自然斜坡通过画坡顶线和坡底线绘出。

③ 面状元素

包括盐碱地、沼泽地、草丘地、沙地、台田、龟裂地等地物,绘制这类地物时只要根据提示给出地块的各个拐点画出边界线,然后根据需要进行拟合。

（10）植被土质

植被土质包括的地物类型有耕地、园地、林地、草地、城市绿地、地类防火和土质等。绘制是按点、线和面完成。

① 点状元素:包括各种独立树、散树。绘制时只需用鼠标给定点位即可。

② 线状元素:包括地类界、行树、防火带、狭长竹林等。绘制时用鼠标给定各个拐点,然后根据需要进行拟合。

③ 面状元素:包括各种园林、地块、花圃等。绘制时用鼠标画出其边线,然后根据需要进行拟合。

通过草图,将所有的地物绘制成图,就完成了平面图的绘制工作,然后就进行等高线绘制和编辑修改工作。

5.2.2　屏幕点号定位成图法

屏幕点号定位成图法和坐标定位成图法基本一样,首先要定显示区,根据输入坐标数据文件的数据大小定义屏幕显示区域的大小,以保证所有点可见,然后设置比例尺,选择野外测点点号展点,展点完成后绘图区显示所有点及点号。

5.2.2.1　选择测点点号定位成图法

移动鼠标至屏幕右侧菜单区,在"坐标定位"项按左键,如图 5.8 所示,选择"点号定位"项按左键。弹出图 5.9 所示对话框。

输入点号坐标点数据文件名 C:\CASS9.0\DEMO\YMSJ.DAT 后,命令区提示:

读点完成！共读入 60 点。

图 5.8　屏幕点号定位

图 5.9 点号定位成图法选择数据文件的对话框

5.2.2.2 绘平面图

绘制平面图之前,要进行 CASS 参数配置,主要是对地物绘制和图框设置界面中的各参数进行设置。

(1)为了更加直观地在图形编辑区内看到各测点之间的关系,可以先将野外测点点号在屏幕中展出来。其操作方法是:用鼠标选择菜单"绘图处理/野外测点点号"项按左键,输入对应的坐标数据文件名 C:\CASS9.0\DEMO\YMSJ.DAT 后,便可在屏幕展出野外测点的点号。

(2)根据外业草图,选择相应的地图图式符号在屏幕上绘制平面图。下面举例说明:

如图 5.10 所示,由 33、34、35 号点连成一间简单房屋。移动鼠标至右侧菜单"居民地/一般房屋"处按左键,系统便弹出如图 5.11 所示的对话框。再移动鼠标到"四点房屋"的图标处

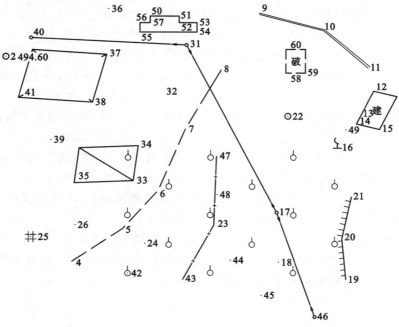

图 5.10 外业作业草图

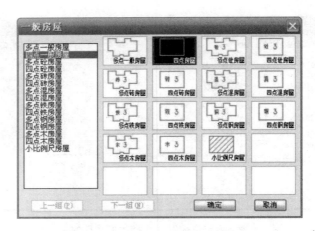

图 5.11　"居民地/一般房屋"图层图例

按左键,图标变亮表示该图标已被选中,然后移鼠标至 OK 处按左键。这时命令区提示:

绘图比例尺 1:<1:500>1:输入 1000,回车。

1. 已知三点/2.已知两点及宽度/3.已知四点<1>:输入 1,回车(或直接回车默认选 1)。

点 P/<点号>:输入 33,回车。

点 P 是指根据实际情况在屏幕上指定一个点;点号是指绘地物符号定位点的点号(与草图的点号对应),此处使用点号。

点 P/<点号>:输入 34,回车。

点 P/<点号>:输入 35,回车。

这样,即将 33、34、35 号点连成一间普通房屋。

注意:当房屋是不规则的图形时,可用"实线多点房屋"或"虚线多点房屋"来绘制;绘制房屋时,输入的点号必须按顺时针或逆时针的顺序输入,如上例的点号按 34、33、35 或 35、33、34 的顺序输入,否则绘制出来的房屋就不对。

重复上述操作,将 37、38、41 号点绘成四点棚房;60、58、59 号点绘成四点破坏房屋;12、14、15 号点绘成四点建筑中房屋;50、51、52、53、54、55、56、57 号点绘成多点一般房屋;27、28、29 号点绘成四点房屋。

同样在"居民地/垣栅"层找到"依比例围墙"的图标,将 9、10、11 号点绘成依比例围墙的符号;在"居民地/垣栅"层找到"篱笆"的图标将 47、48、23、43 号点绘成篱笆的符号。

再把草图中的 19、20、21 号点连成一段陡坎,其操作方法:先移动鼠标至右侧屏幕菜单"地貌土质/坡坎"处按左键,这时系统弹出如图 5.12 所示的对话框。

移动鼠标到表示未加固陡坎符号的图标处按左键选择其图标,再移动鼠标到"确定"处按左键确认所选择的图标。命令区便分别出现以下的提示:

请输入坎高,单位:m<1.0>:输入坎高,回车(直接回车默认坎高 1 m)。

在这里输入的坎高(实测得的坎顶高程),系统将坎顶点的高程减去坎高得到坎底点高程,这样在建立(DTM)时,坎底点便参与组网的计算。

点 P/<点号>:输入 19,回车。

点 P/<点号>:输入 20,回车。

点 P/<点号>:输入 21,回车。

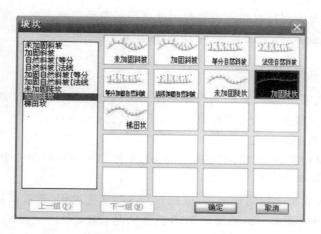

图 5.12 "地貌土质/坡坎"图例

点 P/＜点号＞:回车或按鼠标的右键,结束输入。

拟合吗? ＜N＞:回车或按鼠标的右键,默认输入 N。

如果需要在点号定位的过程中临时切换到坐标定位,可以按"P"键,这时进入坐标定位状态,想回到点号定位状态时再次按"P"键即可。拟合的作用是对复合线进行圆滑处理。

这时,便在 19、20、21 号点之间绘成陡坎的符号,如图 5.13 所示。同时要注意陡坎的方向。如果方向不对,可以用工具"线型换向"改变线型方向。

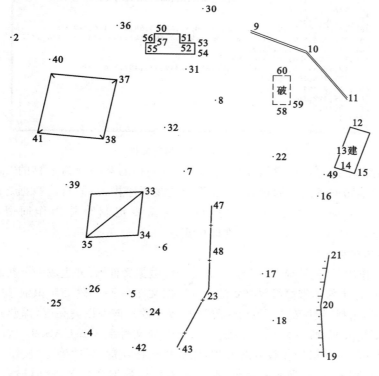

图 5.13 加绘陡坎后的平面图

这样,重复上述操作便可以将所有测点用地图图式符号绘制出来。在操作的过程中,还可以嵌用 CAD 的透明命令,如放大显示、移动图纸、删除、文字注记等。

5.2.3　引导文件自动成图法

引导文件自动成图法也称为"编码引导文件＋无码坐标数据文件自动绘图方式",首先要编辑引导文件,引导文件是一个文本格式文件,扩展名为:＊.YD。

5.2.3.1　编辑引导文件

编辑简码引导文件是根据"草图"编辑生成的,文件的每一行描绘一个地物,数据格式为:
Code,N1,N2,……,Nn,E

其中:Code 为该地物的地物代码,可以是 CASS 的地物编码,也可以是野外测图所有的简码,Nn 为构成该地物的第 n 点的点号。值得注意的是:N1,N2,……,Nn 的排列顺序应与实际顺序一致。每行描述一地物,行尾的字母 E 为地物结束标志,最后一行只有一个字母 E,为文件结束标志,E 也可以省略。如图 5.14 所示。显然,引导文件是对无码坐标数据文件的补充,二者结合即可完备地描述地图上的各个地物。

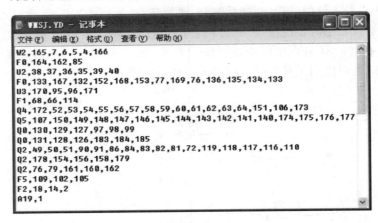

图 5.14　简码引导文件

编写时注意以下问题:每一行表示一个地物;每一行的第一项为地物的"地物代码",以后各数据为构成该地物的各测点的点号,点号要依连接顺序排列;同行的数据之间用逗号分隔;表示地物代码的字母要大写;也可根据自己的需要定制野外操作简码,通过更改 C:\CASS9.0\SYSTEM\JCODE.DEF 文件即可实现。

5.2.3.2　编码引导

编码引导的作用是将"引导文件"与"无码的坐标数据文件"合并生成一个新的带简编码格式的坐标数据文件,这个新的带简编码格式的坐标数据文件在下一步"简码识别"操作时将要用到。

在主界面上,选择"绘图处理/编码引导"项,按左键。该处以高亮度(深蓝)显示,按下鼠标左键,即出现如图 5.15 所示对话框。输入编码引导文件名 C:\CASS9.0\DEMO\WMSJ.YD,或通过 Windows 窗口操作找到此文件,然后用鼠标左键选择"确定"按钮。

接着,屏幕出现图 5.16 所示对话框,要求输入坐标数据文件名,此时输入 C:\CASS9.0\DEMO\WMSJ.DAT,选择"确定"按钮。

图 5.15　输入编码引导文件名

图 5.16　输入坐标数据文件名

这时,屏幕按照这两个文件自动生成图形,如图 5.17 所示。

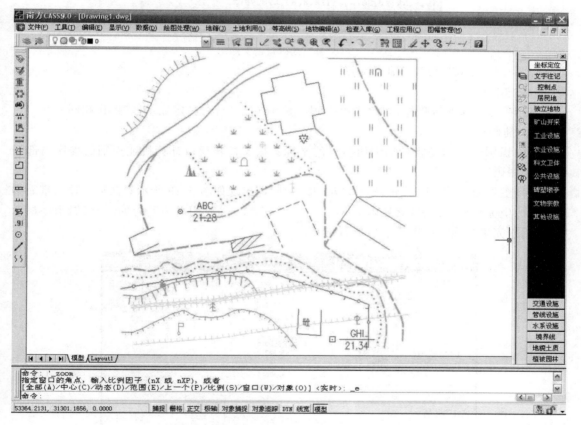

图 5.17　系统自动绘出图形

5.2.4　简编码自动成图法

这种工作方式也称作"带简编码格式的坐标数据文件自动绘图方式",与"草图法"在野外测量不同的是,每测一个地物点时都要在全站仪上输入地物点的简编码。简编码一般由一位字母和一或两位数字组成,可根据自己的需要通过 JCODE. DEF 文件定制野外操作简码。在用第 4 章讲到的野外编码法测图时,通过输入 CASS 简码或自定义简码形成的数据文件(图 5.18),可以直接用于自动成图。

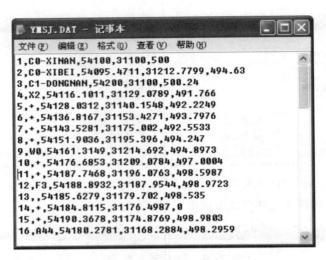

图 5.18　简码数据文件

5.2.4.1　CASS 简编码自动成图

（1）定显示区

该绘图方式作业流程操作与"草图法"中"测点点号"定位的"定显示区"操作相同。

（2）简码识别

简码识别的作用是将带简编码格式的坐标数据文件转换成计算机能识别的程序内部码（又称绘图码）。

选择主界面"绘图处理/简码识别"项，按左键，即出现如图 5.19 所示对话框。输入带简编码格式的坐标数据文件名（此处以 C:\CASS9.0\DEMO\YMSJ. DAT 为例）。当提示区显示"简码识别完毕！"同时在屏幕绘出平面图形。

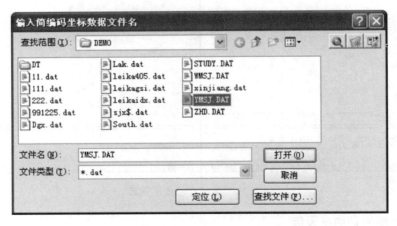

图 5.19　选择简编码文件

5.2.4.2　自定义简编码自动成图

自定义简编码法是数字化地形测量实践过程中逐步总结形成的，由观测员给每一个碎部测点赋予一个自定义简编码，并依据这种自定义简编码成图的一种数字化地形测量方法。

自定义简编码法数字化测图作业流程为：外业数据采集（自定义编码）→内业概略编图→草图外业补充调绘→内业详细编图→外业巡回检查→最终成果成图。分述如下：

（1）外业数据采集：该环节重点是碎部点三维坐标与自定义简编码采集，强调碎部点的数学精度、采集数量和自定义简编码的可自我识别程度以及测站与棱镜之间的通信联系，而不必过分关注碎部点间的连接关系。在同一个测站上，只要能看到而视线又不是过长，宜及时采集，不必频繁搬站。自定义简编码不必过于严格，只要编图时作业员自己能够识别即可，如：大车路可编为"DCL"或"L"，四层砖混楼房可编为"FH4"或"F"，完全根据作业员的习惯和自我条件决定。值得注意的是：由于自定义简编码具有一定的随便性，在增加了自我识别难度的同时，也使其具有相当的灵活性和可开发性。

（2）内业概略编图：其原则是能识别多少就编多少，能编到什么程度就编到什么程度，不能识别的在外业补充调绘时处理。这一环节只需要编出有基本轮廓的平面草图，该草图只作为外业补充调绘的工作底图，绘图输出时应包括碎部点的简码信息，最好先不要绘出等高线。

（3）草图外业补充调绘：该环节以带简码的基本平面图为工作底图，对照实地补充绘图，加上必要的量测，应理清地物、地貌要素的属性，各种线条间的连接关系等。外业补充调绘成果图在内容上已经是详细的平面图了。

（4）内业详细编图：根据外业补充调绘成果图修编概略草图，在此基础上构建高程模型三角网，绘制等高线生成初步地形图。绘图输出时最好将高程模型三角网和等高线一并绘出，作为外业巡回检查的工作底图。

（5）外业巡回检查：重点是高程模型三角网的检查与修编，以及植被、境界类符号补充调绘与检查、初步成果地形图外业最终检查等。

（6）最终成果成图：根据外业巡回检查成果图再次修编初步成果地形图，以及图面整饰图幅分幅等，最终形成成果图。

上面介绍了"草图法"、"简编码法"的工作方法。其中"草图法"包括点号定位法、坐标定位法、编码引导法。编码引导法的外业工作也需要绘制草图，但内业通过编辑简码引导文件，将简码引导文件与无码坐标数据文件结合生成带简编码的坐标数据文件，其后的操作等效于"简编码自动成图法"。

CASS9.0支持多种多样的作业模式，除了"草图法"、"简编码法"以外，还有"白纸图数字化法"、"电子平板法"，可根据实际情况灵活选择恰当的方法。

5.3　等高线的绘制

在地形图中，等高线是表示地貌起伏的一种重要手段。常规的平板测图，等高线是由手工描绘的，等高线可以描绘得比较圆滑但精度稍低。在数字化自动成图系统中，等高线是由计算机自动勾绘，生成的等高线精度相当高。

CASS9.0在绘制等高线时，充分考虑到等高线通过地性线和断裂线时情况的处理，如陡坎、陡涯等，CASS9.0能自动切除通过地物、注记、陡坎的等高线。由于采用了轻量线来生成等高线，CASS9.0在生成等高线后，文件大小比其他软件小很多。

在绘制等高线之前，必须先将野外测得的高程点建立成数字地面模型（Digital Terrain Models，DTM），然后再在数字地面模型上生成等高线。

5.3.1 CASS9.0 **数字地面模型(DTM)的建立**

数字地面模型(DTM),是在一定区域范围内规则格网点或三角网点的平面坐标(x,y)和其地物性质的数据集合,如果此地物性质是该点的高程 H,则此数字地面模型又称为数字高程模型(DEM)。这个数据集合从微分角度三维地描述了该区域地形地貌的空间分布。CASS9.0 在绘制等高线时建立的 DTM 是三角网模型。DTM 在空间分析和决策方面发挥越来越大的作用,借助计算机和地理信息系统软件,DTM 数据可以用于建立各种各样的模型从而解决一些实际问题。

CASS9.0 自动生成等高线时,应先建立数字地面模型。选择"等高线/建立 DTM"菜单项,有两种建立方式,即由数据文件生成和由图面高程点生成两种方法,如图 5.20 所示。

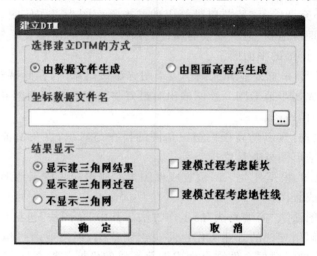

图 5.20 "建立 DTM"对话框

5.3.1.1 由数据文件生成三角网

选择由数据文件生成三角网,则在坐标数据文件名中选择坐标数据文件,然后在"结果显示"中选择显示方式,显示方式分为 3 种:显示建三角网结果、显示建三角网过程和不显示三角网,最后选择在建立 DTM 的过程中是否考虑陡坎和地性线。

点击确定后生成如图 5.21 所示的三角网。

5.3.1.2 由图面高程点生成三角网

在选择由图面高程点生成三角网时,要先选择图面区域,所以要提前做如下准备:

(1)在"绘图处理"菜单下选"定显示区"及"展点",展点时可选择"展高程点"选项,如图 5.22 所示下拉菜单。

要求输入文件名时在"C:\CASS9.0\DEMO\DGX.DAT"路径下选择"打开"DGX.DAT文件后命令区提示:

注记高程点的距离(m):

根据规范要求输入高程点注记距离(即注记高程点的密度),回车默认为注记全部高程点的高程。这时,所有高程点和控制点的高程均自动展绘到图上。

(2)绘制要生成等高线的区域,用多段线命令(输入 pl)绘制一个封闭区域,区域内的高程点就是参与建立三角网的数据。

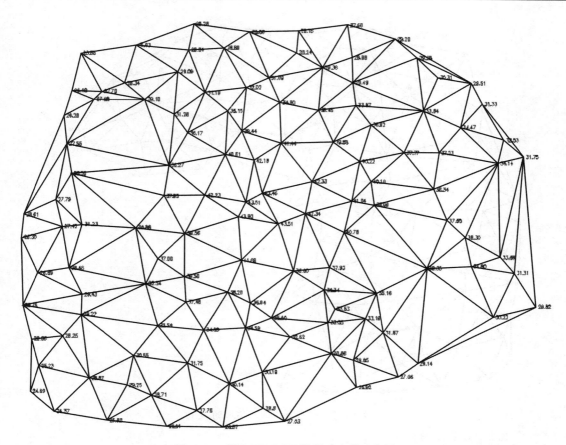

图 5.21 用 DGX.DAT 数据建立的三角网

（3）选择"等高线/建立 DTM"，点击"由图面高程点生成"，就会显示出建立的三角网。

5.3.2 数字地面模型(DTM)的修改

一般情况下，由于地形条件的限制，外业采集的碎部点很难一次性生成理想的等高线，如楼顶上控制点；另外还因现实地貌的多样性和复杂性，自动构成的数字地面模型与实际地貌不太一致，这时可以通过手工删除假高程点、增加必要高程特征点、修改三角网等来修改这些局部不合理的地方。

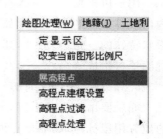

图 5.22 绘图处理下拉菜单

5.3.2.1 删除三角形

如果在某局部内没有等高线通过，则可将其局部内相关的三角形删除。删除三角形的操作方法是：先将要删除三角形的地方局部放大，再选择"等高线"下拉菜单的"删除三角形"项，命令区提示：

选择对象：

这时便可选择要删除的三角形。在三角网外边缘，需要删除的三角形很多。一般地，凡跨越边界点，向外构成的三角形都应该删除。如果误删，可用"U"命令将误删的三角形恢复。删除三角形后如图 5.23。

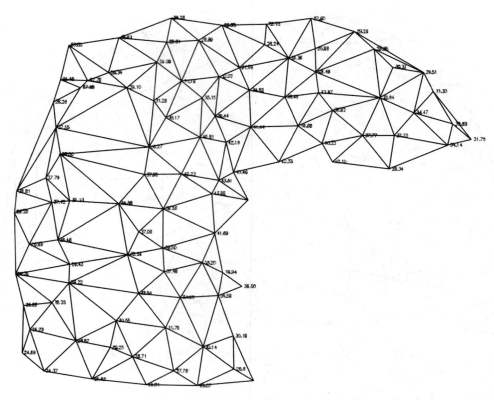

图 5.23   将右下角的三角形删除

5.3.2.2 过滤三角形

用户可根据需要输入符合三角形中最小角的度数或三角形中最大边长最多大于最小边长的倍数等条件的三角形。如果出现 CASS9.0 在建立三角网后无法绘制等高线,可过滤掉部分形状特殊的三角形;另外,如果生成的等高线不光滑,也可以用此功能将不符合要求的三角形过滤掉再生成等高线。

5.3.2.3 增加三角形

如果要增加三角形时,可选择"等高线/增加三角形"项,依照屏幕的提示在要增加三角形的地方用鼠标点取,如果点取的地方没有高程点,系统会提示输入高程。

5.3.2.4 三角形内插点

选择"等高线/三角形内插点"菜单项,系统提示:

输入点:

可根据提示输入要插入的点,在三角形中指定点(可输入坐标或用鼠标直接点取)。

高程(m):

输入此点高程。通过此功能可将此点与相邻的三角形顶点相连构成三角形,同时原三角形会自动被删除。

5.3.2.5 删三角形顶点

用此功能可将所有由该点生成的三角形删除。因为一个点会与周围很多点构成三角形,如果手工删除三角形,不仅工作量大而且容易出错;所以该功能常用在发现某一点坐标错误时,要将它从三角网中剔除的情况下。

5.3.2.6　重组三角形

指定两相邻三角形的公共边,系统自动将两三角形删除,并将两三角形的另两点连接起来构成两个新的三角形,这样做可以改变不合理的三角形连接。尤其在坡坎附近,使用重组三角形命令,合理准确构建三角网,可以很逼真地表达地貌形态。如果因两三角形的形状特殊无法重组,会有出错提示。

5.3.2.7　加入地性线

由于等高线与地性线是互相垂直的关系,所以在建三角网时要考虑到地性线。一般来说,优先构建三角网与地性线位置一致的边。当三角网已经构建好以后,加入地性线就会把不一致的三角网的边改为一致,使三角网网型改变,从而更加与实际地形相一致。

5.3.2.8　删三角网

生成等高线后就不再需要三角网了,这时如果要对等高线进行处理,三角网比较碍事,可以用此功能将整个三角网全部删除。

5.3.2.9　修改结果存盘

通过以上命令修改三角网后,选择"等高线/修改结果存盘"项,把修改后的数字地面模型存盘。这样,绘制的等高线就不会内插到修改前的三角形内,系统会自动生成一个扩展名为"＊.SJW"的文件。当命令区显示:

存盘结束!

表明操作成功。

修改了三角网后一定要进行此步操作,否则修改无效!

5.3.3　绘制等高线

建立了数字地面模型(DTM)并经编辑修改后,便可进行等高线绘制。等高线的绘制可以在绘制平面图的基础上叠加,也可以在"新建图形"的状态下绘制。如在"新建图形"状态下绘制等高线,系统会提示输入绘图比例尺。

用鼠标选择"等高线/绘制等高线"项,弹出如图5.24所示对话框:

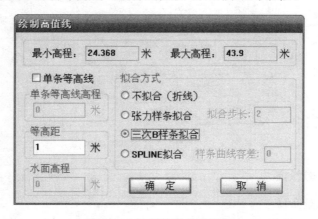

图5.24　绘制等高线对话框

对话框中会显示参加生成DTM的高程点的最小高程和最大高程。如果只生成单条等高线,那么就在单条等高线高程中输入此条等高线的高程;如果生成多条等高线,则在等高距框中输入相邻两条等高线之间的等高距,最后选择等高线的拟合方式,拟合方式有不拟合(折线)、张力样条拟合、三次 B 样条拟合和 SPLINE 拟合,一般情况下,选择三次 B 样条拟合。

观察等高线效果时,可输入较大等高距并选择不光滑,以加快速度。如选择张力样条拟合,则拟合步长以 2 m 为宜,但这时生成的等高线数据量比较大,速度会稍慢。测点较密或等高线较密时,最好选择三次 B 样条拟合,也可选择不光滑,过后再用"批量拟合"功能对等高线进行拟合。选择 SPLINE 拟合则用标准 SPLINE 样条曲线来绘制等高线,提示请输入样条曲线容差:<0.0>。容差是曲线偏离理论点的允许差值,可直接回车。SPLINE 线的优点在于即使其被断开后仍然是样条曲线,可以进行后续编辑修改,缺点是较三次 B 样条拟合容易发生线条交叉现象。

当命令区显示:

绘制完成!

这样便完成绘制等高线的工作,如图 5.25 所示。

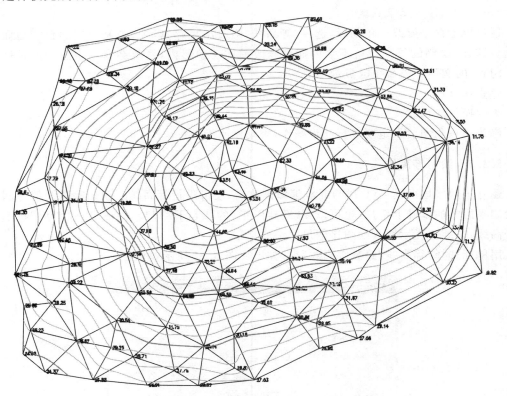

图 5.25　完成绘制等高线的工作

5.3.4　等高线的修饰

5.3.4.1　注记等高线

等高线注记包括高程值注记和示坡线注记,高程值注记又可分为"单个高程注记"和"沿直线进行高程注记";示坡线注记又可分为"单个示坡线注记"和"沿直线进行示坡线注记"。下面以"沿直线进行高程注记"为例说明:

首先沿着一组等高线的大致垂直方向划一条 pl 线,然后选择"等高线/等高线注记"项的"沿直线进行高程注记"项,命令区提示:

请选择:(1)只处理计曲线(2)处理所有等高线<1>。

选择(2)回车,命令区提示:

选取辅助直线(该直线应从低往高画):<回车结束>

系统会自动对等高线进行高程值注记,如图 5.26 所示。

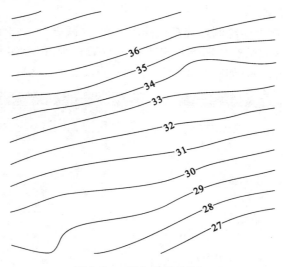

图 5.26　等高线高程注记

5.3.4.2　等高线修剪

左键点击"等高线/等高线修剪/批量修剪等高线",弹出如图 5.27 所示对话框。

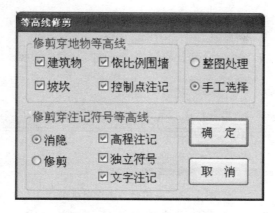

图 5.27　"等高线修剪"对话框

首先选择是"消隐"还是"修剪"等高线,然后选择是"整图处理"还是"手工选择"需要修剪的等高线,最后选择地物和注记符号,单击确定后会根据输入的条件修剪等高线。

5.3.4.3　切除指定二线间等高线

命令区提示:

选择第一条线:

用鼠标指定一条线,例如选择公路的一边。命令区提示:

选择第二条线：

用鼠标指定第二条线，例如选择公路的另一边。

此时，程序将自动切除等高线穿过此二线间的部分。

5.3.4.4　切除指定区域内等高线

选择一封闭复合线，系统将该复合线内所有等高线切除。注意：封闭区域的边界一定要是复合线，如果不是，系统将无法处理。

5.3.4.5　等值线滤波

此功能可在很大程度上给绘制好等高线的图形文件"减肥"。一般的等高线拟合方式都是用"三次 B 样条拟合"，这时虽然从图上看出来的节点数很少，但事实却并非如此。下面以高程为 38 的等高线为例来说明，如图 5.28 所示。

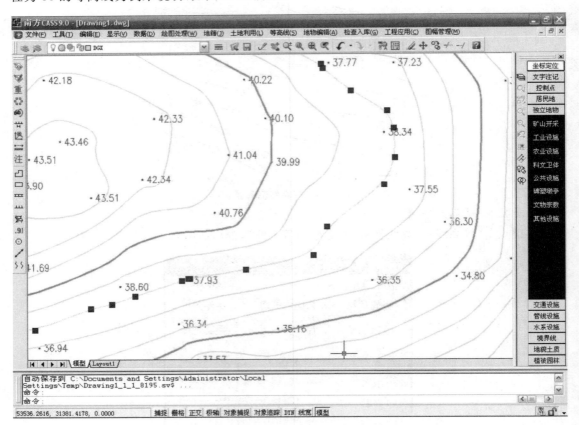

图 5.28　剪切前等高线夹持点

选中等高线，会发现图上出现了一些夹持点，千万不要认为这些点就是这条等高线上实际的点，这些只是样条的锚点。要还原它的真面目，操作如下：

选择"等高线/切除穿高程注记等高线"项，结果如图 5.29 所示。

这时，在等高线上出现了密布的夹持点，这些点才是这条等高线真正的特征点，所以如果看到一个很简单的图在生成了等高线后变得非常大，原因就在这里。要将这幅图的尺寸变小，用"等值线滤波"功能，执行此功能后，系统提示如下：

请输入滤波阀值：<0.5 m>

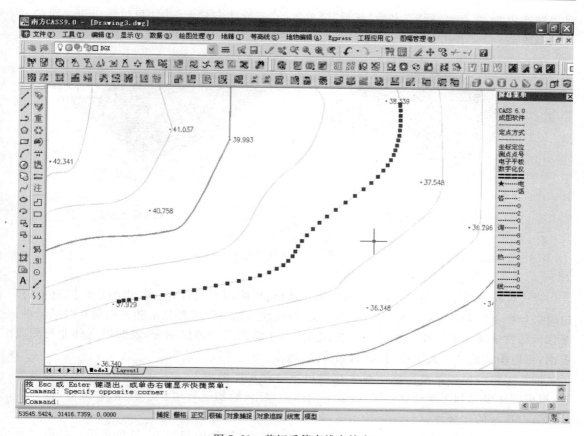

图 5.29 剪切后等高线夹持点

输入值越大,精简的程度就越大,但是会导致等高线失真(即变形),因此,用户可根据实际需要选择合适的值,一般选系统默认的值就可以了。

等高线的"消隐"和"修剪",主要是为了纸介质地形图的美观而设计的。一方面,这部分工作要到其他全部规范化编辑整饰完成以后再进行;另一方面,由于"修剪"损失了部分高程值属性,数字化地形测量时,只要等高线表示合理,对于电子版成果可以不做"消隐"和"修剪"处理。

5.3.5 三维模型的绘制

建立了 DTM 之后,就可以生成三维模型,观察立体效果。

选择"等高线/绘制三维模型"项,命令区提示:

输入高程乘系数<1.0>:

如果用默认值,建成的三维模型与实际情况一致;如果测区内的地势较为平坦,可以输入较大的值,将地形的起伏状态放大。因本图坡度变化不大,输入高程乘系数 5 将其放大显示。命令区提示:

是否拟合?(1)是(2)否<1>

回车,默认选(1),拟合。这时将显示此数据文件的三维模型,如图 5.30 所示。

另外利用"低级着色方式"、"高级着色方式"功能还可对三维模型进行渲染等操作,与数字正射影像 DOM 复合生成景观图,如图 5.31 所示。利用"显示"菜单下的"三维静态显示"功能可以转换角度、视点、坐标轴；利用"显示"菜单下的"三维动态显示"功能可以绘出更高级的三维动态效果。

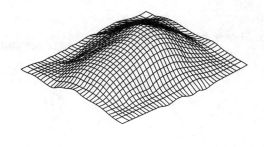

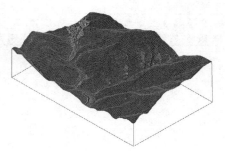

图 5.30　三维效果　　　　　　　　　　图 5.31　地表电子沙盘

5.4　地形图的编辑与注记

在大比例尺数字测图的过程中，由于实际地形、地物的复杂性，漏测、错测是难以避免的，这时必须要有一套功能强大的图形编辑系统，对所测地图进行屏幕显示和人机交互图形编辑。在保证精度情况下消除相互矛盾的地形、地物，对于漏测或错测的部分，及时进行外业补测或重测；对地图上的许多文字注记说明，如道路、河流、街道等进行编辑。

图形编辑的另一重要用途是对大比例尺数字化地图的更新。可以借助人机交互图形编辑，根据实测坐标和实地变化情况，随时对地图的地形、地物进行增加或删除、修改等，以保证地图具有很好的现势性。

对于图形的编辑，CASS9.0 提供"工具"、"编辑"和"地物编辑"三个下拉菜单。其中，"编辑"是由 AutoCAD 提供的编辑功能：包括图元编辑、删除、断开、延伸、修剪、移动、旋转、比例缩放、复制、偏移拷贝等，"工具"和"地物编辑"是由南方 CASS9.0 系统提供的对地物的主要编辑功能，下面详细介绍这两种编辑的功能。

5.4.1　工具

在编辑图形时，CASS9.0 提供绘图常用的辅助工具，如物体捕捉、图元绘制、解析交会、图块制作和图像匹配等功能。

5.4.1.1　物体捕捉模式

当绘制图形或编辑对象时，需要在屏幕上指定一些点。定点最快的方法是直接在屏幕上拾取，但这样却不能精确指定点。精确指定点最直接的办法是输入点的坐标值，但这样又不够简捷快速。而应用物体捕捉方式，便可以快速而精确地定点。如图 5.32 所示，"物体捕捉模式"中有圆心点、端点、插入点等，AutoCAD 提供的多种定点工具，如栅格（GRID）、正交（ORTHO）、对象捕捉（OSNAP）及自动追踪（AutoTrack）等在 CASS9.0 中同样有效。

图 5.32　"物体捕捉模式"子菜单

5.4.1.2　解析交会

（1）前方交会

前方交会就是根据已知的两个点和所构成的直线，通过在已知点上测量一未知点与两个已知点构成的夹角，用两个夹角交会一未知点的坐标位置。左键点取"工具/前方交会"后，弹出如图 5.33 所示对话框。

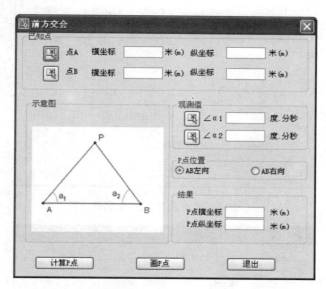

图 5.33　"前方交会"对话框

点的坐标可以用光标捕捉第一点也可以输入坐标，一般用光标捕捉。点击"点 A"前面的按钮，就可以捕捉第一点的位置，输入第一点的观测角，输入角度的格式是小数点前面为度，后面 2 位为分，最后 3 和 4 位为秒；同样的方法输入第二点和第二点的观测角，选择交会点位一侧，在对话框中选择 AB 左侧或右侧，屏幕上需要在定点的一侧用鼠标点一下。点击"计算 P 点"按钮，计算出 P 点坐标；最后点击"画 P 点"按钮完成未知点的绘制。

（2）后方交会

已知两点和两个夹角，求第三个点坐标，如图 5.34 所示。基本操作与前方交会相同。

（3）边长交会

边长交会也叫距离交会，是指通过两个已知点到未知点的两条边长交会出一点，如图 5.35所示。基本操作过程如下：

左键点取本菜单后，命令区提示：

输入点：

用光标捕捉第一点。命令区提示：

输入从第一点开始延伸的距离：

输入一边边长（单位为 m），也可用鼠标直接在图上量取距离。

同样的方法输入第二点。

同样选择交会点位一侧，在需要定点的一侧用鼠标点一下，在屏幕画出该点。

需要注意的是两边长之和小于两点之间的距离不能交会；两边太长，即交会角太小也不能交会。

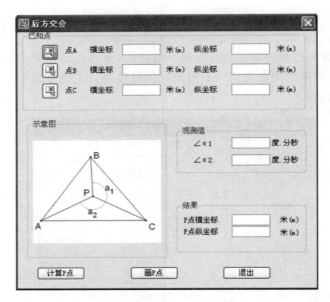

图 5.34 "后方交会"对话框

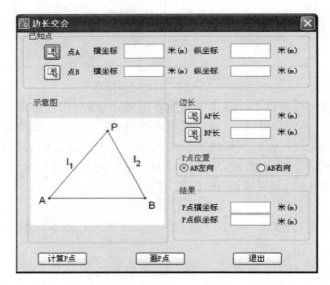

图 5.35 "边长交会"对话框

（4）方向交会

方向交会就是将一条边绕一端点旋转指定角度与另一边交会出一点,如图 5.36 所示。将 AB 以 A 点为圆心,旋转一个角度,逆时针为正,顺时针为负,与 CD 相交于 P 点,绘制 P 点的位置。基本操作和前面相同。

（5）支距量算

支距量算就是已知一点到一条边垂线的长度和垂足到其一端点的距离得出该点,如图 5.37 所示。已知 AB 直线,P 点是直线 AB 距 A 点的距离为 L_1 的垂线上的一点,距直线 AB 的距离为 L_2,解算 P 点的坐标。

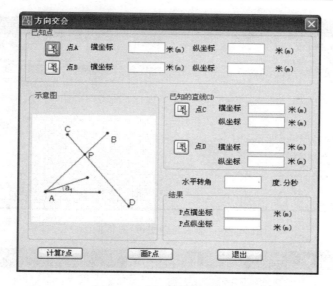

图 5.36 "方向交会"对话框

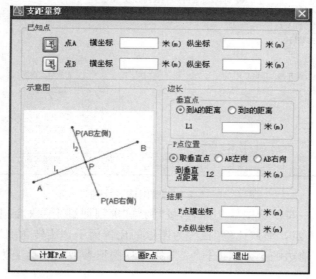

图 5.37 "支距量算"对话框

5.4.1.3 光栅图像

CASS9.0 可以将光栅图像插入到当前编辑的图形上来。实现地图矢量化和影像判读制图,见图 5.38。

（1）插入图像

光栅图像的插入操作过程:左键点取"插入图像"菜单后,弹出如图 5.39 所示对话框。

点击"附着",选择插入的光栅图像文件名,再按"打开"键。和 AutoCAD 一样,CASS9.0 打开的图像格式有"*.JPG,*.BMP,*.TIF"等。在文件名栏中输入光栅图像文件名后,又会弹出图 5.40 所示对话框。

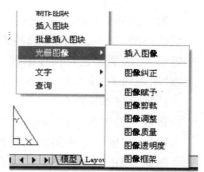

图 5.38 "光栅图像"子菜单

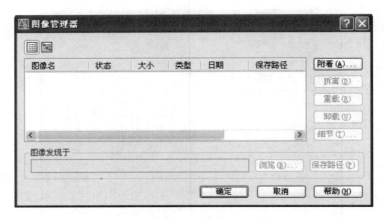

图 5.39　"插入光栅图像"对话框(一)

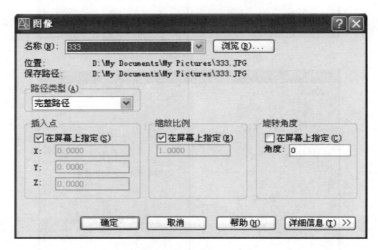

图 5.40　"插入光栅图像"对话框(二)

　　"名称"栏中为上一步所选图像文件名,按"浏览"键则回到上一对话框重选插入图像,"插入点"栏中为图像插入点,"缩放比例"栏中为图像的比例因子,"旋转角度"栏中为图像旋转角。若在"在屏幕上指定"前边的小方框内打"√",则此项图形参数栏就会变为灰色,其参数随后将依命令区提示要求输入。

　　(2)图像纠正

　　为了消除光栅图上的误差,一般图像插入后要进行纠正。

　　CASS9.0可以插入扫描图来做矢量化,但由原图扫描生成的光栅图存在旋转、位移和畸变等误差,必须通过对扫描图进行纠正才能让光栅图上的图形位置和形状与原图一致。左键点取"图像纠正"菜单后,命令区提示:

　　选择要纠正的图像:

　　选取光栅图的边框,则弹出如图 5.41 所示对话框。

　　拾取:用鼠标在光栅图上捕捉图框或网格定位点。

　　图面:纠正前光栅图上定位点的坐标。

　　实际:图面上待纠正点改正后的坐标。

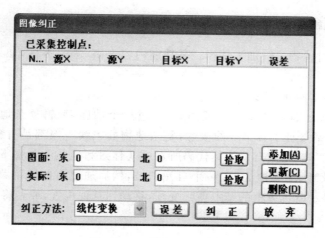

图 5.41　"图像纠正"对话框

添加：将要纠正点的图面实际坐标添加到已采集控制点列表。

更新：用来修改已采集控制点列表中的控制点坐标。

删除：删除已采集控制点列表中的控制点。

纠正方法：不同纠正方法需用不同个数的控制点。具体有 henmert 法（不少于 3 个控制点）；affine 法（不少于 4 个控制点）；linear 法（不少于 5 个控制点），quadratic 法（不少于 7 个控制点）；cubic 法（不少于 11 个控制点）。

误差：给出图像纠正的精度，误差显示精度如图 5.42 所示。

图 5.42　误差信息显示

（3）图像剪裁

图像剪裁就是在图像上创建一个剪裁边界，然后按边界进行裁剪。选取命令后用光标拉框选择要剪裁的源图，打开以前的剪切边界，输入图像剪裁参数，直接回车；或点击鼠标右键，则重建剪裁边界。

其他如图像调整就是控制所插入的光栅图像的亮度、对比度和灰度；图像质量是在草图和高质量图像间改变图像的质量；图像透明度是在光栅图像中，切换背景像素点的透明性。

5.4.2　地物编辑

地物编辑主要对地物进行加工编辑。其功能内容丰富,手段多样,如果灵活应用,将大大提高制图效率。

5.4.2.1　图形重构

此功能将根据图上骨架线重新生成图形,通过这个功能,编辑复杂地物只需编辑其骨架线。CASS9.0以来都设计了骨架线的概念,复杂地物的主线一般都是有独立编码的骨架线。如果用鼠标点取某实体,则只对该实体代码所对应实体进行重构。如图5.43所示,已经绘出了一个围墙、一块菜地、一条电力线、一个自然斜坡,然后通过右侧屏幕菜单用鼠标左键点取"骨架线",再点取显示蓝色方框的结点使其变红,移动到其他位置,或者将骨架线移动位置,则生成效果图。

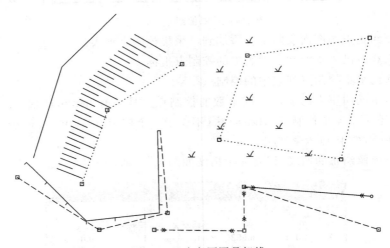

图 5.43　改变原图骨架线

继续将鼠标移至"地物编辑"菜单项,按左键,选择"图形重构"功能(也可选择左侧工具条的"图形重构"按钮),命令区提示:

选择需重构的实体:＜重构所有实体＞

回车表示对所有实体进行重构功能。此时,原图转化为图5.44。

5.4.2.2　复合线编辑

复合线是CASS9.0构成各种图形线的基本图元,用复合线编辑可以完成线型、拟合、闭合、线宽和规范化等功能,通过复合线的编辑完成对地物线型的批量处理和细节变化。

(1) 批量拟合复合线

对选中的复合线进行批量拟合或取消拟合。执行命令后提示:

D 不拟合/S 样条拟合/F 圆弧拟合＜F＞

这时选择拟合方法,S 拟合是样条拟合,线变化小,但不过点,F 拟合是曲线拟合过点,但线变化大。对密集的等高线一般选前者(输入 S),其他选后者(输入 F 或直接回车)。

直接回车,系统提示:

选目标/＜输入图层名＞:

若空回车,则提示:

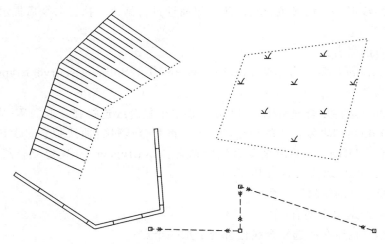

图 5.44 对改变骨架线的实体进行图形重构

选择对象：

可用点选或窗选等方法选择复合线；若输入图层名，将对该图层内所有的复合线进行操作。

（2）批量闭合复合线

将选定的未闭合复合线闭合。

（3）批量修改复合线高

CASS9.0 中的复合线，例如等高线都是带有高度的，用本项功能可以改变此高度。执行此菜单后，按提示操作即可。提示：

输入修改后高程：<0.0>

输入要修改的目标高程。

选择对象：

可用点选或窗选等方法选择复合线，输入 ALL 则选中所有复合线。

（4）批量改变复合线宽

批量修改多条复合线的宽度。执行命令后提示：

空回车选目标/<输入图层名>：

若空回车，则提示选择对象：可用点选或窗选等方法选择复合线；若输入图层名，将对该图层内所有的复合线进行宽度更改。

请输入复合线宽缩放比：

输入复合线宽度缩放比。

（5）线型规范化

控制虚线的虚部位置以使线型规范。执行命令后提示：

Full/Segment<Full>：

选 F(Full)或直接回车，将以端点控制虚线部位置，重新生成均匀虚线，即虚线段为均匀的。选 S(Segment)，将以顶点控制虚部位置，即只在顶点间虚线才均匀。

选择对象：

选取对象。对选中的非虚线将无影响。

（6）复合线编辑

对复合线的线形、线宽、颜色、拟合、闭合等属性进行修改。执行命令后提示：

Select polyline：

选取要编辑的复合线。

Enter an option[Close/Join/Width/Edit vertex/Fit/Spline/Decurve/Ltypegen/Undo]：

输入编辑参数。

说明：C(Close)：将复合线封闭。J(Join)：将多个复合线连接在一起。W(Width)：改变复合线宽度。E(Edit)：编辑复合线的顶点；F(Fit)：将复合线进行曲线拟合。S(Spline)：将复合线进行样条拟合。D(Decure)：取消复合线的拟合。L(Ltypegen)：确定复合线顶点是否进行虚部控制。U(Undo)：取消最后的 Pedit 操作。

（7）复合线上点的编辑

复合线上点的编辑主要有：

① 复合线上加点：在所选复合线位置处上加一个点；

② 复合线上删点：在复合线上删除一个顶点，直接选中顶点蓝色结点即可；

③ 移动复合线顶点：可任意移动复合线的顶点；

④ 相邻复合线连接：将首尾不相接的两条复合线连接为一体；

⑤ 分离的复合线连接：将首尾相接但不是同一个实体的复合线连接为一体。

（8）复合线转换

① 重量线→轻量线：将 POLYLINE 转换为 LWPOLYLINE，大大压缩线条的数据量。

② 直线→复合线：将直线转换成复合线。

③ 圆弧→复合线：将圆弧转换为复合线。

④ SPINE→复合线：将样条曲线转换为复合线。

⑤ 椭圆→复合线：将椭圆转换为复合线。

5.4.2.3　其他地物编辑

（1）线型换向

线型换向的功能是改变各种线型（如陡坎、栅栏）的方向。首先选择实体，然后用鼠标指定要改变方向的线型实体，则立即改变线型方向。线型换向实际是将要换向的线按相反的结点顺序重新连接，因此，没有方向标志的线换向后虽然看不出变化，但实际上连线顺序变了。另外，依比例围墙的骨架线换向后，会自动调用"重新生成"功能将整个围墙符号换向。

（2）修改墙宽

依照围墙的骨架线来修改围墙的宽度。选择"依比例围墙骨架线/待修改围墙骨架线"，然后输入围墙调整后的新宽度回车，系统就会按新的宽度重构。

（3）改变比例尺

用鼠标选取"绘图处理/改变当前图形比例尺"菜单项，按左键。命令区提示：

当前比例尺为 1：500 输入新比例尺<1：500>1：

输入要求转换的比例尺，例如输入 1000。

是否自动改变符号大小？(1)是(2)否<1>

选择(1)回车，这时屏幕显示的图就转变为 1：1000 的比例尺，各种地物包括注记、填充符号都已按 1：1000 的图示要求进行转变。

（4）植被填充

在指定区域内填充植被。以稻田为例。提示：

请选择要填充的封闭复合线：

选择需要填充稻田符号区域的边界线，所选择封闭区域内将填充稻田符号，同时边界复合线的线型和图层也相应变化。填充密度在"CASS9.0 参数配置"功能设置。注意选取的复合线必须是封闭的。

（5）测站改正

如果用户在外业时不慎弄错了测站点或定向点，或者在测控制前先测碎部，可以应用此功能进行测站改正。执行命令后提示：

请指定纠正前第一点：

输入改正前测站点，也可以是某已知正确位置的特征点，如房角点。

请指定纠正前第二点方向：

输入改正前定向点，也可以是另一已知正确位置的特征点。

请指定纠正后第一点：

输入测站点或特征点的正确位置。

请指定纠正后第二点方向：

输入定向点或特征点的正确位置。

请选择要纠正的图形实体：

用鼠标选择图形实体。

系统将自动对选中的图形实体作旋转平移，使其调整到正确位置，之后系统提示输入需要调整和调整后的数据文件名，可自动改正坐标数据，如不想改正，按"Esc"键即可。

（6）房檐改正

对测量过程中没有办法测到的房檐进行改正。执行命令后提示：

选择要改正的房檐：

选取需要进行改正的房檐。

输入房檐改正的距离（向外正向内负）：

输入需要房檐改正的距离，如果是向房外改正则输入正数，如果是向房内改正则输入负数。

房檐改正边长是否改变（1—不改变，2—改变）：

输入在进行房檐改正后改正的边长是否改变。

（7）直角纠正

将多边形内角纠正为直角。执行命令后提示：

选择封闭复合线：

点取基准边，然后选取需纠正的多边形。所谓基准边，就是该边在纠正过程中方向不变。多边形的边数必须是偶数才能执行本操作。系统将尽量使各顶点纠正前后位移最小。

5.4.3　文字注记与文字编辑

在 AutoCAD 中，文字注记可分为单行文字和多行文字，单行文字是对于不需要多种字体或多行的简短项，可以创建单行文字，单行文字对于标签非常方便。多行文字是对于较长、较为复杂的内容,可以创建多行或段落文字,多行文字是由任意数目的文字行或段落组成的,布满指定的宽度。还可以沿垂直方向无限延伸。无论行数是多少,单个编辑任务中创建的每个段落集将构成单个对象,可对其进行移动、旋转、删除、复制、镜像或缩放操作,多行文字的编辑选项比单行文字多。例如,可以将对下划线、字体、颜色和高度的修改应用到段落中的单个字符、单词或短语中去。

5.4.3.1　写文字

在指定的位置以指定大小书写文字,相当于 AutoCAD 单行文字,如图 5.45 所示。选择"工具/文字/写文字",见命令区提示:

当前文字样式:HZ 当前文字高度:0.2000

指定文字的起点或[对正(J)/样式(S)]:

用光标或通过输入坐标指定注记位置的左下角。

指定高度<0.2000>:

输入注记文本的高度。

指定文字的旋转角度<0>:

输入注记内容逆时针旋转角度。

输入文字:

输入要注记的内容。

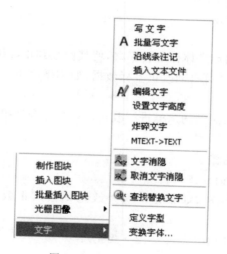

图 5.45　写文字子菜单

输入的文本高是绘图输出后的高度,在当前图上,由于比例尺的因素,字高可能不同,例如1:500 的图,输入注记字高是 3.0,图形上只有 1.5,出图放大一倍后才有 3.0。以下解释以AutoCAD2002 为例详细解释该菜单项。命令行选项解释:

指定文字的起点或[对正(J)/样式(S)]:输入 J 后回车。提示:

[对齐(A)/调整(F)/中心(C)/中间(M)/右(R)/左上(TL)/中上(TC)/右上(TR)/左中(ML)/正中(MC)/右中(MR)/左下(BL)/中下(BC)/右下(BR)]:

命令行解释:

A:将两点间文本与已调整的文本高度对齐;

F:使两点间文本适合已调整文本高度;

C:沿基线使文本居中；

M:水平和竖直居中文本；

R:右对齐文本；

TL:进行左上对齐；

TC:进行中上对齐；

TR:进行右上对齐；

ML:进行左中对齐；

MC:进行中心对齐；

MR:进行右中对齐；

BL:进行左下对齐；

BC:进行中下对齐；

BR:进行右下对齐。

5.4.3.2　批量写文字

批量写文字相当于 AutoCAD 中的多行文字，就是在绘图区插入一个文字编辑器，输入文字之前，应指定文字边框的对角点。文字边框用于定义多行文字对象中段落的宽度。多行文字对象的长度取决于文字量，而不是边框的长度。可以用夹点移动或旋转多行文字对象。文字编辑器显示一个顶部带标尺的边框和"文字格式"工具栏。该编辑器是透明的，因此用户在创建文字时可看到文字是否与其他对象重叠。操作过程中要关闭透明度，请复选"选项"菜单上的"不透明背景"。也可以将已完成的多行文字对象的背景设置为不透明，并设置其颜色。如图 5.46 所示。

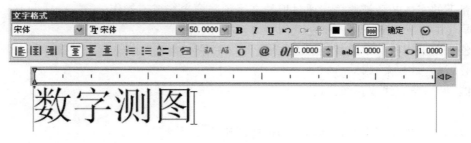

图 5.46　批量写文字

（1）字体：用于给新输入的文字指定字体，或改变所选文字的字体。下拉列表中含有操作系统 TrueType 字体和 AutoCAD 提供的 SHX 字体。

（2）字体高度：以当前图形单位来设置字符的高度。当在对话框中选择了文字时，AutoCAD 将所选文字的高度值显示在列表框中。

（3）黑体：该按键用于设置新输入文字或所选文字是否为粗体格式。此选项只在当选择了 TrueType 字体时才有效。

（4）斜体：该按键用于设置新输入文字或所选文字是否为斜体格式。此选项只在当选择了 TrueType 字体时才有效。

（5）下划线：该按键用于设置新输入文字或所选文字是否有下划线。

（6）取消：该按键将放弃在对话框中的最后一次操作。

（7）堆积：选择此按键将使所选的两部分文字堆叠起来。在使用此键前，所选文字中必须要有一个"/"符号,用来将所选文字分成两部分并在上下两部分之间画一条横线。另外,可以用"∧Φ"符号代替"/",只是在上下两部分之间不画横线。

(8) 文本颜色:用于设置新输入文字的颜色或改变所选文字的颜色。

(9) 插入符号:选择此按键可在当前光标位置处插入一些特殊符号。AutoCAD 在加入特殊字符时,要用到一些控制字符。％％p 表示＋、一号,％％c 表示直径符号"φ",％％d 表示度"°"。

5.4.3.3 编辑文字

(1) 修改已注记文字的内容

在文字对象上双击或点右快捷键等。可以对文字内容进行修改,单行文字只能修改内容,多行文字可以像编辑器一样去修改内容、大小、字体、行距等。

(2) 单行文字和多行文字转换

通过菜单项"mtext→text"实现。

(3) 炸碎文字

将文字炸碎成一个个独立的线状实体。

(4) 文字消隐和取消文字消隐

通过此功能可以遮盖图形上穿过文字的实体,如穿高程注记的等高线。

操作过程:执行此菜单后,见命令区提示:

Select text objects to mask or[Masktype/Offset]:

直接在图上批量选取文字注记即可。还可通过 M 参数设置消隐方式,通过 O 参数设置消隐范围。如果将用此功能处理过的文字移动到别处,原被遮盖的实体将重新显示出来,而文字新位置下的实体却会被遮盖。通过取消文字消隐命令完成逆操作。

(5) 查找替换文字

在整张图上查找文字或替换图上文字。

5.4.3.4 沿线条注记

功能:沿一条直线或弧线注记文字。

5.4.3.5 插入文本文件

通过此功能可将文本文件插入到当前图形中去。

操作过程:执行此菜单后,见命令区提示:

Enter an option[Style/Height/Rotation/File/Diesel]<File>:

输入待插入的文本文件名。可通过中括号内的选项来设置文件插入的高度、旋转角等参数。

5.4.3.6 定义字型

文字字型相当于 AutoCAD 的文字样式,图形中的所有文字都具有与之相关联的文字样式。输入文字时,程序使用当前的文字样式,该样式设置字体、字号、倾斜角度、方向和其他文字特征。如果要使用其他文字样式来创建文字,可以将其他文字样式置于当前。如图 5.47 所示。

按"新建"按钮可创建新文字样式,若要给已有样式改名,则按"重命名"按钮。"SHX 字体"编辑栏中可指定字体。"大字体"编辑栏中可指定汉字字体。"高度"编辑栏中可设置文字的高度。"颠倒"和"反向"分别用来控制文字倒置放置和反向放置。"垂直"用于控制字符垂直

图 5.47　"文字样式"对话框

对齐的显示。"宽度比例"用于设置文字宽度相对于文字高度之比，如果比例值大于1，则文字变宽；如果小于1，则文字变窄。"倾斜角度"用于设置文字的倾斜角度。

　　地形图在编辑时注记重叠、注记位置不规范、符号压线等方面问题较多，在文字注记的样式、高度等，个别符号的线型、线宽以及部分图层的颜色等与地形图图式中相应的规定有许多不同之处，所以地形图其他绘制编辑工作完成后，还要依据地形图图式对所有的注记、符号、线型和图层颜色逐个进行规范化编辑。

5.4.4　实体属性的编辑

　　在图形数据最终进入 GIS 系统的形势下，对于实体本身的一些属性还必须作一些更多更具体的描述和说明，因此给实体增加了一个附加属性，该属性可以由用户根据实际的需要进行设置和添加。

5.4.4.1　查看及加入实体编码

（1）查看实体编码

鼠标选择"数据处理/查看实体编码"菜单项，命令区提示：

　　选择图形实体：

鼠标变成一个方框，选择图形，则屏幕弹出如图 5.48 属性信息，或直接将鼠标移至多点房屋的线上，则屏幕自动出现该地物属性，如图 5.49 所示。

图 5.48　查看实体编码

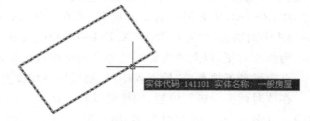

图 5.49　自动显示实体属性

（2）加入实体编码

将鼠标移至"数据处理"菜单项，点击左键，弹出下拉菜单，选择"加入实体编码"项，命令区提示：

　　输入代码（C）/＜选择已有地物＞：

鼠标变成一个方框,这时选择下侧的陡坎。

选择对象:

选择要加属性的实体,用鼠标的方框选择多点房屋。

这时原来的建筑房屋的轮廓线变为陡坎符号,如图 5.50 所示。

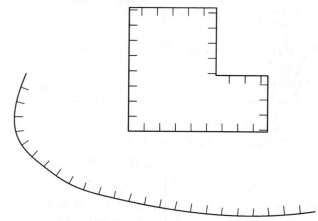

图 5.50　通过加入实体编码变换图形

在第一步提示时,也可以直接输入编码(此例中输入未加固陡坎的编码 204201),这样在下一步中选择的实体将转换成编码为 204201 的未加固陡坎。

5.4.4.2　实体附加属性

(1) 设置实体附加属性

如要将居民地中的建筑物加上名称、高度、用途、地理位置等附加属性,则只需将这些属性定义写入 attribute. def 文件中,格式如下:

　＊RESRGN,3,面状居民地

　CODE,10,9,0,要素代码

　name,10,9,0,名称

RESRGN 表示图层名,数字 3 表示图层类型为面(1 表示点、2 表示线、3 表示面、4 表示注记);第二行起每行表示一个属性:第一项为属性代码,第二项为数据类型,第三项为数据字节长度,第四项为小数位数,末项为文字说明。

注:RESRGN 为用户自定义层名,可在 INDEX. INI 文件中设置修改。若改变了 attribute. def 中图层名,则需在 INDEX. INI 中做相应改变。

为修改方便,以上的附加属性项添加可以直接在人机交互界面上进行,操作如下:

点击屏幕下拉菜单"检查入库/地物属性结构设置",弹出如图 5.51 所示对话框:

在该对话框中进行设置,同样可以将上面面状居民地的各附加属性写入 attribute. def 文件中。点击 RESRGN 属性层名,出现图 5.52 所示的实体已有附加属性项名称。

在单击"添加"按钮,则出现新的未命名的属性项,如图 5.53 所示。

双击新增的"字段名",在对话框下方的表格第二行中输入"NAME",依次选择字段类型、长度、小数位数和文字说明项,修改为相应的值,如图 5.54 所示。

同样的方法添加建筑物用途和建筑物地理位置等属性项,然后单击"确定"则以上添加的内容将写入到 attribute. def 文件中,重启软件则该设置生效。

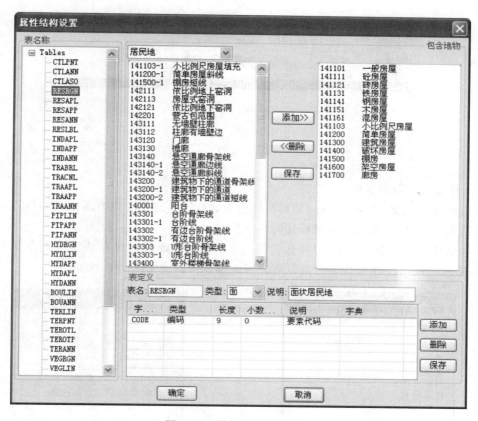

图 5.51　附加属性结构设置

图 5.52　实体已有附加属性项

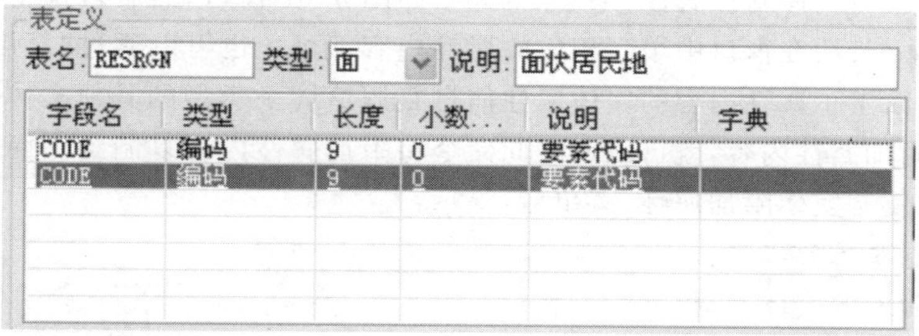

图 5.53　添加实体附加属性项

图 5.54　添加居民地附加属性项

（2）修改实体附加属性

点击屏幕下拉菜单"检查入库/编辑实体附加属性"后，选择要修改属性的实体，如图 5.55 所示对话框，各属性项为设置附加属性时添加字段。

在各属性项后添加上实际的属性值后点击"确定"，则自动保存该实体的附加属性，如图 5.56所示。该属性进入 GIS 后可以更方便地查看和识别实体的类型和性质。

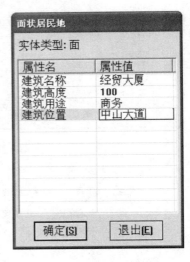

图 5.55　附加属性修改　　　　　图 5.56　修改实体附加属性

5.4.4.3　编辑或复制实体附加属性

给被赋予了属性表的地物实体添加属性内容，基本操作过程如下：

左键点击"编辑实体附加属性"菜单后，弹出如图 5.57 窗口，然后再选中需要给赋予附加属性内容的实体，最后在窗口中填写相应的属性内容即可。也可以通过"复制实体附加属性"菜单项，把已经赋予了属性内容的实体属性信息复制给同一类型的其他实体。如一个一般房屋已经添加了附加属性内容，就可以通过此命令将附加属性内容复制给图面上的其他一般房屋。左键点击"复制实体附加属性"菜单后，提示：

选择被复制属性的实体：

选择要复制的源实体后，提示：

选择对象：

再选择要被赋予该属性内容的实体即可。

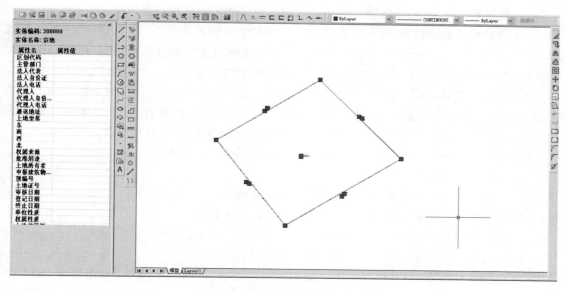

图 5.57 编辑实体附加属性

5.4.4.4 图形实体检查

要进行 GIS 入库的数据,实体的属性格式要符合 GIS 入库的要求,符合要求的数据再用 GIS 输出接口进行转换,转换完成的数据属性才能够完整,所以,在 GIS 输出前数据要通过检查。具体操作是选取"入库检查"菜单项,点击"图形实体检查"命令,弹出图 5.58 所示对话框。

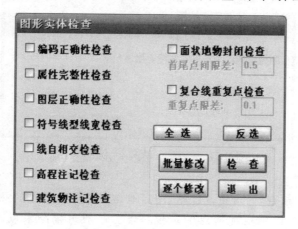

图 5.58 图形实体检查

（1）编码正确性检查:检查地物是否存在编码,类型正确与否。

（2）属性完整性检查:检查地物的属性值是否完整。

（3）图层正确性检查:检查地物是否按规定的图层放置,防止误操作。例如,一般房屋应该放在"JMD"层的,如果放置在其他层,程序就会报错,并对此进行修改。

（4）符号线型线宽检查:检查线状地物所使用的线型是否正确。例如,陡坎的线型应该是"10421",如果用了其他线型,程序将自动报错。

（5）线自相交检查:检查地物之间是否相交。

（6）高程注记检查:检核高程点图面高程注记与点位实际的高程是否相符。

（7）建筑物注记检查：检核建筑物图面注记与建筑物实际属性是否相符。

（8）面状地物封闭检查：此项检查是面状地物入库前的必要步骤。可以自定义"首尾点间限差"（默认为 0.5 m），程序自动将没有闭合的面状地物的首尾强行闭合，当首尾点的距离大于限差，则用新线将首尾点直接相连，否则尾点将并到首点，以达到入库的要求。

（9）复合线重复点检查：剔除复合线中与相邻点靠得太近又对复合线的走向影响不大的点，从而达到减少文件数据量，提高图面利用率的目的，可以自行设置"重复点限差"（默认为0.1），执行检查命令后，如果相邻点的间距小于限差，则程序报错，并自行修改。

检查结果放在记录文件中，可以逐个或批量修改检查出的错误。

5.4.4.5 其他检查项

（1）等高线穿越地物检查：检查等高线是否穿越地物。

（2）等高线高程注记检查：检查等高线高程注记是否有错。

（3）等高线拉线高程检查：拉线后检查线所通过等高线是否有错。

（4）等高线相交检查：检查等高线之间是否相交。

（5）坐标文件检查：自动检查草图法测图模式中的坐标文件（*.DAT），不仅对 DAT 数据中的文件格式进行检查，还对点号、编码、坐标值进行全面的类型和域检查并报错，显示在文本框中，以便于修改。

选择文件名后弹出所检查的坐标数据文件是否出错，弹出如图 5.59 所示对话框。

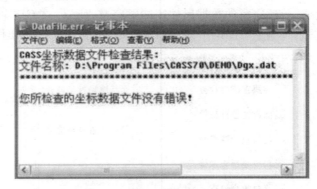

图 5.59　CASS 坐标数据文件检查结果

（6）点位误差检查

功能：点位精度的检查，通过重复设站，测定地物点的坐标，与图上相同位置的地物点进行比较，得到点位中误差，以确定地物点的定位精度。一般每幅图采点 30～50 个。计算模型如下：

$$\delta_x^2 = \frac{1}{n} \sum_{i=1}^n \Delta x_i^2 \tag{1}$$

$$\delta_y^2 = \frac{1}{n} \sum_{i=1}^n \Delta y_i^2 \tag{2}$$

$$\delta = \sqrt{\delta_x^2 + \delta_y^2} \tag{3}$$

操作过程：点击"检查入库/点位误差检查"菜单后弹出如图 5.60 所示对话框，打开文件进行点位误差的检查。

（7）边长误差检查：边长精度的检查，是根据数据采集的点位反算出的边长与原边长之差

图 5.60　点位中误差检查

或人工实际量距与原边长的差得到边长的中误差。计算模型如下：

$$\delta_L = \sqrt{\frac{1}{n}\sum_{i=1}^{n}\Delta L_i^2}$$

操作过程：点击"检查入库/边长误差检查"菜单后弹出如图 5.61 所示对话框，打开文件进行边长中误差的检查。

图 5.61　边长中误差检查

5.4.4.6　删除或过滤错误

（1）过滤无属性实体：过滤图形中无属性的实体。

（2）删除伪结点：删除图面上的伪结点。

操作过程：左键点取"删除伪结点"系统提示：

请选择：（1）处理所有图层（2）处理指定图层＜1＞

如果选择（1）命令会删除所有图层上的伪结点；如果选择（2），见如下提示：

请输入要处理的图层：

输入图层名后命令会删除所选择图层的伪结点。

（3）删除复合线多余点：删除图面中复合线上的多余点。操作过程是左键点取命令见系统提示：

请选择：（1）只处理等值线（2）处理所有复合线＜1＞

请输入滤波阀值＜0.5 m＞：

输入滤波阀值，系统默认为 0.5 m。选择复合线。

（4）删除重复实体：删除完全重复的实体。

5.5　数字地形图的输出

5.5.1　地形图分幅

在 CASS9.0 系统中，地形图的分幅有两种方法，一种是批量分幅，另一种是单一分幅，批量分幅一般应用于区域面积大的标准分幅，单一分幅又可分为标准分幅和任意分幅，一般在区域面积小的情况下使用。在图形分幅前，应作好分幅的准备工作，如了解图形数据文件中的最小坐标和最大坐标等。

5.5.1.1　图框设置

在分幅前，我们先对图框的辅助要素进行设置，单击"文件\CASS9.0 参数设置"选择"图框设置"进行单位名称和坐标系统、高程系统等方面的设置。如图 5.62 所示。修改各种参数后确定，这些文件放在"\cass90\blocks"目录中，用户可以根据自己的情况编辑，然后存盘。

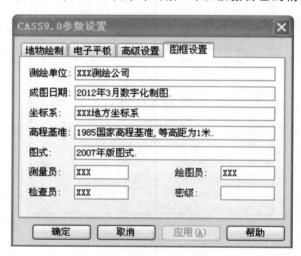

图 5.62　"图框设置"选项卡

5.5.1.2　批量分幅

（1）建立分幅方格网

进行批量分幅时应先建立分幅格网，格网的大小可以选择 50 mm×50 mm、50 mm×40 mm 和自定义尺寸，每个格网表示一幅分幅图的大小。将鼠标移至"绘图处理"菜单项，点击

左键,弹出下拉菜单,选择"批量分幅/建方格网",命令区提示:

请选择图幅尺寸:(1)50＊50(2)50＊40(3)自定义尺寸＜1＞

按要求选择。此处直接回车默认选1。

输入测区一角:

在图形左下角点击左键。

输入测区另一角:

在图形右上角点击左键。

系统自动按设置生成网格,然后删除没有图形的空格网,再把网格中央的图号改成图名,这样就完成了网格的建立,如图 5.63 所示。

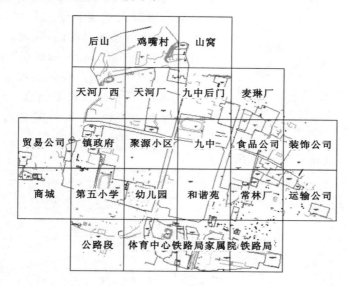

图 5.63　建立分幅方格网

（2）批量输出分幅图

点击"批量输出"命令,选择文件存放路径,这样在所设目录下就产生了各个分幅图,自动以各个分幅图的名称建立文件,如:"公路段"、"体育中心"等。如果要求输入分幅图目录名时直接回车,则各个分幅图自动保存在安装了 CASS9.0 的驱动器的根目录下。

当进行批量分幅后,要对分幅图进行最后的编辑,主要是有些分幅边缘上的标注,通过分幅后保留在一幅图中,另一幅图中虽然有分区、房屋等对象,但是没有了标注,因此需要对这些标注进行标注补充,完成后为最后的分幅图测绘的数字产品成果。

5.5.1.3　单一分幅

单一分幅就是每次只完成一幅图的分幅,在 CASS9.0 系统中,通常有标准分幅(50 cm×50 cm)、标准分幅(50 cm×40 cm)、任意分幅等类型。

（1）标准分幅(50 cm×50 cm)

给已有图形加 50 cm×50 cm 的图框。加载图框后,图框外的图形将被删除,所以操作此功能时要注意左下角坐标的输入,一般要求左下角坐标为图上 10 cm 所代表实地距离的整数倍,比如 1：500 比例尺为 50 m 的整数倍,1：2000 为 200 m 的整数倍。同时应考虑图的最大长度和最大宽度,从左下角算起,超出图上距离 50 cm 以外的为图框外的图形,将被裁剪掉。

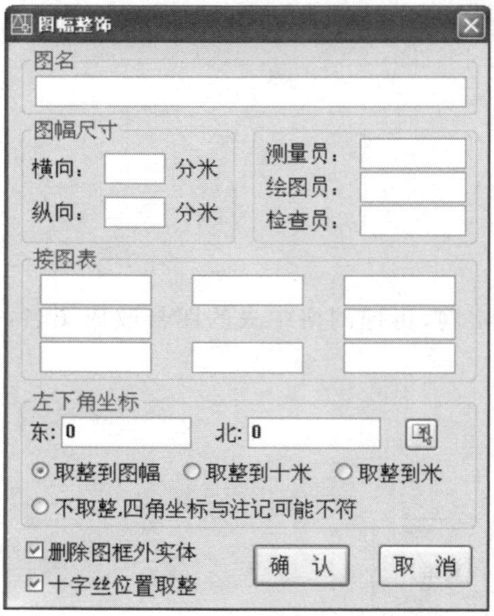

图 5.64　任意图幅分幅对话框

（2）标准分幅（50 cm×40 cm）

功能：给已有图形添加一个 50 cm×40 cm 的图框，操作和标准分幅（50 cm×50 cm）一样。

（3）任意分幅

在有些时候，如图形在标准分幅图框中太小，或太大，但不适合进行多幅分幅时，一般我们要考虑绘图仪的大小，决定是否进行分幅。在不进行分幅的情况下，多用任意分幅。任意分幅和标准分幅主要的区别就是可以自由的设置图框的横向和纵向长度，长度要根据图的最大长度和最大宽度计算出整分米数。如 1：500 比例尺输出的图，实地最大长度为 438.47 m，最大宽度为 345.26 m，则纵向图框长度 9 分米，图框横向长度为 7 分米。操作过程：执行此命令后，按图 5.64 的对话框输入图纸信息，此时"图幅尺寸"选项区域变为可编辑，输入自定义的尺寸及相关信息即可。

通过分幅整饰，形成了图 5.65 所示地形图。

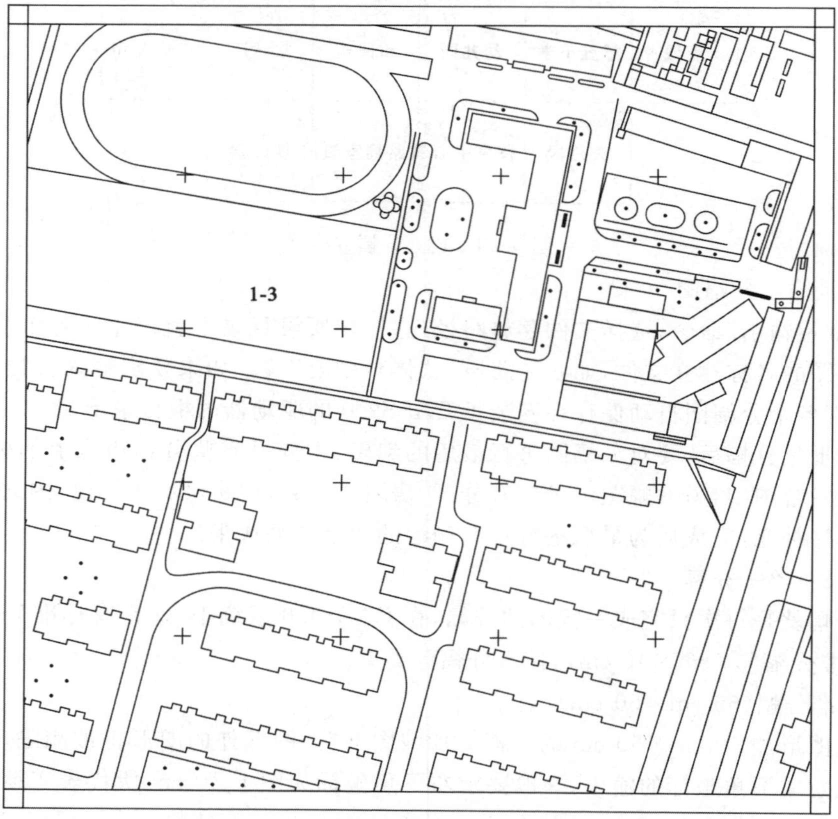

图 5.65　加入图廓的地形图

5.5.2　打印输出

选择"文件(F)/绘图输出…"菜单项,进入"打印"对话框。如图 5.66 所示。

图 5.66　"打印"对话框

5.5.2.1　普通选项

（1）"打印机/绘图仪"设置

首先,在"打印机/绘图仪"框中的"名称(M):"一栏中选择相应的打印机/绘图仪,然后单击"特性"按钮,进入"绘图仪配置编辑器",如图 5.67 所示。

在"端口"选项卡中选取"打印到下列端口(P)"单选按钮并选择相应的端口。

（2）纸张设置

接下来进行纸张定义,在"设备和文档设置"选项卡中。选择"用户定义图纸尺寸与标准"分支选项下的"自定义图纸尺寸"。在下方的"自定义图纸尺寸"框中单击"添加"按钮,添加一个自定义图纸尺寸。如图 5.68。

① 进入"自定义图纸尺寸-开始"窗口,如图 5.69 所示。点选"创建新图纸"单选框,单击"下一步"按钮;

② 进入"自定义图纸尺寸-介质边界"窗口,设置单位和相应的图纸尺寸,单击"下一步"按钮;

③ 进入"自定义图纸尺寸-可打印区域"窗口,设置相应的图纸边距,单击"下一步"按钮;

④ 进入"自定义图纸尺寸-图纸尺寸名"窗口,输入一个图纸名,单击"下一步"按钮;

⑤ 进入"自定义图纸尺寸-完成"窗口,单击"打印测试页"按钮,打印一张测试页,检查是否合格,然后单击"完成"按钮;

完成纸张设置后,返回到图 5.68 界面,选择"介质"分支选项下的"源和大小＜…＞"。在

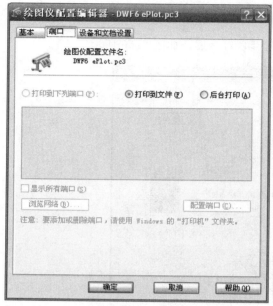

图 5.67　绘图仪配置编辑器端口设置

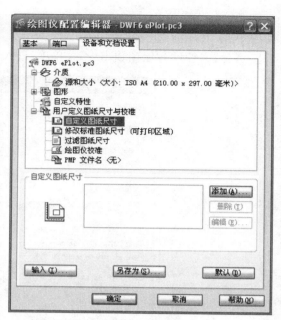

图 5.68　绘图仪配置自定义图纸尺寸

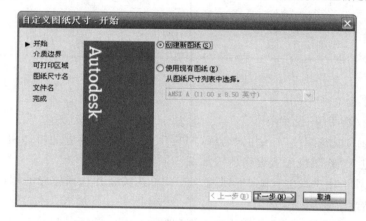

图 5.69　打印机配置自定义图纸尺寸-开始

下方的"介质源和大小"框中的"大小(Z)"栏中选择已定义过的图纸尺寸。

　　选择"图形"分支选项下的"矢量图形<…><…>"。在"分辨率和颜色深度"框中,把"颜色深度"框里的单选按钮框置为"单色(M)",然后,把下拉列表的值设置为"2 级灰度",单击最下面的"确定"按钮。这时,出现"修改打印机配置文件"窗,在窗中选择"将修改保存到下列文件"单选钮。最后单击"确定"完成。

　　回到图 5.66 主界面,把"图纸尺寸"框中的"图纸尺寸"下拉列表的值设置为先前创建的图纸尺寸设置。

　　(3) 打印区域设置

　　把"打印区域"框中的下拉列表的值置为"窗口",下拉框旁边会出现按钮"窗口",单击"窗口(O)<"按钮,鼠标指定打印窗口。

（4）打印比例设置

把"打印比例"框中的"比例（S）："下拉列表选项设置为"自定义"，在"自定义："文本框中输入"1"mm＝"0.5"图形单位（1：500的图为"0.5"图形单位；1：1000的图为"1"图形单位，依此类推）。

5.5.2.2　更多选项

点击"打印"对话框右下角的按钮"⟨"，展开更多选项，见图5.70。

图5.70　打印对话框（含更多选项）

在"打印样式表（笔指定）"框中把下拉列表框中的值置为"monochrome.ctb"打印列表（打印黑白图）。

在"图形方向"框中选择相应的选项。

5.5.2.3　预览打印

单击"预览（P）…"按钮对打印效果进行预览，最后单击"确定"按钮打印。

思考与练习

5.1　CASS9.0有哪几种成图方式？

5.2　简述CASS9.0屏幕菜单的地物符号类型。

5.3　举例说明坐标数据文件文本格式。

5.4　简述坐标点位成图方法。

5.5　简述引导文件自动成图法步骤。

5.6　简述等高线的绘制过程。

5.7　CASS9.0解析交会有哪几种方法？

5.8　如何设置地物附加属性？

5.9　简述批量分幅的步骤。

5.10　数字地形图编辑应注意的问题有哪些？

6 数字测图技术设计和质量检验

6.1 数字测图技术设计

6.1.1 数字测图技术设计概述

数字测图的技术设计是根据测区的自然地理条件,本单位拥有的软件、硬件设备、技术力量及资金等情况,运用数字测图理论和方法制定合理的技术方案、作业方法并拟订作业计划,最后制定技术设计书的全过程。

技术设计是数字测图最基本的工作,一般在做设计前先要充分了解测量任务、测区状况、测区已有资料、单位的仪器设备和技术人员状况等,然后拟订作业计划,以保证测量工作在技术上合理、可靠,在经济上节省人力、物力,能有计划、有步骤地开展工作。

6.1.1.1 测量任务书

测量任务书或测量合同是测量施工单位上级主管部门或合同甲方下达的技术要求文件。这种技术文件是指令性的,它包含:工程项目名称或编号、设计阶段及测量目的、测区范围(附图)及工作量、对测量工作的主要技术要求和特殊要求以及上交资料的种类和时间等内容。

6.1.1.2 测区踏勘

技术人员在测量前要到测区进行踏查,主要完成以下工作:

(1)交通情况　包含公路、铁路、乡村便道的分布及通行情况等;

(2)水系分布情况　包含江河、湖泊、池塘、水渠的分布,桥梁、码头及水路交通情况等;

(3)植被情况　包含森林、草原、农作物的分布及面积等;

(4)控制点分布情况　包含三角点、水准点、GPS点、导线点的等级、坐标、高程系统,点位的数量及分布,点位标志的保存状况等;

(5)居民点分布情况　包含测区内城镇、乡村居民点的分布、食宿及其供电情况等;

(6)当地风俗民情　包含民族的分布、习俗、地方方言、习惯及社会治安情况等。

6.1.1.3 资料收集

通过现场踏勘,走访当地的测绘、地质、气象等部门,收集以下资料:

(1)各类图件　测区及测区附近已有的测量成果等图件资料,其内容应说明其施测单位、施测年代、等级、精度、比例尺、规范依据、平面和高程坐标系统、投影带号、标石保存情况以及可利用的程度等。

(2)其他资料　包含测区有关的地质、气象、交通、通信等方面的资料及城市与乡村行政区划表等。

6.1.1.4 仪器设备的选型及检验

仪器设备是保证完成测量任务的关键所在。根据单位的实际情况、测区地形、植被、高级控制点分布等选择适合的仪器设备。对于测区控制网,首级一般尽可能采用静态 GPS 网,加密控制点根据实际情况可采用导线、静态 GPS 网、GPS-RTK 测量系统等。导线的施测最好采用测角精度在 $2''$ 以上,测距精度在 $3+2\times10^{-6}D$ 以上的全站仪施测。数字测图的野外数据采集采用测角精度不低于 $6''$,测距精度不低于 $5+5\times10^{-6}D$ 的全站仪即可,有条件的可采用 GPS-RTK 测量效率更高的仪器。所有使用仪器都需要检验鉴定。

6.1.1.5　拟订作业计划

数字测图通常分外业数据采集和内业编辑处理,根据测量任务书,有关规程、规范,投入的仪器设备,参加的人员数据及技术状况,使用的软件及采用的作业模式,测区资料收集情况,测区及附近的交通、通信及后勤保障(食宿、供电)等拟订作业计划。作业计划的主要内容应包括:测区控制的具体实施计划;野外数据采集及实施计划;仪器配备、经费预算计划;提交资料的时间计划以及检查验收计划等。

6.1.2　技术设计书的编写

通过前面的工作,力求将技术设计做得尽善尽美,在能够完全满足测量的目的和精度要求的基础上,编写技术设计书,技术设计书是数字测图的重要工序,是一个决定性的环节。技术设计书的优劣,将对测量工作的全过程造成重大影响,它是制订作业计划、指导生产的重要技术文件之一。

6.1.2.1　编写技术设计书的依据

(1) 合同书或测量任务书。

(2) 有关的法规和技术标准。

目前数字测图技术设计依据的规范、规程主要有:

《工程测量规范》(GB 50026—2007);

《城市测量规范》(CJJ/T 8—2011);

《全球定位系统(GPS)测量规范》(GB/T 18314—2009);

《1:500　1:1000　1:2000 地形图图式》(GB/T 20257.1—2007);

《地籍测绘规范》(CH 5002—94)和《地籍图图式》(CH 5003—94);

《1:500　1:1000　1:2000 地形图数字化规范》(GB/T 13923—2006);

《1:500　1:1000　1:2000 外业数字测图技术规程》(GB/T 14912—2005);

《城市基础地理信息系统技术规程》(CJJ 100—2004);

《基础地理信息系统技术规范》(GB/T 13923—2006);

《数字测绘产品检查验收规定和质量评定》(GB/T 18316—2001)。

另外,还包括技术文件或合同书中要求执行的其他技术规范、规程。

(3) 测区已有的测量资料、地形图、水文资料、地质和环境资料等。

(4) 测绘工程产品的生产定额、成本定额和预算等。

6.1.2.2　技术设计书编写的注意事项

编写技术设计书是一项技术性和政策性很强的工作,设计时应注意以下几点:

(1) 编写技术设计书应先整体后局部,并且顾及发展,要满足客户的要求,重视社会效益和经济效益。

(2) 编写技术设计书要从测区的实际情况出发,考虑作业单位的人员素质和设备情况,挖掘潜力,选择最佳作业方案。

(3) 广泛收集相关资料,认真分析和充分利用已有的测绘成果和资料。

(4) 积极采用新的测绘技术、方法和工艺,采用合适的数字测图软件。

6.1.2.3 技术设计书的编写

数字测图的技术设计书,就是根据测图比例尺、测图面积和测图方法以及用图单位的具体要求,结合测区的自然地理条件和本单位的仪器设备、技术力量及资金等情况,运用测绘学的有关理论和方法,制定在技术上可行、在经济上合理的技术方案,并编写成技术设计书。技术设计书需呈报上级主管部门或测绘任务的委托单位审批,批准后的技术设计书是该测绘工程的技术依据和成果文件之一。在测图工作实施过程中如要求对设计书的内容做原则性修改时,可由生产单位提出修改意见,报原审批单位批准后实施。

编写人员必须明确任务来源、工作量、任务特点、技术要求和设计原则,认真做好测区踏勘工作和调查分析工作。在此基础上做出切实可行的技术设计。技术设计书是数字测图全过程的技术依据,要求内容明确、文字简练;对作业中容易混淆和忽视的问题,应重点叙述;使用的名词、术语、公式、符号、代号和计量单位等应与有关规范和标准一致。技术设计书一般应包括以下具体内容:

(1) 任务来源

说明任务名称、来源、地理位置、作业区范围、行政区划、测图比例尺、要求达到的主要精度指标和质量要求、计划开工期及完成期等。

(2) 工程概况

主要介绍测区的社会、自然、地理、交通、经济、人文等方面的基本情况,主要包括:

① 地理特征　测区相对高差、平均高程、地势大致趋势、地形类别等。

② 交通情况　包含公路、铁路、乡村道路的分布及通行情况等。

③ 居民点分布情况　包含测区内城镇、乡村居民点的分布,通信及供电情况等。

④ 水系、植被等要素的分布与主要特征。

⑤ 气候特点、天气状况及降水分布、冻土情况、生活条件等。

(3) 旧有资料分析及利用

需对搜集的既有成果情况加以分析,包括其等级、精度、现有图的比例尺、等高距、施测单位和采用的图式规范、平面和高程系统等;并说明对拟利用资料的检测方法与要求,对其主要质量进行分析与评价,提出对旧有资料可利用程度和利用方案的建议。

(4) 作业技术依据

说明测图作业所依据的规范、图式及有关的技术资料。主要包括:

① 测量任务书及数字测图委托书(或合同书)。

② 本工程执行的规范及图式,其中要说明执行各类定额及工程所在地的地方测绘部门制定的适合本地区的一些技术规定等。

(5) 控制测量方案

控制测量方案包括平面控制测量方案和高程控制测量方案。

① 平面控制测量方案

平面控制测量方案首先要说明平面坐标系统的确定、投影带和投影面的选择。原则上应尽可能采用国家统一的坐标系统,只有当长度变形值大于 2.5 cm/km 时,方可另选其他坐标系统,对于小测区可采用独立坐标系统,然后阐述首级平面控制网的等级、起始数据的配置、加密层次及图形结构、点的密度、标石规格要求、使用的软硬件配置、仪器和施测方法及各项主要限差和应达到的精度指标。选定的方案应在 1∶5000 或 1∶10000 地形图上绘制测区平面控制测量设计图。

② 高程控制测量方案

测图高程系统的选择,应尽量采用国家统一的 1985 国家高程基准或 1956 黄海高程基准。在远离国家水准点的新测区,可暂时建立或沿用地方高程系统,但条件成熟时应及时归算到国家统一高程系统内。高程控制测量方案应说明首级高程控制的等级、起算数据的选择、加密方案及图形结构,确定路线的长度及点的密度、高程控制点标志类型及埋设,使用仪器和实测方法、平差方法、各项限差要求及应达到的精度。选定方案应绘制测区高程测量路线图。

(6) 数字测图方案

首先介绍数字测图的测图比例尺、基本等高距、地形图采用的分幅与编号方法、图幅大小等,并绘制整个测区的地形图分幅编号图。然后进行数字化成图,数字化成图主要包括数据采集、数据处理、图形处理和成果输出等工序。

① 数据采集

就全野外数字测图(地面数字测图)而言,数据采集模式可分为数字测记模式和电子平板测绘模式。数字测记模式可根据作业单位的装备情况、测区地形情况和作业习惯,采用全站仪数字测记模式或采用有码作业或无码作业。若测图精度要求不是很高(相当于模拟测图精度),又有可靠的旧地形图,可以采用地形图数字化加外业补测的作业模式,以提高测图效率,降低测图成本。

② 数据处理

数据处理是数字化成图的主要工序之一,其目的是将用不同方法采集的数据进行转换、分类、计算、编辑,为图形处理提供必要的绘图信息数据。所以,要根据使用的仪器型号、原始数据格式、选用的绘图软件等对数据处理提出一定的要求和注意事项,说明数据处理成果包括哪些文件、有哪些要求等。

③ 图形处理

图形处理是将数据处理成果转换成图形文件。它由软件系统来完成,软件系统应具有图廓整饰、绘制线状符号、绘制面状符号、绘制独立地物符号、绘制等高线、图幅裁剪等功能,其处理成果是图形文件。图形文件格式要与国家标准统一,兼容性好;要与数据文件保持一一对应关系并可相互转换;要便于显示、编辑和输出,成果可以共享。

④ 成果输出

成果(地形图)输出就是将图形文件按照选定的分幅、编号方法和图幅大小,利用打印机、绘图仪等输出设备打印出来。所绘地形图的质量要符合有关规范的要求。

(7) 检查验收方案

检查验收是数字测图工作的重要环节,是保证测图成果的重要手段之一。检查验收方案应重点说明数字地形图的检测方法,实地检测工作量与要求,中间工序检查的方法与要求,自检、互检、组检方法与要求,各级各类检查结果的处理意见等。

(8) 工作量统计、作业计划安排和经费预算

工作量统计是根据设计方案,分别计算各工序的工作量。作业计划是根据工作量统计和

计划投入的人力、物力,参照生产定额,分别列出各期进度计划和各工序的衔接计划。经费预算是根据设计方案和作业计划,参照有关生产定额和成本定额,编制分期经费计划,并作必要的说明。

（9）应提交的资料

数字测图成果不仅应包括最终的地形图图形文件(测区总图)、绘制出的分幅地形图,而且还应包括成果说明文件、控制测量成果文件、数据采集原始数据文件、图根点成果文件、碎部点成果文件及图形信息数据文件等。用户根据需要,对数字测图的成果资料也有具体的要求。技术设计书中应列出用图单位要求提交的所有资料的清单,并编制成表。

（10）安全环保措施

无论是什么样的工程都必须把安全环保放在第一位,所以测绘工程也不例外。工程开工之前都要采取必要的安全环保措施,如人身安全、仪器安全,工程垃圾、废弃物处理措施等,以保证工程顺利开展和生活环境良好。

（11）建议与措施

在数字测图工程实施过程中,出现这样那样的问题在所难免,各类突发事件也时常发生。为了顺利地按时完成测图任务,确保工程质量,技术设计书中不仅应就如何组织力量、提高效益、保证质量等方面提出建议,而且要充分、全面、合理预见工程实施过程中可能遇到的技术难题、组织漏洞和各种突发事件等,并有针对性地制订处理预案,提出切实可行的解决方法。最后应说明业务管理、物资供应、膳食安排、交通设备等方面必须采取的措施。

6.2 数字测图产品质量检验

数字测绘产品主要包括数字线划地形图、数字栅格地图、数字正射影像图和数字高程模型等,简称为"4D产品",大比例尺数字测图能够形成数字线划地形图和数字高程模型等数字测图产品,本节主要介绍数字线划地形图检查验收工作的内容、要求、验收比例及质量检测方法与评定。

6.2.1 数字测图产品的质量控制

数字测图产品质量是测绘工程项目成败的关键,它不仅会影响到整个工程建设项目的质量,而且也关系到测绘企业的生存和社会信誉。因此,为保证数字测图产品的质量,数字测图的每一个环节都要严格遵守相应的规范或技术规程,遵照测绘任务书、技术设计书或合同书中的要求,并按"数字测图成果质量要求"进行严格的质量控制。从搜集资料、确定坐标系统和高程系统开始,到野外踏勘、选点、仪器设备的准备、控制测量、野外数据采集,直至内业绘图、成图、成果输出,把质量控制贯穿于整个数字测图过程。为更好地保证数字测图产品质量,数字测图过程中应引入测绘工程监理制度,由测绘监理工程师把控数字测图成果质量。

6.2.1.1 数字地形图质量元素

数字测图成果的质量是通过若干质量元素或质量子元素来描述的。数字测绘成果种类不同,其质量元素组成也不同。数字地形图的质量元素如表6.1所示。

表 6.1　数字地形图质量元素

数字地形图质量元素	数字地形图质量子元素	数字地形图质量元素	数字地形图质量子元素
空间参考系	大地基准	时间准确度	数据更新
	高程基准		数据采集
位置精度	地图投影	元数据质量	元数据完整性
	平面精度		元数据准确性
	高程精度	表征质量	几何表达
属性精度	分类正确性		符号正确性
	属性正确性		地理表达
完整性	要素完整性		注记正确性
逻辑一致性	概念一致性		图廓整饰准确性
	格式一致性	附件质量	图历簿质量
	拓扑一致性		附属文档质量

6.2.1.2　数字地形图质量元素的一般规定

（1）空间参考系

大地基准、高程基准、地图投影符合相应比例尺地形图测图规范的规定。

（2）位置基准

① 平面精度

地形图上控制点的坐标值符合已测坐标值。地形图上的实测数据，其地物点对邻近野外控制点位置中误差以及邻近地物点间的距离中误差不大于表 6.2 中的规定。

表 6.2　地物点平面位置精度

地区分类	比例尺	点位中误差	邻近地物点间距离中误差
城镇、工业建筑区、 平地、丘陵地	1：500	±0.15	±0.12
	1：1000	±0.30	±0.24
	1：2000	±0.60	±0.48
困难地区、隐蔽地区	1：500	±0.23	±0.18
	1：1000	±0.45	±0.36
	1：2000	±0.90	±0.72

② 高程精度

地形图上各类控制点的高程值符合已测高程值。高程注记点相对于邻近图根点的高程中误差不应大于相应比例尺地形图基本等高距的 1/3，困难地区放宽 0.5 倍。等高线插求点相对于邻近图根点的高程中误差，平地不应大于基本等高距的 1/3，丘陵地不应大于基本等高距的 1/2，山地不应大于基本等高距的 2/3，高山地不应大于基本等高距。

③ 属性精度

描述地形要素的各种属性项名称、类型、长度、顺序、个数等属性项定义符合要求,描述地形要素的各种属性值正确无误。

④ 完整性

各种地物要素完整,各种名称及注记正确完整,无遗漏或多余、重复现象;各种地物要素分层正确,无遗漏层或多余层、重复层现象。

⑤ 逻辑一致性

描述地形要素类型(点、线、面等)定义符合要求;数据层定义符合要求;数据文件命名、格式、存储组织等符合要求,数据文件完整、无缺失;闭合要素保持封闭,线段相交或相接无悬挂或过头现象;连续地物保持连续,无错误的伪节点现象;应断开的要素处理符合要求。

⑥ 时间准确度

生产过程中按要求使用了现势资料。

⑦ 元数据质量

元数据内容正确、完整,无多余、重复或遗漏现象。

⑧ 表征质量

要素几何类型表达正确,要素综合取舍与图形概括符合规范要求,并能正确反映各要素的分布地理特点和密度特征。地图符号使用正确,配置合理,保持规定的间隔,清晰易读。线划光滑、自然,节点保真度强,无折刺、回头线、粘连、自相交、抖动、变形扭曲等现象。有方向性的符号方向正确。注记选取与配置符合要求,注记字体、字高、字向、字色符合要求,配置合理,清晰易读,指向明确无歧义。图廓内外整饰符合要求,无错漏、重复现象。

⑨ 附件质量

附件指应随数字测绘成果一起上交的资料,一般包括图历簿,制图过程中所使用的参考资料、数据图幅清单、技术设计书、检查验收报告等。附件应符合以下要求:图历簿填写正确,无错漏、重复现象,能正确反映测绘成果的质量情况及测制过程。其他要求上交的附件完整,无缺失。

6.2.2 数字测图产品的验收

数字测图产品实行过程检查、最终检查和验收制度(二级检查一级验收制)。过程检查由生产单位检查人员承担,最终检查由生产单位的质量管理机构负责实施,验收工作由任务的委托单位组织实施,或由该单位委托具有检验资格的检验机构验收。

6.2.2.1 提交检查验收的资料

提交的成果资料必须齐全。一般应包括:

(1)项目设计书、技术设计书、技术总结等;

(2)文档簿、质量跟踪卡等;

(3)数据文件,包括图廓内外整饰信息文件、原始数据文件等;

(4)作为数据源使用的原图或复制的底图;

(5)图形或影像数据输出的检查图或模拟图;

(6)技术规定或技术设计书规定的其他文件资料。

凡资料不全或数据不完整者,承担检查或验收的单位有权拒绝检查验收。

6.2.2.2 检查验收依据

有关的测绘任务书,合同书中有关产品质量特征的摘要文件或委托的检查、验收文件,有关法规和技术标准,技术设计书和有关的技术规定等。

6.2.2.3 数字地形图检查内容及方法

(1) 数学基础检查

将图廓点、千米网交点、控制点的坐标按检索条件在屏幕上显示,并与理论值和控制点的已知坐标值核对。

(2) 平面和高程精度的检查

① 选取检测点的一般规定

数字地形图平面检测点应是均匀分布、随机选取的明显地物点。平面和高程检测点数量视地物复杂程度等具体情况确定,每幅图一般选取 20~50 个点。

② 检测方法

检测点的平面坐标和高程采用外业散点法按测站点精度施测。用钢尺或测距仪(全站仪)量测地物点间距,量测边数每幅图一般不少于 20 处。检测中如发现被检测的地物点和高程点具有粗差时,应视情况决定是否重测。当一幅图检测结果算得的中误差超过"数字测图成果质量要求"中位置基准的平面精度和高程精度的规定,应分析误差分布的情况,再对邻近图幅进行抽查。中误差超限的图幅应重测。

地物点的点位中误差(平面位置中误差)按式(6.1)、式(6.2)和式(6.3)计算。

$$m_x = \pm \sqrt{\frac{\sum_{i=1}^{n}(X_i - x_i)^2}{n-1}} \tag{6.1}$$

$$m_y = \pm \sqrt{\frac{\sum_{i=1}^{n}(Y_i - y_i)^2}{n-1}} \tag{6.2}$$

$$m_{检} = \pm \sqrt{m_x^2 + m_y^2} \tag{6.3}$$

式中 $m_{检}$——检测地物点的点位中误差,m;

m_x——纵坐标 x 的中误差,m;

m_y——横坐标 y 的中误差,m;

X_i——第 i 个检测点的纵坐标检测值(实测),m;

x_i——第 i 个同名检测点的纵坐标原测值(从地形图上提取),m;

Y_i——第 i 个检测点的横坐标检测值(实测),m;

y_i——第 i 个同名检测点的横坐标原测值(从地形图上提取),m;

n——检测点个数。

邻近地物点间距中误差按式(6.4)计算。

$$m_s = \pm \sqrt{\frac{\sum_{i=1}^{n}\Delta s_i^2}{n-1}} \tag{6.4}$$

式中 Δs——第 i 个相邻地物点实测边长与图上同名边长较差;

n——量测边条数。

高程中误差按式(6.5)计算。

$$m_{\mathrm{H}} = \pm \sqrt{\frac{\sum\limits_{i=1}^{n}(H_i - h_i)^2}{n-1}} \qquad (6.5)$$

式中　H_i——第 i 个检测点的实测高程；

　　　h_i——数字地形图上相应内插点高程；

　　　n——检测高程点个数。

（3）接边精度的检查

通过量取两相邻图幅接边处要素端点的距离是否等于 0 来检查接边精度，未连接的要素记录其偏离值；检查接边要素几何上自然连接情况，避免生硬；检查面域属性、线划属性的一致性，记录属性不一致的要素实体个数。

（4）属性精度的检查

① 检查各个层的名称是否正确，是否有漏层。

② 逐层检查各属性表中的属性项是否正确，有无遗漏。

③ 按地理实体的分类、分级等语义属性检索，在屏幕上将检测要素逐一显示，并与要素分类代码核对来检查属性的错漏，用抽样点检查属性值、代码、注记的正确性。

④ 检查公共边的属性值是否正确。

（5）逻辑一致性检查

① 用相应软件检查各层是否建立了拓扑关系及拓扑关系的正确性。

② 检查各层是否有重复的要素。

③ 检查有向符号、有向线状要素的方向是否正确。

④ 检查多边形闭合情况，标识码是否正确。

⑤ 检查线状要素的结点匹配情况。

⑥ 检查各要素的关系表示是否正确，有无地理适应性矛盾，是否能正确反映各要素的分布特点和密度特征。

⑦ 检查水系、道路等要素是否连续。

（6）整饰质量检查

① 检查各要素是否正确，尺寸是否符合图式规定。

② 检查图形线划是否连续光滑、清晰，粗细是否符合规定。

③ 检查要素关系是否合理，是否有重叠、压盖现象。

④ 检查高程注记点密度是否满足每 100 cm 内 8～20 个的要求。

⑤ 检查各名称注记是否正确，位置是否合理，指向是否明确，字体、字级、字向是否符合规定。

⑥ 检查注记是否压盖重要地物或点状符号。

⑦ 检查图面配置、图廓内外整饰是否符合规定。

（7）附件质量检查

① 检查所上交的文档资料填写是否正确、完整。

② 逐项检查元数据文件是否正确、完整。

6.2.3 数字测图成果质量评定

对数字测图成果进行检查以后,根据检查的结果,对单位成果和批成果进行质量评定,并划分出质量等级。

6.2.3.1 概念

(1) 单位成果 为实施成果检查、验收而划分的基本单位,宜以幅为单位。

(2) 批成果 同一技术设计要求下生产的同一测区的单位成果的集合。

(3) 概查 对单位成果质量要求的特定检查项的检查。

(4) 详查 对单位成果质量要求的所有检查项的检查。

(5) 样本 从批成果中抽取的用于评定批成果质量的单位成果集合。

6.2.3.2 单位成果质量评定

单位成果质量评定通过单位成果质量分值评定质量等级,质量等级划分为优级品、良级品、合格品、不合格品四级。概查只评定合格品、不合格品两级。详查评定分四级质量等级。工作内容如下:

(1) 计算质量元素检查项分值

一般以一幅图或几幅图作为一个单位成果,每个单位成果由多个质量元素组成,每个质量元素又分为多个质量子元素(见表 6.1 数字地形图质量元素),每个质量子元素又分为多个检查项,根据质量检查的结果分别计算每个检查项的质量分值。如质量元素位置精度,就分为平面精度和高程精度两个质量子元素,又分成平面位置中误差、高程注记点高程中误差、等高线高程中误差等多个检查项。分别计算平面位置中误差、高程注记点高程中误差、等高线高程中误差等所有检查项的质量分值,其中平面位置中误差的质量分值,用式(6.6)进行计算。

$$s = \begin{cases} 60 + \dfrac{40}{0.7 \times m_0}(m_0 - m) & m > 0.3 \text{ m} \\ 100 & m \leqslant 0.3 \text{ m} \end{cases} \tag{6.6}$$

式中 s——检查项质量分值;

$\quad\quad m_0$——中误差限差;

$\quad\quad m$——检测中误差。

其他检查项质量分值计算参照中华人民共和国国家标准《数字测绘成果质量检查与验收》(GB/T 18316—2008)。

当质量元素不满足规定的合格条件时,不计算质量分值,该质量元素为不合格。

(2) 成果质量等级

根据某个质量元素所有检查项的质量分值,将其中最小的质量分值确定为这个质量元素的质量分值。再根据质量元素的分值,将其中最小的质量分值确定为单位成果质量分值,最后评定单位成果质量等级,见表 6.3。

表 6.3 单位成果质量评定等级

质量得分	质量等级
90 分≤s≤100 分	优级品
75 分≤s＜90 分	良级品

续表 6.3

质量得分	质量等级
60 分 $\leqslant s \leqslant$ 75 分	合格品
质量元素检查结果不满足规定的合格条件	不合格品
位置精度检查中粗差比例大于 5%	
质量元素出现不合格	

6.2.3.3　批成果质量评定

批成果质量评定通过合格判定条件（表 6.4）确定批成果的质量等级,质量等级划分为合格批、不合格批两级。

表 6.4　批成果质量评定

质量等级	判定条件	后续处理
合格批	样本中未发现不合格单位成果,且概查时未发现不合格单位成果	测绘单位对验收中发现的各类质量问题均应修改
不合格批	样本中发现不合格单位成果,或概查时发现不合格单位成果,或不能提交批成果的技术性文档(如设计书、技术总结、检查报告等)和资料性文档(如接合表、图幅清单等)	测绘单位对批成果逐一查改合格后,重新提交验收

6.2.3.4　检查验收报告编写

最终检查和质量评定工作结束后,测绘检查单位应编制检查验收报告。检查验收报告经单位领导审核后,随数字测图成果一并提交验收。

检查验收报告的主要内容包括:

（1）任务概要。

（2）检查工作概况（包括仪器设备和人员组成情况）。

（3）检查的技术依据。

（4）主要技术问题及处理情况,对遗留问题的处理意见。

（5）质量统计和检查结论。

6.3　数字测图技术总结编写

数字测图技术总结是在测绘任务完成后,根据测绘技术设计文件、技术标准与规范等的执行情况,技术设计方案实施中出现的主要技术问题和处理方法,成果（或产品）质量、新技术的应用等进行分析研究、认真总结,作出的客观描述和评价。数字测图技术总结为用户对成果（或产品）的合理使用提供方便,为测绘单位持续质量改进提供依据,同时也为技术设计、有关技术标准、规定的制定提供资料。测绘技术总结是与测绘成果（或产品）有直接关系的技术性文件,是长期保存的重要技术档案。数字测图技术总结的编写格式如下:

6.3.1　概述

（1）任务来源、目的，测图比例尺，生产单位，作业起止日期，任务安排概况等。

（2）测区名称、范围，测量内容，行政隶属，自然地理特征，交通情况，困难类别等。

6.3.2　已有资料及其应用

（1）资料的来源、地理位置和利用情况等。

（2）资料中存在的主要问题及其处理方法。

6.3.3　作业依据、设备和软件

（1）作业技术依据及其执行情况，执行过程中的技术性更改情况等。

（2）使用的仪器设备与工具的型号、规格与特性，仪器的检校情况，使用的软件的基本情况介绍等。

（3）作业人员组成。

6.3.4　坐标、高程系统

采用的坐标系统、高程系统，投影方法，图幅分幅与编号方法，地形图的等高距等。

6.3.5　控制测量

（1）平面控制测量　已知控制点资料和保存情况，首级控制网及加密控制网的等级、网形、密度、埋石情况、观测方法、技术参数，记录方法，控制测量成果等。

（2）高程控制测量　已知控制点资料和保存情况，首级控制网及加密控制网的等级、网形、密度、埋石情况、观测方法、技术参数，视线长度及其距地面和障碍物的距离，记录方法，重测测段和次数，控制测量成果等。

（3）内业计算软件的使用情况，平差计算方法及各项限差，控制测量数据的统计、比较，外业检测情况与精度分析等。

（4）生产过程中出现的主要技术问题及其处理方法，特殊情况的处理及其达到的效果，新技术、新方法、新设备等应用情况，经验教训、遗留问题、改进意见和建议等。

6.3.6　地形图测绘

（1）测图方法，外业采集数据的内容、密度、记录的特征，数据处理、图形处理所用软件和成果输出的情况等。

（2）测图精度的统计、分析和评价，检查验收情况，存在的主要问题及其处理方法等。

（3）新技术、新方法、新设备的采用情况以及经验、教训等。

6.3.7　测绘成果质量说明和评价

简要说明、评价测绘成果的质量情况、产品达到的技术质量指标，并说明其质量检查报告的名称和编号。

6.3.8 安全环保措施

说明针对该工程采取了什么样的安全措施,以及该工程会对环境造成污染的程度,针对该污染采取了什么样的环保措施。

6.3.9 提交成果

(1)技术设计书。

(2)测图控制点展点图、水准路线图、埋石点点之记等。

(3)控制测量平差报告、平差成果表。

(4)地形图元数据文件、地形图全图和分幅图数据文件等。

(5)输出的地形图。

(6)数字测图技术报告、检查报告、验收报告。

(7)其他需要提交的成果。

6.3.10 其他需要说明的问题

除了上边提到的,该工程中还需要说明的其他问题,如控制点的保护及控制点的定时检测等。

思考与练习

6.1 简述技术设计书的基本内容。

6.2 数字地形图有哪些质量元素?

6.3 数字地形图有哪些检查内容?

6.4 简述检查报告和技术总结的编写内容。

7 数字地形图的应用

在国民经济建设和国防建设中,各项工程建设在规划、设计和施工等阶段,都需要应用工程建设区域的地形图等相关基础资料,以便使工程建筑在规划、设计和施工中的平面、高程布置等工作更加符合建设区域的实际情况。而在这些基础资料中,地形图通常是一个必不可少的信息来源,它是制定规划、设计,进行工程建设的主要依据和重要的基础资料。传统地形图通常是绘制在纸质上的,它具有直观性强、使用方便等优点,但也存在易变形、易损坏、不便保存、难以更新等缺点。数字地形图是以数字形式存储在计算机介质上的地形图,与传统地形图相比,数字地形图有着明显的优越性和广阔的发展前景。

数字测图的基本成果通常是输出矢量格式的数字地形图。工程技术人员可以直接利用相关专业软件中的功能,很方便地从数字地形图上查询点、线、面等地形图应用的基本信息。由数字地形图可以得到数字地面模型 DTM(Digital Terrain Models),它是数字地形图的重要成果,在测绘、水文、气象、地质、土壤、工程建设、通信、军事等国民经济和国防建设及人文和自然科学领域有着广泛的应用。DTM 在测绘中可用于绘制等高线、坡度、坡向图、立体透视图,制作正射影像、立体景观图、晕暗图、立体地形模型及地图的修测;在工程建设上,可用于如土石方量计算、通视分析、日照分析、各种剖面图的绘制及线路的设计等;在防洪减灾方面,它是进行水文分析如汇水分析、水系网络分析、降雨分析、储洪计算、淹没分析等的基础,它是地理信息系统的基础数据,可与其他专题数据叠加用于与地形相关的分析应用,如洪水险情预报,土地利用现状的分析、合理规划等;在军事方面,DTM 也有重要的价值,例如巡航导弹的导航、无人驾驶或遥控飞行装置的控制、武器和传感器的发展计划、通信计划的制订、作战任务的计划等,都离不开 DTM 的支持。

利用数字地形图可以很方便地制作各种专题用图。如去掉高程部分,通过权属调查,加绘相应的地籍要素,经编辑处理即可生成数字地籍图,若加上房产信息可制作房产图,若加上地下管线信息可制作地下管线图等。随着计算机技术和数字化测绘技术的迅速发展及其在各个领域的渗透,数字地形图在国民经济建设、国防建设和科学研究等各个方面发挥着越来越大的作用。

7.1 数字地面模型及其应用

7.1.1 数字地面模型的内容

7.1.1.1 数字地面模型的概念

数字地面模型(DTM)是在空间数据库中存储并管理的空间数据集的通称,它是以数字形式按一定的结构组织在一起,表示实际地形特征的空间分布,是地形属性特征的数字的描述。只有在 DTM 的基础上才能绘制等高线。

DTM 的核心是地球表面特征点的三维坐标数据和一套对地面提供连续描述的算法。最基本的 DTM 至少包含了相关区域内一系列地面点的平面坐标(x,y)和高程(z)之间的映射关系,即 $z=-f(x,y),x,y\in DTM$ 所在区域。此外在数字地面模型中还包括高程、平均高程、极值高程、相对高程、最大高差、相对高差、高程变异、坡度、坡向、坡度变化率、地面形态、地形剖面、地性线、沟谷密度以及太阳辐射强度、观察可视面、三维立体观察等因素。

DTM 的数字表示形式包括离散点的三维坐标(测量数据),由离散点组成的规则或不规则的网络结构,依据模型及一定的内插和拟合算法自动生成等高线、断面、坡度等图形。

DTM 是带有空间位置特征和地形属性特征的数字描述,包含地面起伏和属性两个含义,当 DTM 中地形属性为高程时就是数字高程模型(DEM),它一般情况下指以网格组织的某一区域地面高程数据。例如在航片数据采集中,数据往往是规则网格分布,其平面位置可由起算点坐标和点间网格的边长确定,只提供点的列号即可,这时其地形特征是指地面点的高程。在地理信息系统中,DEM 是建立 DTM 的基础数据。

7.1.1.2　数字地面模型的特点

与传统纸质地形图相比,DTM 作为地面起伏形态和地形属性的一种数字描述形式有以下特点。

(1) 以多种形式显示地形信息

地形数据经过计算机软件处理后,可根据应用需求生成各种比例尺的地形图、纵横断面图和立体图等。传统纸质地形图一经制作完成,其比例尺很难改变,若要改变或绘制成其他形式的地形图,则需要进行大量的人工处理。

(2) 保持精度不变

DTM 由于采用了数字媒介,图形采用 DTM 直接输出,因而精度不会损失。用人工的方法制作的传统纸质地形图或其他种类的地图,精度会受到损失;另外,随着时间的推移,图纸将产生变形,也会失去原有的精度。

(3) 方便实现自动化和实时化

由于 DTM 是数字形式的,所以增加或改变地形信息只需将修改信息直接输入到计算机,经软件处理后立即可产生实时化的各种地形图。传统纸质地形图要增加或修改都必须重复相同的工序,劳动强度大而且周期长,不利于地形图的实时更新。

总之,数字地面模型的主要特点有便于存储、更新、传播和计算机处理;可根据需要选择比例尺;适合各种定量分析与三维建模等特点(优点)。

7.1.1.3　DTM 的数据结构简介

数据结构是一门研究非数值计算的程序设计问题中计算机操作对象以及它们之间的关系和操作等的科学。DTM 的数据结构对 DTM 的应用有着重要的影响,不同的数据结构采用的算法不同,占用的存储空间大小不同,进行计算的效率也不相同。

DTM 是由离散数据点构造生成的,最初在构造 DTM 时多采用离散点结构,这种结构的DTM 中只包含了分块、分类存储的离散点坐标和某些断裂线如房屋边线、陡坎等地物的连接信息,这是一种最简单的结构,但实际上很少采用。目前常用的数据结构是网格结构,在等高线和断面图的绘制中广泛应用,即将离散点连接成多边形格网。它可分为规则和不规则格网,下面介绍这两种格网的结构。

(1) 规则格网结构

规则格网结构是将离散的原始数据点依据插值算法求算出规则形状的节点坐标,每个节点坐标有规律地放在 DTM 中。

最常用的规则格网结构是矩形格网,如图 7.1 所示。

$$A_{m \times n} = \begin{bmatrix} h_{00} & h_{01} & \cdots & h_{0n-1} \\ h_{10} & h_{11} & \cdots & h_{1n-1} \\ \cdots & \cdots & & \cdots \\ h_{n0} & h_{n1} & \cdots & h_{nn-1} \end{bmatrix} \qquad (7.1)$$

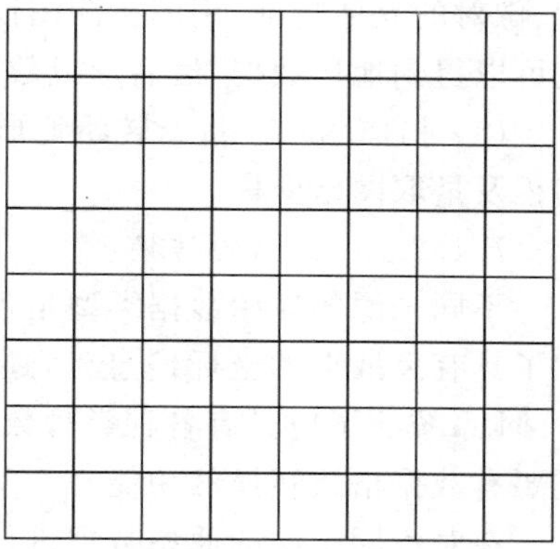

矩形格网的存储结构可由式(7.1)来表示。由于矩形格网中交点分布具有很强的规律性,各交点坐标是由在格网的位置来表示的,因此矩形格网可以用一个二维数组(矩阵)来进行存储,并仅存储每个交点的高程。

利用规则格网结构可以比较方便地进行数据的检索,可以用统一的算法完成检索和插值计算。规则格网应用于不规则边界区域,对不位于格网节点的边界处需要进行特殊处理。

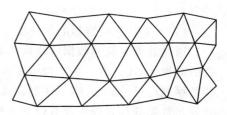

图 7.1　矩形格网

(2) 不规则格网结构

以原始数据的坐标位置作为网格的节点,组成不规则形状格网。由于野外采集的测点具有不规则性,因此在实际作业时,建立的格网结构是不规则的格网结构,与规则格网结构相比较,它可以克服规则格网结构的不足,可在野外采集的原始数据的基础上直接建立格网结构。因此,在实际应用时,大多采用不规则三角网(Triangle Irregulation Network,TIN),如图 7.2 所示。

图 7.2　不规则三角网结构

7.1.2　数字地面模型的建立

建立 DTM 有各种方法,由于地球表面本身的非解析性,若采用某种代数式和曲面拟合的算法来建立地形的整体描述是比较困难的,因此一般建立区域的数字地面模型是在该区域内采集相当数量可表达地形信息的地形数据(三维空间离散的采样值)来完成的。

但是,实际地形由于受到表面既有连续也有如断裂和挖损等不连续等因素的影响,加之在构造 DTM 时采集的地形数据量也是有限的,采样点的位置、密度,以及选择构造 DTM 的算法及应用时的插值算法,均有可能影响 DTM 的精度和使用效率。因此,如何选择构造 DTM 的算法及应用时的插值算法,利用采集的有限数据来准确表达实际地形变化是 DTM 研究的重要方向和课题。

7.1.2.1　数据的获取

DTM 的数据获取就是提取已测定的地貌特征点,即将一个连续的地形表面转化成一个以一定数量的离散点来表示离散的地表。因此,这些离散点数据的获取是建立数模工作中花费时间最长、用工最多的工作,而且又是最重要的一个环节,它直接影响到建模的精度、效率和成本。

DTM 数据的获取主要有以下几种方式。

(1) 人工量取　用方格网在地形图上逐点量取和内插求出网格点的三维坐标。

(2) 手扶跟踪　手扶数字化仪逐条跟踪地形图等高线,用内插的方法计算格网高程,并量取平面坐标。

（3）数字测图 利用全站仪数字测图生成的三维坐标信息并存储在磁卡上；利用航空相片、像对的立体特征，用解析测图仪及立体坐标量测仪量测的三维地形数据；遥感图像处理后也可以得到地形数据，最后形成数据磁带文件。

（4）扫描输入 重新转绘地形图，去掉注记并对新转换的地形图进行扫描，插值计算网格高程及量取网格坐标。

7.1.2.2 数据的转换

不同来源的原始数据类型是各种各样的，例如三维坐标、距离、高程、方位角等。这些数据除了具有离散点的坐标信息外，还包含了离散点之间的地形关系及地物特征等信息。因此，DTM 系统除了应具有各种类型数据输入的接口，能接收不同设备以不同方式传输的数据外，还要有数据格式转换的功能。

在对不同来源的原始数据进行数据转换处理时，应利用转换模块对原始数据进行分类，将坐标数据、连接信息、地物特征等按 DTM 系统的标准格式分别存放。为了保证 DTM 系统应有的精度以准确表达实际的地形变化，在对不同来源的数据进行标准格式转换时不得影响或改变原始数据的精度。

7.1.2.3 数据的预处理

（1）DTM 原始数据的预处理

通过数据采集和数据转换后，即可得到一个区域内的 DTM 原始数据。在这些输入计算机的数据中，还含有一些不符合建模要求的数据。因此，在建模前必须对这些不符合建模要求的数据进行过滤和剔除，以顺利完成构网建模，这种在建模前对原始数据的处理称为数据的预处理。数据的预处理主要有以下一些内容：数据过滤、粗差剔除、重合或近重合数据的剔除、给定高程限值和必要的数据加密等。

（2）地形、地物特征信息的提取

为了便于计算机程序识别，提高工作效率以及保证等高线的绘制精度和正确走向，除了地面坐标数据外，地形和地物的特征信息（例如地性线、断裂线、路沿、房屋边线等）是 DTM 不可缺少的信息。这些信息是由地形、地物的特征代码及连接点关系代码表示的。

从原始数据中提取地形、地物特征的依据是数据记录中的特定编码，不同类型的原始数据在不同的测量软件中有各自的编码方式。DTM 系统的特征提取部分功能有以下几个内容：

① 识别原始数据记录中的特征编码；

② 将地性线特征编码及相关空间定位数据转换成 DTM 标准数据格式；

③ 提取地性线、断裂线以及特殊地形（如陡坎等）；

④ 数据编辑。

7.1.2.4 构网建立数字模型

（1）不规则三角形网（TIN）的建立

TIN 是不规则格网中最简单的一种结构，它是利用测区内野外测量采集的所有地形特征点构造出的邻接三角形组成的格网形结构，大比例尺数字测图的建模一般都采用这种方式。由于它保持了细部点的原始精度，从而使整个建模精度得到保证。

① 建立 TIN 的基本过程

TIN 的每一个数据元素的核心是组成不规则三角形三个顶点的三维坐标，这些坐标数据完全来自外业原始测量成果。在外业作业过程中,地形点的选择往往是那些能代表地形坡度的变换点或平面位置的特征点,因此这些点在相关区域内呈离散型(非规则和非均匀)分布。将这些离散点按照一定的规则构造出相互连接的三角形网结构。如果测定了地性线,构网时位于地性线上的相邻点被强制连接成三角网的各条边。网中每个三角形所决定的空间平面就是该处实际地形的近似描述。根据几何原理,可以计算格网中的三角形数目,若区域中有 n 个离散数据点,它们可以构成互不交叉的三角形个数最多不超过 $2n-5$ 个。

② 生成 TIN 格网的几种算法

在构成 TIN 时,由于取相邻离散点的判断准则不同,就产生了生成 TIN 的不同算法。目前构造 TIN 常用的算法主要有以下几种。

a. 最近距离算法:所谓最近距离算法就是在生成 TIN 时,先在离散点中找到两个距离最近的点(一般可以从地性线开始),以两点连线为基础,寻找与此段连线最近的离散点构成三角形,以此三角形三条边为基础按同样规则扩展,构成新的三角形,如此反复直到没有可扩散的离散点或所有三角形的边均无法再构造出新的三角形为止。

应用最近距离算法判断和选择最近离散点时要注意的是离散点与线段端点所形成的角最大,如图 7.3 所示。

b. 最小边长算法:这种算法在生成 TIN 时,首先在离散点中找到两个距离最近的点构成基础边,如图 7.4 中 AB 边,再在其余离散点中进行比较,选择到 A、B 距离之和最小的点作为三角形的另一个顶点,构成三角形,如此按同样的方法进行扩展,直到所有的离散点都包含在三角形格网为止。

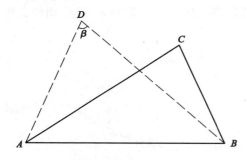

图 7.3　最近距离法

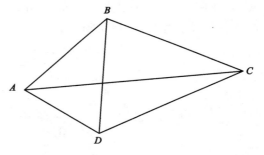

图 7.4　最小边长法

c. 泰森(Taiesson)多边形算法:泰森多边形算法的实质是将分布在平面区域内的一组离散点用直线分隔,使每个离散点都包含在一个由这些离散点所组成的多边形内。在进行分隔时,要求每一个多边形只包含一个离散点,而这个离散点应位于多边形的外接圆圆心上,如图 7.5 中的虚线所示。把每两个相邻的泰森多边形中的离散点用直线连接后生成的三角形称为泰森多边形的直线对偶,又称 Delaunay 三角形,如图 7.5 中的实线所示。该三角形的特点是:每个Delaunay 三角形的外接圆内不包含其他离散点,而三角形的最小角达到最大值。

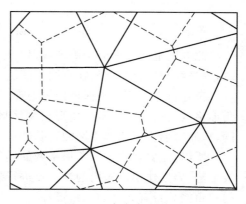

图 7.5　泰森多边形

　　在构造 TIN 时可以通过构造泰森多边形产生 Delaunay 三角形,也可以根据 Delaunay 三角形的特点直接构成 TIN。

　　③ TIN 建立过程中应重视的问题

　　地形图上的地貌形态是用等高线(一种地貌符号)配合一些特殊的地貌符号来综合表示的。常见的用等高线描述的基本地貌有山头、洼地、鞍部、山脊、山谷等。在绘制等高线时如遇到房屋、道路等地物必须断开。因此,在建立 TIN 的过程中必须考虑特殊地貌和地物对 TIN 结构的影响,并进行相对应的特殊处理。为此在 TIN 建立过程中应充分重视以下几个问题。

　　一是重视对地性线的处理。由于 TIN 结构的 DTM 是以三角形为基本单元表达实际地形的,具体讲就是每个三角形所决定的空间平面就是该处实际地形的近似描述,所以在构造三角形时必须重视对地性线的处理,使山脊线、山谷线等地性线不通过 TIN 中任何一个三角形内部,否则会造成三角形格网数字地面模型与实际地形的不符。为此要求在外业进行数据采集时,必须做好地性线的编码信息记录工作,以保证建模与绘制的等高线较好地吻合。

　　二是重视对断裂线的处理。在地貌符号中陡坎、雨裂、冲沟等使地面坡度变化陡峭的特殊地形,其变化不连续处的地形边线称为断裂线。在建立 TIN 时必须包含剧烈变化地形的断裂线信息,才能使 DTM 最大限度地反映出实际地形。对断裂线的实际处理方法是在输入数据及建立 DTM 之前进行数据预处理和分类,把断裂线信息提出来并扩展成一个狭窄的条形闭合区域。现以陡坎处理过程为例来说明断裂线的处理方法。

　　如图 7.6(a)所示,点 1、2、…、7 为实测陡坎边特征点,(1)、(2)、…、(7)各点由坎边特征点 1、2、…、7 连线平移 1 mm 确定,其高程可由外业测定的陡坎比高确定。将上述各点依次连接成一个闭合折线,再依次扩展三角形,在绘制等高线时遇此闭合线立即断开,然后用闭合折线陡坎符号表示,如图 7.6(b)所示。

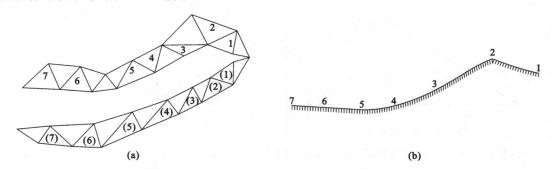

图 7.6　断裂线(陡坎)处理

　　此方法也同样适应于等高线遇房屋、道路、河流断开等情况。在生成数字地形图实际作业时,等高线和地物分别放在不同的图层上,上述处理两层叠置即可。

　　三是重视对不规则区域边界处理。不规则区域边界处理可能使程序在无数据区构造出三角形格网或构造出超出三角形格网区域的三角形格网或构造出与实际特征不符的三角形格网,从而影响了三角形格网的正确性。

　　所以,需要在构造三角形格网的过程中加入对边界的识别。为了保证区域边界处的等高线走势,要按建模区域内的高程点进行建模,不允许 TIN 向区域边界扩展,同时检查边界附近的三角网是否有异常的三角形等。

（2）矩形格网的建立

矩形格网是将区域平面划分为相同大小的矩形单元，以每个单元的顶点作为 DTM 的数据结构基础，它是规则形状格网中较为常见的一种。建立矩形格网的原始数据来源于两个方面：一是外业数字测图获得的地物、地貌特征点坐标，这些采集点的分布是离散的、不规则的；二是在航测的立体模型上按等间隔直接采集矩形格网的顶点坐标。

数字测图中，外业采集的离散点其区域分布是不规则的。在构造矩形格网时，要求在构建过程中既保持原始数据中地形特征的信息，又尽可能在保持原始数据的精度的前提下通过数学方法将这些离散点格网化，算出新的规则格网交点的坐标。

常用的数学方法是高程插值算法，其过程就是根据矩形格网给定的平面坐标，利用邻近的已知高程的离散采集点作为参考点，计算格网点 P 的高程。

7.1.3 数字地面模型的应用

数字地面模型（DTM）是为了适应计算机处理而产生的，它是在空间数据库中存储并管理的空间数据的集合，是带有空间位置特征和地形属性特征的数字描述，也是建立不同层次的环境和信息系统不可缺少的组成部分。目前 DTM 已是建立不同层次的地理信息系统（GIS）不可缺少的组成部分，即 DTM 的生成已成为 GIS 数据源研究的重要课题之一。在信息系统分析并以此为依据进行规划和决策时，十分重视地表属性的三维特征，诸如高度、坡度、坡向等重要的地貌要素，并使这些要素成为生产应用中的基础数据，它们可以广泛地应用在多种领域，如公路、铁路、输电线的选线，水利工程的选址，军事制高点的选择，土壤侵蚀、土地类型的分析等，还可应用于测绘、制图、遥感等领域。DTM 在各个领域中的应用是以以下几个方面应用为基础的。

7.1.3.1 绘制等高线图
此内容在前面 5.3.3 节中已讲到，请查看。

7.1.3.2 坡度图与坡向图
坡度和坡向是互相联系的两个参数。坡度反映斜坡的倾斜程度，是水平面与局部地表高差之间的正切值，是斜度和高度变化的最大比率，常用百分比测量；坡向反映斜坡面所对的方向，按从正北方向起算的角度测量。

坡度和坡向的计算通常使用 3×3 的网格窗口，每个窗口中心为一个高程点。窗口在 DTM 数据矩阵中连续移动后完成整幅图的计算工作。

在计算出各地表单元的坡度后，可对坡度计算值进行分类，使不同类别与显示该类别的颜色或灰度对应，即可得到坡度图。

在计算出每个地表单元的坡向后，可制作坡向图。坡向图是坡向的类别显示图，因为任意斜坡的倾斜方向可取方位角 $0° \sim 360°$ 中的任意方向。通常把坡向分为东、南、西、北、东北、西北、东南、西南 8 类，加上平地共 9 类，并以不同的色彩显示，即可得到坡向图。

7.1.3.3 地形剖面图
用 DTM 可以很方便地制作任意方向的地形剖面图。根据工程设计的路线，只要知道剖面线在 DTM 中的起点和终点位置，就可以唯一地确定其与 DTM 格网的各个交点的平面位置和高程以及剖面线上相交点之间的距离，然后以选定的垂直比例尺和水平比例尺，按距离和高程绘出地形剖面图。

剖面线端点的高程按求单点高程的方法计算,剖面线与 DTM 格网的交点高程可采用简单的线性内插计算。

同理,可以沿给定的某方向绘制地质图及其在土地景观中点与点之间是否相互通视的视线图,这些在军事活动、测绘、城市和旅游点的规划等工作中都有非常重要的意义。

7.1.3.4 地面模型透视图

前面提到,当 DTM 中地形属性为高程时就是数字高程模型 DEM,一般情况下指以网络组织的某一区域地面高程数据。根据数字高程模型绘制透视立体图是 DEM 的一个非常重要的应用。将三维地面表示在二维屏幕上实际是一个投影问题。为了取得与人视觉一致的观察效果,产生立体感形象逼真的透视图,数字高程模型三维图形显示一般采用二投影变换,其本质就是通过三维到二维的坐标转换、隐藏线处理,把三维空间数据投影到二维屏幕上,进行透视变换。

在利用 DEM 绘制透视立体图时,要使三维图形显示具有立体图形的效果,必须对三维图形特有的隐藏线、隐藏面进行处理。否则,三维图形将失去立体感,显示的线条将杂乱模糊,容易产生多义性。所谓的隐藏线是指三维物体在其投影视像给定后,沿投影线观察图形时,由于物体(图形)中表面的遮盖,某些线段成为不可见线段,这些不可见线段就是隐藏线。

为了消除多义性,增强立体感,在显示过程中应对实体中被遮盖的部分进行消影处理。对于消影处理,现有多种成熟有效的算法,相关内容请参阅计算机图形学。

三维透视立体图是人们熟悉和习惯的数字模型形式之一,它能非常直观地反映地形的立体形态,与采用等高线表示地形形态相比有其自身独特的优点,更接近人们的直观视觉。特别是随着计算机图形处理能力的增强以及屏幕显示系统的发展,立体图的制作具有更大的灵活性,人们可以根据不同的需要,对同一个地形形态做出各种不同的立体显示。例如局部放大,改变放大倍率以夸大立体形态,改变视点位置以便从不同的角度进行观察,甚至转动立体图形让人们更好地研究地形的空间形态等。

7.2 数字地形图在工程建设中的应用

传统的纸质地形图在工程建设中的应用主要包括:量测图上点的平面坐标和高程、量测(算)两点间的距离、量测(算)直线的坐标方位角、确定两点间的坡度、按一定方向绘制断面图、面积量算、土方量计算、按限制坡度选线等。

目前,用于数字成图的软件很多,大多数都具有在工程中应用的某些功能。有些功能是 CAD 平台本身已经具备的,下面以 CASS9.0 为例,介绍数字地形图在工程建设中的应用。

7.2.1 基本几何要素的量测

在 CASS9.0 的"工程应用"菜单中,提供了很多查询与计算功能,详见图 7.7。

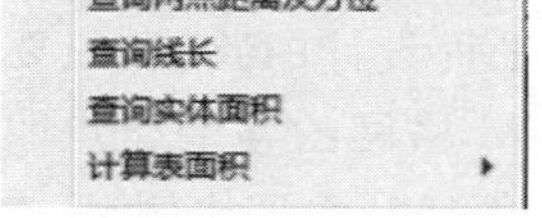

7.2.1.1 查询指定点的坐标与坐标标注

执行下拉菜单"工程应用/查询指定点坐标"命令或单击实用工具栏中的"查询坐标"按钮,用鼠标捕捉需要查询的点,在命令行或者鼠标十字标靶附近则显示测量坐标。

图 7.7 CASS 基本几何要素查询菜单

也可以先进入点号定位方式,再输入要查询的点号。

在屏幕菜单"文字注记/坐标平高"中,选择注记坐标,则可以在所需位置将该点的坐标标注在图上。

直接利用 AutoCAD 的功能,在命令行输入 ID 或者在查询工具栏单击定位点按钮,也可以在命令行显示要查询的点的坐标,不过需要注意的是,CAD 系统中直接显示的屏幕坐标 x、y 对应于测量高斯平面坐标的 y、x。在命令行输入 Dimorldinate 或者在标注工具栏单击坐标标注按钮,也可以实现点的 x 或者 y 的坐标标注。

7.2.1.2　查询两点的距离和方位角

执行 CASS9.0 下拉菜单"工程应用\查询两点距离及方位"命令或单击实用工具栏中的"查询距离和方位角"选项,按提示用鼠标捕捉需要查询的两个点,在命令行则显示两点间距离和坐标方位角。也可以先进入点号定位方式,再输入两点的点号。

同样在 AutoCAD 中,直接利用系统本身功能,实现查询两点的距离和方位角,具体步骤如下:

(1) 先进行 AutoCAD 系统图形单位设置,可在命令行输入 Units 命令,如图 7.8(a)所示,选择角度类型和精度,选择方位角按照顺时针定义方式。

(2) 选择方位角起始方向(CAD 系统默认为笛卡尔坐标系),进行方向控制设置,如图 7.8(b)所示,选取"北(N)270.00",按确定后即可完成相应设置。

(3) 在 AutoCAD 查询工具栏中单击查询距离按钮,或者在命令行输入 Dist 命令,实现与 CASS9.0 软件中查询距离和方位角的类似功能。

图 7.8　图形单位和方向控制设置

7.2.1.3　查询线长

执行下拉菜单"工程应用\查询线长"命令,用鼠标选择实体(直线或曲线),弹出提示框,给出查询的线长值。也可以直接利用 AutoCAD 系统本身功能来直接进行查询,在命令行键入 List 命令,回车按命令行提示选择查询对象即可得该对象在空间的线长、表面积及拐点坐标等信息。或者直接点取"查询"工具栏上面的"列表"按钮,进行相同操作即可。

7.2.1.4　查询实体面积

执行下拉菜单"工程应用\查询实体面积"命令,按提示选取实体边线或点取实体内部任意位置,命令行显示实体面积,要注意实体应该是闭合的。或者在 AutoCAD 中点取"查询"工具栏上面的区域面积按钮,根据命令行提示进行相应操作即可得到实体在空间的表面积和周长信息。

7.2.1.5　计算对象的表面积

对于不规则地貌表面积的计算,系统通过 DTM 建模,将高程点连接为带坡度的三角形,再通过每个三角形面积累加得到整个范围内的表面积。执行下拉菜单"工程应用\计算表面积"命令,可选择根据坐标数据文件或根据图上高程点两种方式进行计算总表面积大小,同时系统自动将面积注记于每块对象的中部位置。

7.2.2　土方量计算

在 CASS9.0 系统中,计算土方量主要有 5 种方法:分别是 DTM 法土方计算、断面法土方计算、方格网法土方计算、等高线法土方计算和区域土方量平衡等,如图 7.9 所示。

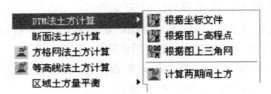

图 7.9　CASS9.0 的土方量计算菜单

7.2.2.1　DTM 法土方计算

由 DTM 模型来计算土方量是根据实地测定的地面点坐标 (x,y,z) 和设计高程,通过生成三角网来计算每一个三棱柱的填挖方量,最后累计得到指定范围内填方和挖方的土方量,并绘出填挖方分界线。

DTM 法土方计算共有 3 种方法:第一种是由坐标数据文件计算,第二种是依照图上高程点进行计算,第三种是依照图上的三角网进行计算,前两种算法包含重新建立三角网的过程,第三种方法直接采用图上已有的三角形,不再重建三角网。下面分述三种方法的操作过程:

(1) DTM 计算土方原理

由 DTM 模型来计算土方量通常是根据实地测定的地面离散点坐标 $(x、y、z)$ 和设计高程来计算。该法直接利用野外实测的地形特征点(离散点)进行三角构网,组成不规则三角网(TIN)结构。三角网构建好之后,用生成的三角网来计算每个三棱柱的填挖方量,最后累积得到指定范围内填方和挖方分界线,三棱柱体上表面用斜平面拟合,下表面为水平面或参考面。如图 7.10 所示,$A、B、C$ 为地面上相邻的高程点,垂直投影到某平面上对应的点为 $a、b、c$,S 为三棱柱底面积,$h_1、h_2、h_3$ 为三角形角点的填挖高差。填挖方量计算公式为

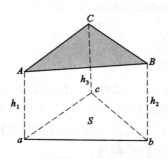

图 7.10　DTM 法土方量计算的原理

$$V = \frac{h_1 + h_2 + h_3}{3} \times S \qquad (7.2)$$

（2）DTM法计算土方方法

根据数据的不同格式，DTM法土方计算在CASS9.0软件中提供了4种计算模式：根据坐标文件计算、根据图上高程点计算、根据图上三角网计算以及两期土方计算。

① 根据坐标计算

用复合线画出所要计算土方的区域，一定要闭合，但是尽量不要拟合。因为拟合过的曲线在进行土方计算时会用折线迭代，影响计算结果的精度。

用鼠标点取"工程应用\DTM法土方计算\根据坐标文件"，选择边界线，用鼠标点取所画的闭合复合线，弹出如图7.11土方计算参数设置对话框。

区域面积：该值为复合线围成的多边形的水平投影面积。

平场标高：指设计要达到的目标高程。

边界采样间隔：边界插值间隔的设定，默认值为20 m。

边坡设置：选中"处理边坡"复选框后，则坡度设置功能变为可选，选中边坡的方式（向上或向下：指平场高程相对于实际地面高程的高低，平场高程高于地面高程，则设置为向

图 7.11　土方计算参数设置

下放坡，系统就不能计算向内放坡和向范围线内部放坡的工程量），然后输入坡度值。设置好计算参数后点击"确定"，命令行显示：

挖方量＝××××立方米，填方量＝××××立方米。

同时创建了三角网、填挖方量的分界线（白色线条）和AutoCAD信息提示框，如图7.12所示。

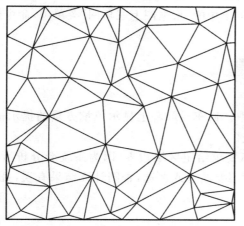

图 7.12　填挖方提示框

关闭对话框后系统提示，请指定表格左下角位置：＜直接回车不绘表格＞用鼠标在图上适当位置点击，CASS9.0会在该处绘出一个表格，包含平场面积、最大高程、最小高程、平场标高、填方量、挖方量和图形。如图7.13所示。

用记事本打开 cass、system、dtmtf.log 文件，计算三角网构成的填挖方量数据表详见图7.14。

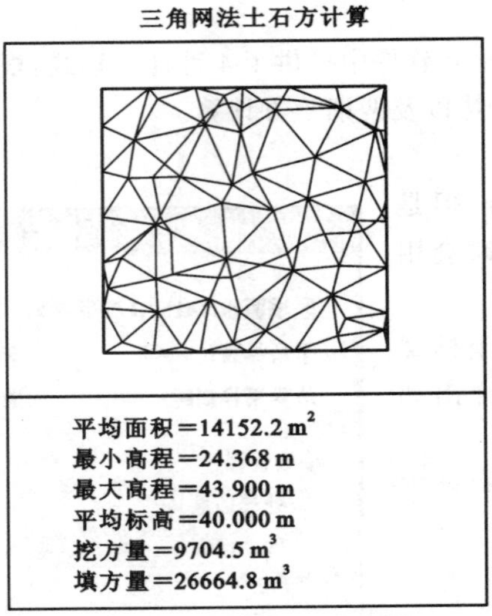

三角网法土石方计算

平均面积 = 14152.2 m²
最小高程 = 24.368 m
最大高程 = 43.900 m
平均标高 = 40.000 m
挖方量 = 9704.5 m³
填方量 = 26664.8 m³

图 7.13　填挖方量计算结果表格

图 7.14　记事本填挖方量计算结果

② 根据高程点计算

首先要展绘高程点，然后用复合线画出所要计算土方的区域，要求同 DTM 法。用鼠标点取"工程应用"菜单下"DTM 法土方计算"子菜单中的"根据图上高程点"菜单项，然后点取所画的闭合复合线。选择高程点或控制点，此时可逐个选取要参与计算的高程点或控制点，也可拖框选择。如果键入"ALL"回车，将选取图上所有已经绘出的高程点或控制点。弹出土方计算参数设置对话框，以下操作则与坐标计算法一样。

③根据图上的三角网计算

对已经生成的三角网进行必要的添加和删除，使结果更接近实际地形。用鼠标点取"工程应用"菜单下"DTM 法土方计算"子菜单中的"根据图上三角网"菜单项，命令提示：

平场标高（米）：

输入平整的目标高程；

请在图上选取三角网：

用鼠标在图上选取三角形。

可以逐个选取也可拉框批量选取。回车后屏幕上显示填挖方量的提示框，同时图上绘出所分析的三角网、填挖方量的分界线。

注意：用此方法计算土方量时不要求给定区域边界，因为系统会分析所有被选取的三角形，因此在选择三角形时一定要注意不要漏选或多选，否则计算结果有误，且很难检查出问题所在。

④ 两期土方计算

两期土方计算指的是对同一区域进行了两期测量，利用两次观测得到的高程数据建模后叠加，计算出两期之中的区域内土方的变化情况。适用情况是两次观测时该区域都是不规则表面。

两期土方计算之前，要先对该区域两期测量分别进行建模，即生成 DTM 模型，并将生成的 DTM 模型保存起来。然后点取"工程应用\DTM 法土方计算\计算两期间土方"菜单项。命令区提示：

第一期三角网：(1)图面选择(2)三角网文件<2>

"图面选择"表示当前屏幕上已经显示的 DTM 模型,"三角网文件"指保存到文件中的 DTM 模型。

第二期三角网:(1)图面选择(2)三角网文件<1>1 同上,默认选 1。则系统弹出计算结果。点击"确定"后,屏幕出现两期三角网叠加的效果,蓝色部分表示此处的高程已经发生变化,红色部分表示没有变化。

7.2.2.2　断面法进行土方量计算

断面法土方计算主要用于公路土方计算和区域土方计算。断面法土方计算主要有:道路断面、场地断面和任意断面三种计算土方量的方法。对于特别复杂的地方可以用任意断面设计方法。

（1）断面法土方计算原理

当地形复杂、起伏变化较大,或地块狭长、挖填深度较大、断面又不规则时,宜选择断面法进行土方量计算。图 7.15 为线路的测量断面图形,利用横断面法进行土方量计算时,可根据线路长度,一般都采用按一定的间距 L 截取平行的断面,计算出各横断面的面积为 S_1，S_2，S_3，$\cdots$，S_n，然后用梯形公式计算出总的土方量。

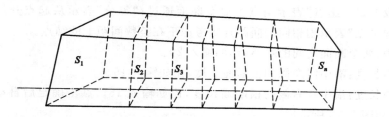

图 7.15　断面法土方量计算

断面法计算土方量的计算公式为

$$V = \sum_{i=2}^{n} V_i = \sum_{i=2}^{n} \frac{(S_{i-1} + S_i) \cdot L}{2} \qquad (7.3)$$

式中　S_{i-1}、S_i——第 i 单元线路起终断面的填（或挖）方面积;

　　　L——间隔长;

　　　V_i——填（或挖）方体积。

（2）CASS9.0 软件断面法土方计算

通常以断面法计算道路土方,下面简介在 CASS9.0 软件中用断面法计算道路土方的主要操作步骤。

① 生成里程文件

里程文件用离散的方法描述实际地形。实质上是采集了纵断面数据文件和横断面文件,CASS9.0 里程文件采用如下格式:

BEGIN,断面里程:断面序号第一点里程,第一点高程

第二点里程,第二点高程

……

BEGIN,下一个断面里程:下一个断面序号

另一期第一点里程,第一点高程

另一期第二点里程,第二点高程

生成里程文件在 CASS9.0 里常用的有 5 种方法，分别是：由纵断面线生成、由复合线生成、由等高线生成、由三角网生成和由坐标文件生成，如图 7.16 所示。

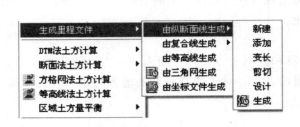

图 7.16　生成里程文件菜单　　　　　　图 7.17　"由纵断面生成里程文件"对话框

a. 由纵断面线生成

在使用生成里程文件之前，要事先用复合线绘制出纵断面线。然后用鼠标点取"工程应用\生成里程文件\由纵断面线生成\新建"。然后点取所绘纵断面线，弹出如图 7.17 所示对话框。

中桩点获取方式："结点"表示结点上要有断面通过；"等分"表示从起点开始用相同的间距；"等分且处理结点"表示用相同的间距且要考虑不在整数间距上的结点。

横断面间距：两个断面之间的距离，比如输入 20。

横断面左边长度：沿中线左侧的横断面长度，比如输入 15。

横断面右边长度：沿中线右侧的横断面长度，比如输入 15。点击确定后自动沿纵断面线生成横断面线，如图 7.18 所示。

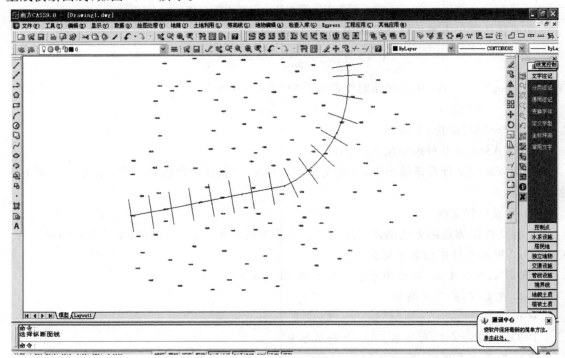

图 7.18　由纵断面线生成横断面线

生成的里程文件可以进行编辑,如图 7.16 所示。"添加"指在现有基础上添加横断面线;"变长"是将图上横断面左右长度进行改变;"剪切"指剪掉多余横断面线;"设计"指直接给横断面指定设计高程,绘出横断面线的切割边界;"生成"指当横断面设计完成后,点击"生成"将设计结果生成里程文件。

b. 由复合线生成

由复合线生成只能用来生成纵断面线的里程文件。在具有数据文件或有高程点的区域绘制一条复合线,系统会根据计算复合线上每一交点在纵断面线的距离和所在的高程,然后生成里程文件。由复合线生成有两类,分别是普通断面和隧道断面。

点取"工程应用\生成里程文件\由复合线生成\普通断面",命令提示:

选择断面线:

选择绘制的复合线,弹出图 7.19 对话框。选取"由数据文件生成",然后打开文件路径,选择数据文件。输入生成的里程文件存放路径和名称。输入适当的采样间距和起始里程,点"确定"完成。

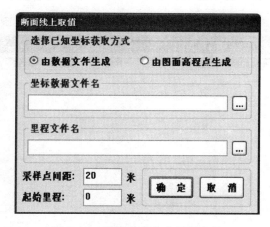

图 7.19　由复合线生成里程文件

c. 由等高线生成

在等高线区域绘制一条复合线,从断面线的起点开始,处理断面线与等高线的所有交点,依次记下每一交点在纵断面线上离起点的距离和所在等高线的高程。

在图上绘出等高线,再用轻量复合线绘制纵断面线(可用 PL 命令绘制),用鼠标点取"工程应用\生成里程文件\由等高线生成"。然后点取所绘纵断面线,屏幕上弹出"输入断面里程数据文件名"的对话框,选择断面里程数据文件。这个文件将保存要生成的里程数据。

输入断面起始里程:<0.0>

如果断面线起始里程不为 0,在这里输入,回车,里程文件生成完毕。

d. 由三角网生成

该方法与由等高线生成基本一样,只是所使用的数据源不一样,一个用等高线,另一个用三角网。这两种方法也只能用来生成纵断面线的里程文件。

e. 由坐标文件生成

这个数据文件必须是南方 CASS 断面数据文件,在 7.2.3 断面图绘制这一节里给出了详细的格式,具体例子见"DEMO"子目录下的"ZHD. DAT"文件。

用鼠标点取"工程应用/生成里程文件/由坐标文件生成"。

屏幕上弹出"输入简码数据文件名"的对话框,选择简码数据文件。

屏幕上弹出"输入断面里程数据文件名"的对话框,选择断面里程数据文件。这个文件将保存要生成的里程数据。这时命令行出现提示:

输入断面序号:

如果输入断面序号,则只转换坐标文件中该断面的数据;如果直接回车,则处理坐标文件中所有断面的数据。

② 给定设计参数

要计算出道路土方,根据原理,必须要给每个断面输入设计参数,这样才能根据设计线和地面线的比较,获得断面填挖面积。断面线的设计可以在系统中完成,也可以用记事本完成,下面我们以在系统中设计为例说明。

用鼠标点击:"工程应用\断面法土方计算\道路设计参数文件",弹出如图 7.20 所示对话框。输入道路设计参数设置中各个选项的参数。断面的设计参数要和里程文件生成的横断面一一对应,完成后保存。

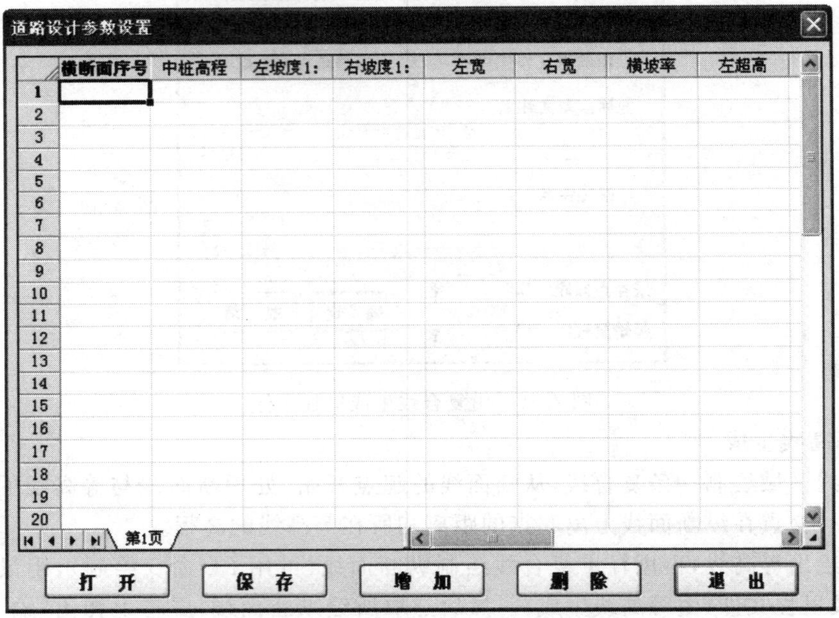

图 7.20　道路设计参数输入

如果生成的部分设计断面参数需要修改,用鼠标点取"工程应用\断面法土方计算\修改设计参数"。屏幕提示:

选择断面线:

这时可用鼠标点取图上需要编辑的断面线,选设计线或地面线均可。选中后弹出图 7.20 所示对话框,可以非常直观的修改相应参数。修改完毕后点击"确定"按钮,系统取得各个参数,自动对断面图进行重算。

如果生成的部分实际断面线需要修改,用鼠标点取"工程应用\断面法土方计算\编辑断面线"功能。屏幕提示:

选择断面线：

这时可用鼠标点取图上需要编辑的断面线，选设计线或地面线均可（但编辑的内容不一样）。选中后弹出如图 7.21 所示对话框，可以直接对参数进行编辑。

如果生成的部分断面线的里程需要修改，用鼠标点取"工程应用\断面法土方计算\修改断面里程"，屏幕提示：

选择断面线：

这时可用鼠标点取图上需要修改的断面线，选设计线或地面线均可。

断面号：×，里程：××.×××

请输入该断面新里程：

输入新的里程即可完成修改。

图 7.21 修改实际断面线

将所有的地面横断面和设计线编辑完后，就可进入第三步了。

③ 选择土方计算类型

用鼠标点取"工程应用\断面法土方计算\道路断面"，弹出对话框，道路断面的初始参数都可以在这个对话框中进行设置，如图 7.22 所示。选择生成的里程文件和横断面设计文件，输入断面图比例参数，点击"确定"。弹出图 7.23 所示对话框，这个对话框，表示输入生成纵断面图的参数，就是在生成一系列横断面图的同时，系统根据里程文件，同时自动生成道路的纵断面图。纵断面图参数主要有：横向比例尺，纵向比例尺，一般输入纵向比例尺为横向比例尺的 5～10 倍，纵断面图的位置不输入，其他参数可以根据输入的比例尺进行调整。完成后点击"确定"。

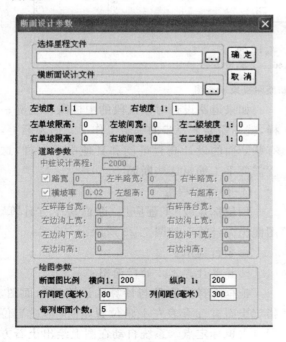

图 7.22 横断面生成对话框

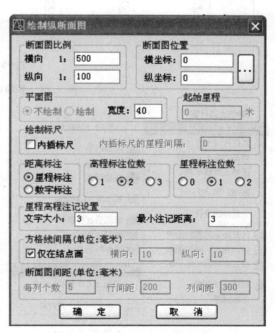

图 7.23 绘制纵断面图设置

系统提示：

指定横断面图起始位置：

用鼠标在适当的绘图区指定位置。系统根据前面给定的比例尺,在图上绘出道路的纵断面图及每一个横断面图,结果如图 7.24 所示。

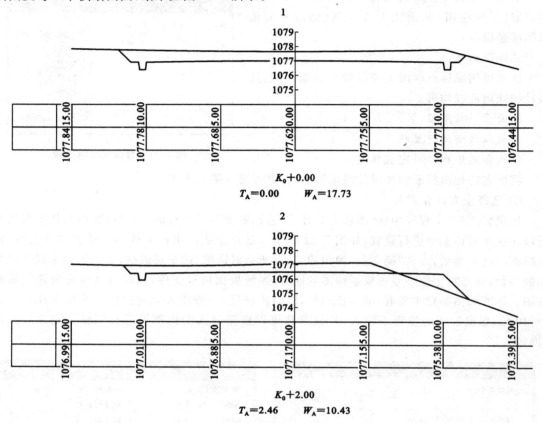

图 7.24　纵横断面图成果示意图

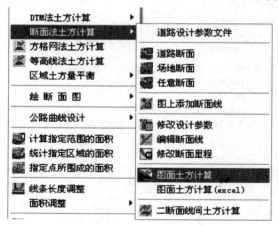

图 7.25　图面土方计算子菜单

如果道路设计时该区段的中桩高程全部一样,就不需要下一步的编辑工作了。但实际上,有些断面的设计高程可能和其他的不一样,这就需要手工编辑这些断面。

④ 计算工程量

用鼠标点取"工程应用\断面法土方计算\图面土方计算",如图 7.25 所示。

命令行提示：

选择要计算土方的断面图：

拖框选择所有参与计算的道路横断面图,指定土石方计算表左上角位置,在屏幕适当位置点击鼠标定点。系统自动在图上绘出土石方计算表,如图 7.26 所示。

里程	中心高		横断面积(m×m)		平均面积(m×m)		距离(m)	总数量(m×m×m)	
	填	挖	填	挖	填	挖		填	挖
K0+0.00		5.02	0	134.02					
					0	91.13	20	0	1822.59
K0+20.00		1.88	0	48.24					
					0	32.98	20	0	659.65
K0+40.00		0.62	0	17.73					
					1.23	14.08	20	24.61	281.63
K0+60.00		0.67	2.46	10.43					
					1.23	12.9	20	24.61	257.94
K0+80.00		0.2	0	15.36					
					0	17.97	10	0	179.66
K0+90.00		0.85	0	20.57					
					41.95	10.29	10	419.46	102.86
K0+100.00	4.09		83.89	0					
					89.54	0	20	1790.83	0
K0+120.00	4.1		95.19	0					
					90.72	0	20	1814.49	0
K0+140.00	3.66		86.26	0					
					83.47	0	10.59	883.96	0
K0+150.59	3.49		80.69	0					
					84.44	0	9.4	794.11	0
K0+159.99	3.95		88.2	0					
					88.77	0	9.99	887.15	0
K0+169.99	3.91		89.34	0					
					90.33	0	9.99	902.74	0
K0+179.98	4.02		91.32	0					
					94.59	0	9.99	945.2	0
K0+189.97	4.34		97.85	0					
					96.08	0	11.66	1120.16	0
K0+201.63	4.06		94.3	0					
					91.81	0	8.33	764.48	0
K0+209.96	3.85		89.31	0					
					85.55	0	9.99	854.89	0
K0+219.95	3.64		81.79	0					
					77.58	0	9.99	775.36	0
K0+229.95	3.25		73.38	0					
					69.39	0	9.99	693.52	0
K0+239.94	2.86		65.41	0					
					59.86	0	12.73	762.29	0
K0+252.68	2.38		54.31	0					
					50.79	0	7.28	369.68	0
K0+259.95	2.14		47.27	0					
					41.05	0	20.02	821.57	0
K0+279.97	1.69		34.82	0					
					28.7	0	20.01	574.46	0
K0+299.98	1.16		22.59	0					
					18	0.01	20	360.02	0.15
K0+319.98	0.73		13.42	0.01					
合计								15583.6	3304.5

图 7.26　土石方计算表

并在命令行提示：

总挖方＝××××立方米,总填方＝××××立方米。

至此,该区段的道路填挖方量已经计算完成,可以将道路纵、横断面图和土石方计算表打印出来,作为工程量的计算结果,也可以用"图面土方计算(excel)"进行计算,这时结果将以excel表格输出。

7.2.2.3　方格网法土方量计算

在实际测量工作中,可以在测区按照一定间隔长度建立坐标方格网,然后测量得到各格网点的坐标(X,Y,H);也可以按照先测量出地形特征点,通过一定的内插算法求取方格网点的坐标。根据设计高程,计算出每一个正方体的填、挖土方量,最后累计得到指定范围内填方和挖方的土方量,并绘出填挖方分界线。

在 CASS9.0 系统中,首先将方格的 4 个角上的高程相加(如果角上没有高程点,通过周围高程点内插得出其高程),取平均值与设计高程相减。然后通过指定的方格边长得到每个方格的面积,再用长方体的体积计算公式得到填挖方量。

方格网法计算简便直观,易于操作,方格网法土方计算适用于地形变化比较平缓的地形情况,用于计算场地平整的土方量较为精确,当测区地形起伏较大时,用此法计算会产生地形代表性误差,造成计算精度偏低。

用方格网法计算土方量,设计面可以是水平的,也可以是倾斜的,还可以是三角网。用复合线画出所要计算土方的闭合区域,执行"工程应用\方格网法土方计算"命令,然后按照方格网土方计算对话框进行相应设置确定后,选择土方计算封闭边界,显示挖方量、填方量。同时,图上绘出所分析的方格网,填挖方的分界线,并给出每个方格的填挖方,每行的挖方和每列的填方,结果如图 7.27 所示。

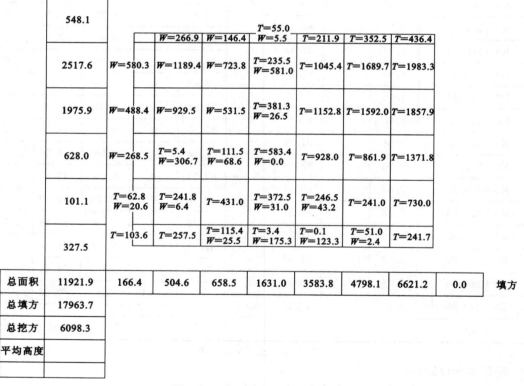

图 7.27　方格网土方计算成果图

7.2.2.4　等高线法土方量计算

当数字地形图没有对应的高程数据文件时,无法用前面的几种方法来计算土方量。如通常将纸质地形图矢量化后得到电子地图,这种情况下则可采用已有等高线计算法计算土方量。用此方法可计算任意两条等高线之间的土方量,但所选等高线在 CASS9.0 软件中要求必须是闭合的,还不能处理任意边界为多边形的情况。由于两条等高线所围面积可求,两条等高线之间的高差已知，则可求出这两条等高线之间的土方量。执行"工程应用\等高线法土方计算"命令，选择参与计算的等高线，再在屏幕上指定表格左上角位置，系统将在该点绘出计算成果表格，如图7.28所示。从表格中可以看到每条等高线围成的面积和两条相邻等高线之间的土方量以及相应的计算公式等。当然也可以采用由等高线生成数据文件后再按照前面方法进行计算。

7.2.2.5 区域土方量平衡

土方平衡的功能常在场地平整时使用。当一个场地的土方平衡时，挖方量刚好等于填方量。以填挖方边界线为界，从较高处挖得的土方直接填到区域内较低的地方，就可完成场地平整。这样可以大幅度减少运输费用。

（1）计算平整场地平均高程

在方格网中，一般认为各点间的坡度是均匀的，因此各点在格网中的位置不同，它的地面高程所影响的面积也不相同，如果以1/4方格为一单

等高线法土石方计算

计算日期：2011年10月4日　　　　计算人：

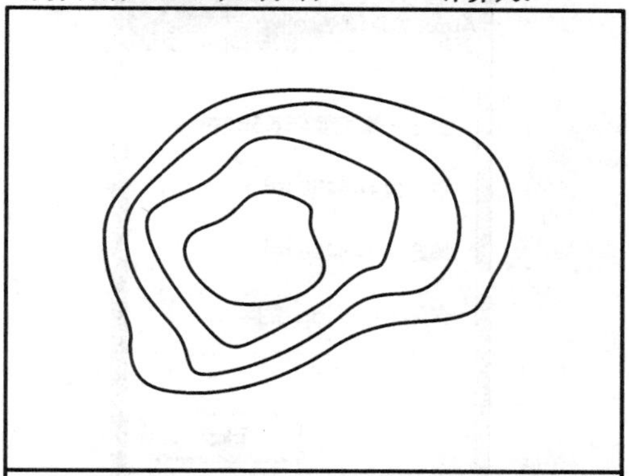

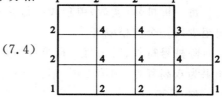

计算公式：$V=(A_1+A_2+\sqrt{A_1 \cdot A_2}) \cdot (h_2-h_1)/3$

$A_1(\text{m}^2)$	$h_2(\text{m})$	$A_2(\text{m}^2)$	$h_1(\text{m})$	$V(\text{m}^3)$
5922.88	40.000	3958.81	41.000	4907.9
3858.81	41.000	2218.57	42.000	3047.8
2219.57	42.000	734.15	43.000	1410.1
734.15	43.000	0.00	43.900	220.2
合计				8585.8

图7.28　等高线法计算土方成果示意图

位面积，定权为1，则方格网中各点高程的权分别是：角点为1，边点为2，拐点为3，中心点为4（图7.29）。这样就可以用加权平均值的算法，计算整个方格网点的地面平均高程 H_Ψ。

$$H_\Psi = \frac{\sum P_i H_i}{\sum H_i} \qquad (7.4)$$

式中　H_i——各点高程；

　　　P_i——各点高程的权。

（2）在CASS9.0软件中的计算步骤

图7.29　方格网点权系数图

在图上展绘出高程点，用复合线绘出需要进行土方平衡计算的边界。单击"工程应用\区域土方平衡\根据坐标数据文件（或根据图上高程点）"菜单项，命令行提示选择计算区域边界线，点取第一步所画闭合复合线，显示输入边界插值间隔，回车后弹出如图7.30所示土方平衡计算结果对话框，也可以生成区域土方平衡计算成果表，见图7.31。

7.2.3　断面图绘制

7.2.3.1　断面数据文件

在规划设计单位，目前在线路勘察设计工作中常用到的软件有天正、鸿业、纬地、海地道路设计等软件，这些软件对断面数据格式的要求不完全相同，主要有如下几种文本文件格式。

（1）纵断面数据文件

纵断面数据文件通常采用如下格式：

桩号　　　里程高程

AutoCAD 信息
土方平衡高度=36.569 m
挖方量=43499 m³
填方量=43498 m³
详见 dtmtf.log 文件
确定

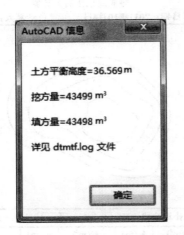

图 7.30　土方平衡计算结果对话框

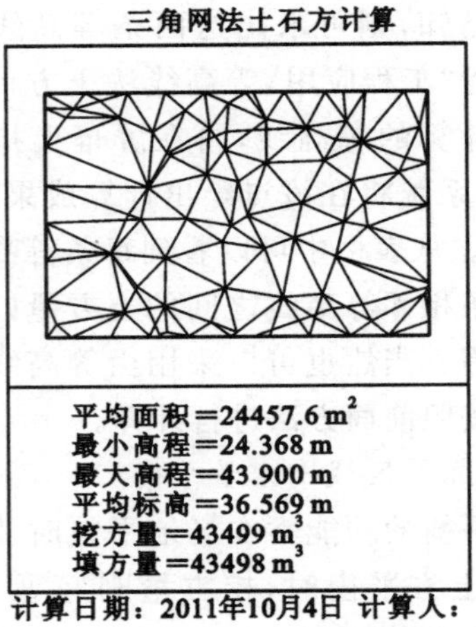

三角网法土石方计算
平均面积=24457.6 m²
最小高程=24.368 m
最大高程=43.900 m
平均标高=36.569 m
挖方量=43499 m³
填方量=43498 m³
计算日期：2011年10月4日 计算人：

图 7.31　区域土方平衡计算成果表

……

例：1200　150.236
　　1220　152.863
　　1240　153.178

(2) 横断面数据文件

横断面数据文件格式主要有以下 3 种格式。

① 横断面自然格式

每一桩桩号(实数)单独放一行并且必须以字母 K 开头。中桩处标高距离为零。数字之间至少用一个空格隔开。

除桩号行外，其余每一行第一项是测量点与中桩的距离(左侧需加负号)，第二项为标高，如果为双高程点，则第二项、第三项依次为从左到右第一标高、第二标高……

例：K60.0

−15.2　154.77

−8.7　153.86

0　153.33

6.8　153.79

14.7　153.23　152.67

21.3　152.48

② 单行格式

单行格式采用在每个中桩处的横断面数据用一行数据表示，平距左侧为负，右侧为正，标高可以是绝对高程或者相对中桩的高差。

每行数据格式为

桩号 中高 平距 标高 平距 标高……

例：K80 38.323 −28.53 −1.229 −21.66 −0.086 −8.37 0.538 5.86 0.879……

③ 三行格式

三行格式采用在每个中桩处的横断面数据用三行数据表示，每行数据格式为第一行：桩号中高；

第二行：平距标高（左侧断面数据）；

第三行：平距标高（右侧断面数据）。

（3）南方 CASS9.0 断面数据文件

在数字地形图中利用南方 CASS9.0 软件形成的断面数据文件按照如下方式进行排列：

总点数

点号，$M1$，X 坐标，Y 坐标，高程

点号，1，X 坐标，Y 坐标，高程

……

点号，$M2$，X 坐标，Y 坐标，高程

点号，2，X 坐标，Y 坐标，高程

……

点号，Mi，X 坐标，Y 坐标，高程

点号，i，X 坐标，Y 坐标，高程

……

其中，代码 Mi 表示道路中心点，代码 i 表示该点是对应 Mi 的道路横断面上的点号。

$M1$、$M2$、$M3$ 各点应按实际的道路中线点顺序，而同一横断面的各点可不按顺序。

例：1，M1，708.522，411.099，90.173

2，1，721.7860，410.908，90.242

3，1，719.690，405.228，90.284

4，1，694.710，410.667，89.890

5，1，690.551，410.040，89.631

6，1，689.392，413.865，88.435

7，1，688.080，413.485，88.404

8，1，687.938，413.477，89.645

9，1，685.240，412.393，89.641

7.2.3.2　断面图绘制方法

在 CASS9.0 里，绘制断面图的方法有 4 种，分别是由坐标文件生成、根据里程文件生成、根据等高线生成和根据三角网生成。

（1）由坐标文件生成

坐标文件指野外观测所得到的包含高程点的文件。方法如下：

先用复合线生成断面线，点取"工程应用\绘断面图\根据已知坐标"菜单项。选择断面线，用鼠标点取上步所绘断面线，屏幕上弹出"断面线上取值"对话框，如图 7.32 所示，选择"已知坐标获取方式"栏，如果选择"由数据文件生成"，则在"坐标数据文件名"栏，选择高程点数据文件。如果选"由图面高程点生成"，此步则为在图上选取高程点，前提是图面存在高程点，否则此方法无法生成断面图。

输入采样点的间距，系统的默认值为 20 m。采样点间距的含义是复合线上两顶点之间若大于此间距，则每隔此间距内插一个点。输入起始里程，系统默认起始里程为 0。点击"确定"之后，屏幕弹出绘制纵断面图对话框，与前面图 7.23 断面法计算土方量一样。输入相关参数，

图 7.32　根据已知坐标绘断面图

点击"确定"。

命令栏提示：

断面图位置：

可以手工输入，亦可在图面上拾取。

这时在屏幕上出现所选断面线的断面图。如图 7.33 所示。

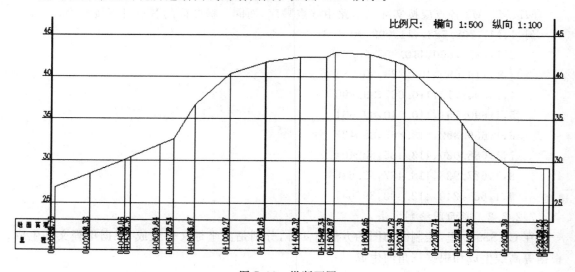

图 7.33　纵断面图

（2）根据里程文件生成断面图

一个里程文件可包含多个断面的信息，此时绘断面图就可一次绘出多个断面。里程文件的一个断面信息内允许有该断面不同时期的断面数据，这样绘制这个断面时就可以同时绘出实际断面线和设计断面线。

（3）根据等高线生成断面图

如果图面存在等高线，则可以根据断面线与等高线的交点来绘制纵断面图。单击"工程应用\绘断面图\根据等高线"菜单项，按照命令行提示：

请选取断面线：

选择要绘制断面图的断面线后屏幕弹出绘制纵断面图对话框，操作方法详见根据坐标文件生成断面图。

（4）根据三角网生成断面图

如果图面存在三角网,则可以根据断面线与三角网的交点来绘制纵断面图。选择"工程应用\绘断面图\根据三角网"菜单项,命令行提示:

请选取断面线:

选择要绘制断面图的断面线,屏幕弹出绘制纵断面图对话框,操作方法与前面所讲相同。

7.2.4　坐标变换

此项功能是将图形或数据从一个坐标系转到另外一个坐标系,只限于平面直角坐标系,且只是对图形或数据进行一个平移、旋转、拉伸,而不是坐标的换带计算。执行"地物编辑\坐标转换"命令后,系统会弹出如图 7.34 所示对话框。用户拾取两个或两个以上公共点,计算出四参数,就可以进行整图转换或数据转换。

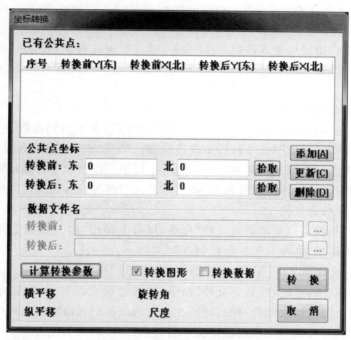

图 7.34　"坐标变换"对话框

7.3　数　据　交　换

7.3.1　CASS9.0 数据与 GIS 软件的接口

7.3.1.1　输出 Arc/Info shp 格式文件

执行"检查入库\输出 Arc/Info shp 格式"命令,在弹出的对话框中输入相关信息按"确定"键,选择文件保存路径后,单击"确定"按钮,即将所选图形对象数据输出到设定的数据文件中。

7.3.1.2　输出 MapInfo mif/mid 格式文件

执行"检查入库\MapInfo mif/mid 格式"命令,在弹出的对话框中输入相关信息后按"确定"键,选择文件保存路径后,单击"确定"按钮,即将所选图形对象数据输出到设定的数据文件中。

7.3.1.3　输出国家空间矢量格式文件

GIS 软件种类众多,范围广泛,为了使不同的 GIS 系统可以互相交换空间数据,在世界范围内都制定了很多标准。我国也对国内的 GIS 软件制定了一个标准,也就是国家空间矢量格式,并要求所有的 GIS 系统都能支持这一标准接口。

执行"数据\输出国家空间矢量格式"命令,在弹出的对话框中输入数据文件名,单击"保存"按钮,即将当前图形的全部对象数据输出到设定的数据文件中。

7.3.2　系统交换文本文件之间的转换

7.3.2.1　生成数据文件

(1) 指定点生成数据文件

执行"工程应用\指定点生成数据文件"命令,输入数据文件名,用鼠标单击需要生成数据的点,按命令行提示输入地物代码、高程后,系统将坐标、代码、高程自动追加到前面输入的数据文件中。

(2) 高程点生成数据文件

执行"工程应用\高程点生成数据文件\有编码高程点(或无编码高程点、无编码水深点)"命令,输入数据文件名后,按照命令行提示进行选择。如果选择无编码高程点生成数据文件,则首先要保证高程点和高程注记必须各自在同一个层中。按照命令行提示输入高程点所在的层名和高程注记所在的层名后,系统提示"共读入××个高程点",表示成功生成了数据文件。

(3) 控制点生成数据文件

执行"工程应用\控制点生成数据文件"命令,屏幕上弹出"输入数据文件名"对话框,来保存数据文件。系统提示"共读入××个控制点"。

(4) 等高线生成数据文件

执行"工程应用\等高线生成数据文件"命令,输入数据文件名后,按照命令行提示进行选择后,系统自动分析图上绘出的等高线,将所在结点的坐标记入给定的文件中。等高线滤波后结点数会少得多,这样可以缩小生成数据文件的大小。

7.3.2.2　生成交换文件

(1) 生成数据交换文件

数据交换文件是扩展名为"CAS"的文本格式文件。该文件包含有当前图形全部对象的所有几何信息和属性信息,在经过一定的处理后便可以将数字地图的相关信息导入 GIS 系统。

执行"数据\生成交换文件"命令,在弹出的标准文件选择对话框中键入要生成的数据文件名,单击"保存"按钮,即将当前图形的全部对象数据输出到给定的数据文件中。

(2) 读入数据交换文件

执行"数据\读入交换文件"命令,屏幕上弹出输入交换文件名对话框,可以将 CAS 格式的文件读入 CASS 中。若当前图形还没有设定比例尺,系统会提示用户输入比例尺。系统根据交换文件的坐标设定图形显示范围,以便交换文件中的所有内容都可以包含在屏幕显示区中央。系统逐行读出交换文件的各图层、各实体的各项空间或非空间信息并将其画出来，同时，各实体的属性代码也被加入。

思考与练习

7.1　数字地形图成果有哪些基本应用？

7.2　在南方 CASS9.0 软件中如何生成里程文件？

7.3　土石方计算有哪些方法，在南方 CASS9.0 软件中如何进行？

7.4　断面数据文件有哪些常见格式，各有什么特点？

7.5　数字地面模型有哪些基本应用？

7.6　绘制断面图有几种方法？

7.7　为什么要进行坐标转换？在转换过程中需要注意些什么问题？

8 数字测绘与 GIS 技术

8.1 GIS 技术与数字测绘技术

8.1.1 GIS 技术

地理信息系统(Geographical Information System,GIS)是一种特定而又十分重要的空间信息系统。它是在计算机硬件与软件支持下,运用系统工程和信息科学的理论,科学管理和综合分析具有空间内涵的地理数据,以提供对规划、管理、决策和研究所需信息的空间信息系统。

GIS 具有信息系统的各种特点,它与其他信息系统的主要区别在于其存储和处理的信息是经过地理编码的,地理位置及与该位置有关的地物属性信息成为信息检索的重要部分。在地理信息系统中,现实世界被表达成一系列的地理要素和地理现象,这些地理特征至少由空间位置参考信息和非空间位置信息两个部分组成。

GIS 的定义是由两个部分组成的。一方面,地理信息系统是一门学科,是描述、存储、分析和输出空间信息的理论和方法的一门新兴的交叉学科;另一方面,地理信息系统是一个技术系统,是以地理空间数据库(Geospatial Database)为基础,采用地理模型分析方法,适时提供多种空间的和动态的地理信息,为地理研究和地理决策服务的计算机技术系统。

GIS 是现代科学技术发展和社会需求的产物。人口、资源、环境、灾害是影响人类生存与发展的四大基本问题,为了解决这些问题,则必须要自然科学、工程技术、社会科学等多学科、多手段联合攻关。于是,许多不同的学科,包括地理学、测量学、地图制图学、摄影测量与遥感学、计算机科学、数学、统计学以及一切与处理和分析空间数据有关的学科,寻找一种能采集、存储、检索、变换、处理和显示输出从自然界和人类社会获取的各式各样数据、信息的强有力工具,其归宿就是地理信息系统,或称空间信息系统、资源与环境信息系统。因此,GIS 明显具有多学科交叉的特征,它既要吸取诸多相关学科的精华和营养,并逐步形成独立的边缘学科,又要被多个相关学科所运用,并推动它们相互之间的发展。

8.1.2 GIS 技术与数字测绘技术的关系

数字测绘技术是通过数字手段进行的测绘工作,其产品是数字地图,数字测绘技术不但为 GIS 提供快速、可靠、多时相和廉价的多种信息源,而且它们中的许多理论和算法可直接用于空间数据的变换和处理。

数字地图是记录地理信息的一种图形语言形式,从历史发展的角度来看,GIS 脱胎于地图,地图学理论与方法对 GIS 的发展有着重要的影响。GIS 是地图信息的又一种新的载体形式,它具有存储、分析、显示和传输空间信息的功能;尤其是数字地图为地图特征的数字表达、操作和显示提供了一系列方法,为 GIS 的图形输出设计提供了技术支持;同时,地图仍是目前

GIS 的重要数据来源之一。但二者又有本质的区别：地图强调的是符号化与显示，而 GIS 更注重于信息分析。

数字地图是 GIS 的重要组成部分。首先表现在数字地图是地理信息系统重要的数据源，数字地图制图系统中存储和管理的信息往往是地理信息系统所需要的。其次，地理信息系统中，处理分析结果常以数字地图形式来表现和输出。

尽管利用数字地图的集合，可以建立一个数字地图库，并用数据库管理技术对其实现查询和检索功能，但它绝不可能像地理信息系统那样提出规划和决策方案。这是因为地理信息系统中往往根据不同专业要求配有相应的分析模型，因此它有很强的处理分析能力。

GIS 是按数据库管理系统，将图形数据和属性数据统一进行存储、处理和分析。它强调的是空间数据的结构和分析，因此，它不仅有图形数据库，还有非图形数据库，并把两者结合起来进行深层分析。

GIS 为了保持系统的动态性和现势性，它还要求及时地更新系统中的数据。目前地理信息系统中存储的信息只是现实世界的一个静态模型，需要定时或及时的更新。数字测绘技术作为一种获取和更新空间数据的强有力手段，能及时地提供准确、综合和大范围内进行动态检测的各种资源与环境数据，因此数字测绘所得到的信息就成为地理信息系统十分重要的信息源。在两者集成过程中，GIS 主要用于数据处理、操作和分析，而数字测绘技术则是一种数据获取、维护与更新 GIS 中的数据的手段。

8.2 MapGIS6.7 地理信息系统软件简介

MapGIS6.7 是武汉中地信息工程有限公司研制的具有自主版权的大型基础地理信息系统平台。它是一个集当代最先进的图形、图像、地质、地理、遥感、测绘、人工智能、计算机科学于一体的大型智能软件系统，是集数字制图、数据库管理及空间分析为一体的空间信息系统，是进行现代化管理和决策的先进工具。

8.2.1 MapGIS6.7 主要模块

MapGIS6.7 主要功能模块有图形处理、库管理、空间分析、图像处理和实用服务。其中图形处理主要功能有数字测图、输入编辑、输出和文件转换；库管理主要功能有数据库管理、属性库管理、地图库管理和影像库管理；空间分析主要功能有空间分析、DTM 分析、网络编辑和网络分析；图像处理主要功能有图像分析、电子沙盘和高程库管理；实用服务主要功能有投影转换、误差校正、图形裁剪、报表编辑和集成网路分析等。

8.2.1.1 图形处理

（1）数字测图（MapSuv）

MapSuv 是在 MapGIS6.7 平台上开发的大比例尺数字测图系统，图式符号及编码采用国家标准，并采用开放形式，用户可自定义编码及制作符号。MapSuv 在数据采集时提供了多种测量方法和解析算法，其中涉及的大部分词语为测量专业用语，便于用户的理解并快速掌握；在数据格式上与 MapGIS6.7 及其子系统保持一致。用该系统进行外业空间数据和属性的采集，可以直接存储为 MapGIS6.7 标准的点、线、面文件。它具有标准性、通用性、灵活性和易用性等特点。在后面我们将主要介绍其使用方法。

（2）输入编辑

该模块用来编辑修改矢量结构的点、线、区域的空间位置及其图形属性,增加或删除点、线、区域边界,并适时自动校正拓扑关系。图形编辑子系统是对图形数据库中的图形进行编辑、修改、检索、造区等,从而使输入的图形更准确、更丰富、更美观。

MapGIS6.7 把地图数据根据基本形状分为三类:点数据、线数据和区数据(亦称为面数据)。与之相对应,文件的基本类型也分为三类:点文件(∗.WT)、线文件(∗.WL)和区文件(∗.WP)。只有包括所有地图数据的三类文件都叠加起来时,才能构成一幅完整的地图。那么怎样才能一次调出构成一幅完整地图的所有文件呢? 为了解决这个问题,该系统采用工程文件(∗.MPJ)来管理这三类文件。

点是地图数据中点状物的统称,是由一个控制点决定其位置的符号或注释,它不是一个简单的点,而是包括各种注释(英文、汉字、阿拉伯数字等)和专用符号(包括圆、弧、直线、五角星、亭子等各类符号),它与线编辑中"线上加点"的点的概念不同,"线上加点"的点是坐标点。所有的点图元数据都保存在点文件中(∗.WT);线是地图中线状物的统称,MapGIS6.7 将各种线型(如点画线、省界、国界、等高线、路、河堤)以线为单位作为线图元来编辑,所有的线图元数据都保存在线文件中(∗.WL);区通常也称面,它是由首尾相连的弧段组成封闭图形,并以颜色和花纹图案填充封闭图形所形成的一个区域,如湖泊、居民地等,所有的区图元数据都保存在区文件中(∗.WP)。在 GIS 的应用中,同一文件中有多种类型的地理要素,如一个线文件中可能包括等高线、公路、铁路、河流等多种类型的线。为了便于编辑和管理,一般情况下,可以把同一类型的地理要素放到同一图层,例如:将所有的铁路线都放到铁路图层,而把所有的等高线都存放到等高线图层,这样所有的图层都叠加起来就构成了一个完整的线文件。特殊情况下,一个图层也可存为一个单独的文件。工程文件(∗.MPJ)是由一个或多个点文件、线文件和区文件组成,工程文件其实质是点文件、线文件和区文件的路径链接。

输入编辑系统可以对地图符号进行编辑,形成 MapGIS6.7 的各种专用的符号库。

（3）文件转换

该模块是为 MapGIS6.7 系统能和其他系统软件进行资源共享和进行数据交换所准备的,为实现与不同系统间的数据转换提供接口文件。输入接口,即能接收的文件类型,可转成 MapGIS6.7 格式的类型;输出接口,即转出文件类型,将 MapGIS6.7 文件转成其他格式文件类型。MapGIS6.7 可以相互转换的文件类型有:MapGIS6.7 的点、线、面和明码文件,AutoCAD的 DXF 格式文件,MapINFO 的 MIF 文件,ArcINFO 的 DLG 和 E00 文件,ArcGIS 的 SHP 文件,国土资源部 SDTF 的 VCT 文件和 Microstation 的 DGN 文件等。

8.2.1.2 库管理

（1）数据库管理

主要是通过 MapGIS6.7 和 SQL Server 数据库服务器或者 ORACLE 数据库服务器相结合对 GIS 数据库进行数据录入、备份、维护和管理。

（2）属性库管理

MapGIS6.7 属性管理子系统专门用于定义矢量数据的属性结构,并且进行可视化编辑。它还提供了强有力的多媒体属性库创建、编辑工具。一般说来,属性编辑在空间数据编辑之后进行,在建立数据库之前完成,当然,在属性管理子系统确定了属性结构之后,用户也可以在 MapGIS6.7 编辑系统中一边修改图形一边编辑图元属性。在 MapGIS6.7 系统中包含点、线、区、网、表五类文件,而区包括弧段和区域两种实体数据,相应的属性也分为点属性、线属性、区属性、弧段属性和结点属性五种。

(3) 地图库管理

地图数据库在整个 MapGIS6.7 地理信息系统的各个环节的主要作用如下:在数据获取的过程中,它用于存储和管理地图信息;在数据处理的过程中,它既是资料的提供者,也可以是处理结果的归宿处;在检索和输出的过程中,它是形成绘图文件或各类地理数据文件的数据源。

MapGIS6.7 地图库管理子系统属于通用的地图数据库管理系统。系统采用了层类的概念,以图幅为单位来管理地图数据。每个图幅由若干层组成。这使得图库管理更有层次感,更具条理性。它给用户提供了灵活直观的数据入库手段、多种强有力的数据查询途径。针对地图数据库管理的特殊性,本系统给用户提供了图幅与图幅之间的线和区的接边功能,以消除相邻图幅间的接合误差,使这些图幅拼接成为一幅完整地图时,不会让人感到整幅图是分块的结果。

由于图纸变形或者数据录入过程出现误差等缘故,带有某种程度的扭曲或移动,若这样的图幅不经过校正便做拼接工作的话,得到的地图质量可想而知,因此,如果数据存在误差,在地图数据进库之前,必须进行校正。MapGIS6.7 的误差校正子系统提供了线性变换和非线性变换两种,用户可根据具体情况选用。

(4) 影像库管理

影像库管理的主要功能是对 MapGIS6.7 的专用图像文件格式(* . MSI)进行管理,最后通过图像的控制点来显示多幅图像。管理的方案主要是通过文件的文件名进行存储,在显示图像时通过对文件的查找、连接、处理,最后达到显示功能。影像库文件是一种文本文件,其扩展名为 MSD,其格式为:第一行为文件的版本号,MapGIS6.7 的版本号为 MsiDataBase6.0 版;第二行为文件的行列数,行数为从第三行到最后一行的数目,列数为一列;第三行为提示行,写入"文件名";第四行到最后一行为存储的文件名。文件名存储的是文件的绝对路径名,文件名中不能有";"号,文件中每行前后不能有空格。

8.2.1.3   空间分析

(1) 空间分析

空间分析是 GIS 系统的重要功能之一,是 GIS 系统与计算机辅助绘图系统的主要区别。空间分析的对象是一系列跟空间位置有关的数据,这些数据包括空间坐标和专业属性两部分。其中空间坐标用于描述实体的空间位置和几何形态;专业属性则是实体某一方面的性质。空间分析子系统提供了一系列数据操作功能,如空间叠加、属性分析、数据检索、三维模型分析等功能。借助于这些功能,用户能够从原始数据中图示检索或条件检索出某些实体数据,还可以进行空间叠加分析,以及对各类实体的属性数据进行统计。用户可重复使用各种分析工具,最终得出希望的结果。

(2) DEM 分析

数字高程模型(DEM)分析是对已有的观测数据经过专业处理产生,然后利用计算机自动产生各类专业地学图件并进行各类专业分析。数字高程模型子系统完成此类图形数据的处理及专业地学图件的自动生成。系统提供了两种原始数据建模的方法:一是当观测数据是等高线数据的时候,二是当观测数据是离散点数据的时候。可选择使用不同的流程形成高程数据文件,主要是对 GRD 模型和 TIN 模型的操作和应用。

（3）网络分析

MapGIS6.7 网络管理分析子系统提供了各类管理网络（如自来水管网、煤气管网、交通网、电讯网等）的手段，用户可以利用此子系统迅速直观地构造整个网络，建立与网络元素相关的属性数据库，可以随时对网络元素及其属性进行编辑和更新；系统提供了丰富有力的网络查询检索及分析功能，用户可用鼠标指点查询，也可输入任意条件进行检索，还可以查看和输出横断面图、纵断面图和三维立体图；系统还提供网络应用中具有普遍意义的开关阀门搜索、最短路径、最佳路径、资源分配等功能，从而可以有效支持紧急情况处理和辅助决策。

8.2.1.4　图像处理

（1）图像分析

多源图像处理分析系统（MsiProc）是一个集成分析处理、编辑等功能的专业图像处理软件，它能对各种栅格化数据（包括各种遥感数据、航测数据、航空雷达数据、各种摄影图像数据，以及通过数据化和网格化得到的地质图、地形图，各种地球物理、地球化学数据和其他专业图像数据）进行分析处理。主要具有以下功能：

① 数据转换：支持系统专用影像文件格式（＊.MSI）与常用的各种影像数据格式文件（如Tiff、GeoTiff、Raw、Bmp、Jpeg 等）的输入输出转换，以及 MSI 与 MapGIS6.7 其他子系统数据文件格式（如 ＊.GRD，＊.RBM）的相互转换。此外系统还支持源格式影像数据的输入输出。

② 图像显示：支持各种类型影像数据的显示漫游、像元灰度信息检索和空间位置查询、直方图（灰度、RGB 及多信道的直方图）信息显示、图像直方图的动态编辑显示。

③ 图像分析处理：支持各种低频、高频、线性和非线性函数的滤波增强和自定义滤波变换；支持多种彩色模型的彩色合成及分解，色度空间变换；支持图像的自定义算术表达式运算；提供方便灵活的感兴趣区的编辑。

④ 图像分类：提供统计分类功能，包括直方图统计、多元统计、主成分分析、非监督分类（平行六面体分类、最小距离分类和广义距离分类）、监督分类（平行六面体分类、最小距离分类和广义距离分类）和分类后处理；支持可视化的监督学习。

⑤ 图像镶嵌配准：提供图像控制点编辑、图像之间的配准、图像与图形之间的配准、图像镶嵌、图像的几何校正、图像重采样以及 DRG 数据生产。

⑥ 图像融合：提供图像的加权融合、IHS 彩色空间变换融合、基于小波的 IHS 变换融合和基于小波的特征融合。

⑦ 图像裁剪：支持对图像进行任意形状的裁剪。

⑧ 图像编辑：支持对图像进行复制、粘贴、拷贝、画线、画点处理。

⑨ 栅格矢量转换：支持栅格影像文件和矢量文件的相互转换。

⑩ API 开发函数库：定义了支持各种功能多数据源的 MSI 栅格数据格式，支持所有的数据类型，包括从 8 位的字节数据到 64 位的双精度浮点数据，完成了 16 位和 32 位的图像处理和分析函数库。

（2）电子沙盘

电子沙盘是一个三维交互地形可视化系统，系统提供了三维交互地形可视化环境，利用DEM 数据与专业图像数据，DTM3DFLY 可生成二维和三维透视景观，通过交互地调整飞行方向、观察方向、飞行观察位置、飞行高度等参数，就可生成接近实时的飞行鸟瞰景观。系统提供的交互工具，可实时地调节各三维透视参数和三维飞行参数；此外，系统也允许预先精确的编辑飞行路径,然后沿飞行路径进行三维场景飞行浏览。

三维交互地形可视化系统主要用途包括:地形踏勘、野外作业设计、野外作业彩排、环境监测、可视化环境评估、地质构造识别、工程设计、野外选址(电力线路设计及选址、公路铁路设计及选址)、DEM 数据质量评估等。

8.2.1.5 实用服务

(1) 投影转换

地图投影转换是研究从一种地图投影点的坐标转换为另一种地图投影点的坐标的理论和方法。在大地测量和地形测量中,往往需要进行不同坐标系间的坐标转换,即坐标换带计算。该模块提供了通过两种坐标投影下的对应点的坐标、投影参数、椭球参数和比例尺的设置来实现不同投影下的坐标转换。同时还提供了标准地形图图框和任意土地利用图框的生成。

(2) 误差校正

图件数字化输入的过程中,通常由于操作误差、数字化设备精度、图纸变形等因素,使输入后的图形与实际图形所在的位置往往有偏差,即存在误差。个别图元经编辑修改后,虽可满足精度,但有些图元,由于位置发生偏移,虽经编辑,但仍很难达到实际要求的精度,此时,说明图形经扫描输入或数字化输入后,存在着变形或畸变。出现变形的图形,必须经过误差校正,清除输入图形的变形,才能使之满足实际要求。

为了对输入的图元文件进行校正,首先得确定图形的控制点。我们这里所说的图形控制点,是指能代表图形某块位置坐标的变形情况,其实际值和理论值都是已知或可求得的点。控制点的选取应尽量能覆盖全图,而且均匀,至于控制点的多少则要根据实际情况,若图件较大,要求的控制点就多,这样才能保证较高的精度。

具体操作是在"文件/打开控制点",打开或新建控制点文件;装入并显示图形文件,通过"设置控制点参数"功能设置控制点的数据值类型为实际值,通过"选择采集文件"功能选择控制点所在的文件,然后通过"添加控制点"功能直接在图上采集图形中控制点的实际值;直接从键盘输入控制点的理论值或从标准数据文件中采集理论值;显示或编辑校正控制点,检查是否正确,输入完毕后进行保存;设置校正参数,进行相应文件校正;显示校正后的图元文件,检查校正效果,若未能达到要求的精度,请检查控制点的质量和精度。

(3) 图形裁剪

裁剪实用程序提供对图形文件(点文件、线文件、区文件)进行任意裁剪的手段。裁剪方式有内裁剪和外裁剪。内裁剪即裁剪后保留裁剪框里面的部分,外裁剪则是裁剪后保留裁剪框外面的部分。功能包括:定义裁剪框、定义裁剪工程、编辑裁剪工程。定义好裁剪工程后,就可以开始裁剪,裁剪程序根据裁剪工程中的内容逐项进行,并将裁剪结果存到裁剪结果文件中。如果没指定裁剪结果文件名,系统将不进行任何操作。

(4) 报表编辑

MapGIS6.7 报表编辑系统是一个多用途的表处理应用程序。应用该系统可以方便地构造各种类型的表格与报表,并在表格内随意地编排各种文字信息,并根据需求打印出来。作为MapGIS6.7 地理信息系统的组成部分,它可以接收由其他应用程序输出的属性数据,并将这些数据以规定的报表格式打印出来。

8.2.2　MapGIS6.7数字测图模块

MapGIS6.7数字测图模块(MapSuv)是一个完整的数字测图、成图软件,它既可以采用野外测记,室内成图;也可以采用电子平板测绘模式,内外业一体化,实时成图。它具有数据采集、输入、数据处理、成图、图形编辑与修改及绘图等功能。借助 MaPCAD 强大的编辑功能,可以自动生成和维护拓扑关系,输入图形属性信息,同时可以输出符合国家标准图式的图形。MapSuv 是以 MapGIS6.7 为平台开发的,在数据格式上与 MapGIS6.7 及其子系统保持一致,用该系统进行外业空间数据和属性的采集,可以直接存储为 MapGIS6.7 标准的点、线、面文件,即进入 MapGIS6.7 及其子系统无须进行转换,避免数据转换时造成的数据信息的丢失或混乱。MapSuv 在数据采集时提供了多种方法,其中涉及的大部分词语为测量专业用语,便于理解并快速掌握。MapSuv 大体分为四大模块:控制测量、碎部测量、地物编辑、成果输出,系统还提供了修编与查询功能。

8.2.2.1　MapGIS6.7数字测图模块(MapSuv)主界面

启动 MapSuv 前,先要进行系统库设置,在设置系统库中选择 MapGIS6.7\SuvSLIB 系统库后,选择"图像处理"中"数字测图"模块,启动后点击"文件/新建"菜单,将会弹出如图 8.1 所示对话框。

图 8.1　新建测量工程文件对话框

我们新建一个测量文件,然后将文件保存,就进入 MapSuv 的主界面。如图 8.2 所示。

MapSuv 操作界面上有两个窗口,主窗口的顶部是菜单栏,菜单栏下面是工具条,工具条可用鼠标将其拖动并停靠在主窗口的左侧或右侧,中间的窗口是绘图窗口,也是当前工作区的显示窗口,用来显示用户的数据,窗口的底部是状态栏。如果显示的是测图工程,那么主窗口右边会显示控制台,可用鼠标将工具条拖动,控制台通过其下边的标签在编码、图层和测量控制面板之间进行切换。测点录入、地物点列的录入与编辑主要通过左边的工作台来进行。

窗口标题:一般显示当前工程名或一些提示信息,当标题变蓝时,表示当前工作区处于活动中。

状态栏:用于显示当前的状态,包括鼠标当前的位置、当前测站、当前的长度和角度的单位;当鼠标移动到测点上时,将显示该点的点名;当鼠标停留在菜单上时,显示菜单提示信息。

工具条:包括一个基本工具条和多个编辑工具条,提供执行常用命令的快捷方式,避免在

图 8.2　MapSuv 主界面

多级菜单中选择。还可以选择"显示"菜单中的"工具栏调整"控制工具条的显示状态。

主菜单：MapSuv 有 12 个主菜单，下面将一一介绍。

（1）文件菜单

提供处理 MapSuv 文件的新建、打开、保存、添加合并、局部提取；工作环境设置；DXF 格式数据的输入/输出；其他文件数据转换操作等。

（2）显示菜单

调整工作台、工具栏和状态栏的显示状态（打开或关闭），设置状态栏显示参数，设置测区显示数据的类别与方式，鼠标即时捕捉测点，窗口自动漫游，对窗口的放大、缩小、移动、复位、定位、清除、更新，以及多窗口的层叠、平铺等操作。

（3）作业准备菜单

作业准备菜单包括全站仪安装、测站设置、控制点测量、测区设置等多个子菜单。主要是碎部测量前的准备工作，如连接全站仪、记录用于导线平差的仪器改正参数、设置测站、导线测量、导线平差，以及向全站仪传输数据等的操作。

（4）点编辑菜单

该组菜单内包含了对于测点的多种操作方法，如：鼠标加点、测量加点、由地理底图取点、合并点、移动点、查询点等。其中测量加点含有多种测量方法和解析算法，如极坐标法、视距法、十字尺法、交会法、中心道路法等，也可以直接输入测点的三维坐标，即坐标输入法。

（5）地物编辑菜单

地物在 MapSuv 中是非常重要的一个操作对象，因为它不但通过子图、线型、填充图案表现了现实地形地物的几何形状与地理位置，而且还带了与地物相关的属性，例如：房屋的结构与楼层、宗地的面积与宗地号等。该组菜单提供了对这个对象的所有操作，如新建、查看、移动、复制、删除等。

（6）注记菜单

主要是注记高程和地物说明（例如河流名称、山名等），并且提供添加、删除、移动、打散、接合、修改内容、修改参数的功能。注记地物说明的时候，还可以选择"字头正北"和"均匀分布"。"均匀分布"就是在鼠标左键按下和弹起的线段上均匀放置注记中的每一个字符。

（7）等高线菜单

等高线的处理是测图软件的重要模块，等高线的生成过程主要是根据高程点建立三角网，根据实地情况对三角网进行局部修改后，根据三角网追踪生成等高线。该组菜单的操作对象就是高程点、三角网和等高线。

（8）地籍菜单

该组菜单主要是与地籍信息相关的一些操作。用于系统的基于 MapGIS6.7 开发的地籍管理系统。MapSuv 根据宗地所带的属性可以生成多种地籍报表，如界址点成果表、宗地面积汇总表等；可以设置宗地显示信息，选择是否自动注记宗地号、边长、面积、界址点号等；可以根据地籍模板或者多边形裁剪输出宗地图；可以输出宗地数据文件（＊.ZD）。

（9）数据处理菜单

该组菜单主要涉及的是文本、图形和属性数据的输出，根据测量数据的用途系统提供了不同数据的多种输出方式：输出控制点、测点、高程点，输出成果图形，按测区提取图幅等。同时可以将地物属性输出为文本文件、MapGIS6.7 的图形文件或者表文件（＊.WB），可以进行整图变换：旋转、平移和根据点变换。

（10）修测菜单

在专题图制作时，需要从工作底图上提取相关要素，也可以进行地图的变更修测，该菜单主要有底图点、线、面的编辑和要素提取等功能。

（11）工具菜单

本菜单下提供了一些辅助操作员对工作区数据进行管理的功能。对编码表的管理：将全部或者常用的编码信息输出为文本文件，对测点间方位角和距离的查询，图元错误编码的自动查找；当前工作区内的测点、控制点、线、区总数的统计及系统参数、设置底图颜色以及删除时询问开关、符号箱、定时保存功能等。

（12）设置菜单

本菜单下主要有环境参数、环境目录的设置、用户自定义菜单，编辑是捕捉设置以及选项里对测点、地物和宗地等的设置。

（13）帮助菜单

该菜单含有 MapSuv 的在线帮助、中地公司的简介、中地公司联系电话及 E-mail 地址。使用在线帮助的时候，可以将鼠标停留在菜单上，然后按 F1 键，就会启动在线帮助，并显示关于该菜单的使用说明。

8.2.2.2　作业方式

（1）电子平板数据采集

采用便携式电脑与全站仪结合进行外业数据采集的方式，具有直观、准确性强、操作简单等特点，实现了现测现绘。MapSuv 提供两种方式：一是联机式，即用传输线将电脑与全站仪连接；二是独立式，即电脑与全站仪各自独立。前者是数据通过传输线由全站仪输入电脑直接进入 MapSuv,优点是数据输入准确快速,操作员工作量小,适用于测站少而且同一个测站的测点较多的情况;后者是数据由操作员手工敲入 MapSuv,优点是移动方便、设站时间短。

作业流程:架设全站仪,设站定向;将全站仪与便携机用传输电缆连接;进入 MapSuv 新建工程后,安装全站仪,选择"测量准备/安装全站仪菜单",测试通信是否正常;编辑控制点(如果已有控制点文件,可以用"录入文件数据");然后进行测站设置和测站检核;最后就可以进行全站仪数据采集来获得点的坐标,边测量边绘图,可以选择其他解析的测量方法进行碎部点的录入。

（2）使用全站仪内存

这种方法就是前面讲的测记法,应用全站仪采集外业数据,存储于全站仪的内存中,然后用 MapSuv 读取全站仪内存数据,进行编辑处理。MapSuv 支持索佳、徕卡、拓普康、宾得、捷创力、北光、杰科、南方等系列全站仪的内存数据格式。

作业流程:将全站仪与计算机用传输电缆连接;进入 MapSuv 系统,在"安装全站仪"下测试通信是否正常;将全站仪设置成发送数据,在"工具/读全站仪文件"菜单栏进行数据下载;选择上一步生成的文件为源文件,指定存放分类后的数据路径和文件名,选择全站仪类型,指定源文件数据类别,选择一个包含测点坐标数据的类进行转换;进行录入文件数据,选择上一步生成的文件为源文件,指定数据起始位置,设定数据分隔符,检测分隔正确性。如果数据不含有编码,编码后输入－1;最后配合草图或编码进行数据编辑成图。

8.2.2.3　MapSuv 成图简介

（1）野外采集测量数据的输入

从文件中读取测点信息要使用"工具/录入文件数据"菜单,这里需要注意的是,能够被读取数据的文件必须符合一定的文件格式,如图 8.3 所示,主要是设置好分隔符以及每列数据所对应的列号,然后检查,确认正确后点击数据录入。如果点名不可见,在"显示/显示测定信息"菜单下进行设置。

图 8.3　MapSuv"录入文件数据"对话框

（2）地物编辑

地物编辑前设置捕捉距离并打开捕捉。图形与属性编辑的对象是测点、地物、注记和等高线。主要的操作有添加、修改和删除,但是为了提高编图速度,同样的操作却提供了多种方式,例如添加一个新测点,就有"自由加点"和"测量加点",添加测点的同时将该测点加入到地物中的"地物加点"。合理地使用这些方法可以大大提高效率,下面介绍基本的编辑操作步骤。

① 编辑测点

测点是地物的特征点,例如房屋的房角、输电线经过的电杆等,是图上构建地物和生成等高线的基础。为了保证测图的精度,要求每个测点都是测量所得,但是在实际工作中经常碰到一些点因为地形或障碍物的影响无法直接进行测量,这些点一般使用几何方法计算得到,所以系统提供了多种测量方法和解析算法。还有一些点的坐标是比较随意的,例如小面积的花坛或稻田,此时就可以使用"自由加点"加入点,然后再在该点上建立表示花坛或稻田符号的独立地物,还可以使用最简便的方法,就是用符号箱直接建立地物。

对于测点的点名、编码和高程值,可以直接显示在测点位置的附近,而且显示的大小、颜色、位置偏移都可以随时调整,这就要使用"显示/显示测点信息"菜单进行设置,在该对话框上还可以控制分别显示测点与解析点和设置底图显示颜色。

② 绘制地物

地物可以看做是图形与属性的结合体,它不但表示了几何形状,还根据地物的类型带有不同的属性。例如:"房屋"带有结构和楼层数的属性,"界址点"带有界址点号、界标类型和界标等级的属性。

在输入地物,也就是根据已有的点来画地物时,本系统提供了两种方式,一种是直接利用符号箱来画地物;另一种是先画线形,在画完线形以后我们在弹出的对话框里输入地物相应的编码即可。

图 8.4　MapSuv 精简符号箱

a. 根据符号箱来画地物:应用"工具菜单/符号箱"菜单项打开符号箱,其中有两种符号箱:一种是精简的,如图 8.4 所示,它包含了一些我们常用的符号;一种是完整的,它包含了符号库里所有的符号。在符号箱里的地物,很多都有两种画法,有的是依比例尺和不依比例尺的,有的是既可以画点又可以画线的,而有的则是既可以画点又可以画面状符号。在打开符号箱时,会有一个工具条打开,用鼠标左键点击符号箱里面的按钮,再选择我们画地物时所需的符号。打开"显示/显示捕捉"菜单,鼠标移动到测点时可以看到测点的点号变成黄色,证明已经捕捉到此点,然后就可以开始画地物了。用此方法画地物,对于不存在的点,我们首先要用解析方法把点求出来后再画地物。当然系统也提供了一些捕捉功能,以满足在画地物时的需要,比如捕捉线中点、线上点、线端点、线垂足点等。如需要某一功能时,左键点击工具条上相应的按钮即可,具体使用方法在菜单里说明。画完地物时,系统会弹出一个对话框,可以输入地物的属性,一般缺省为空。也可以在下拉框里选择所需属性,目前地物的属性结构是固定的,不能修改。如果不需要输入属性时,可以将"工具/加符号时写属性"菜单前面的钩去掉。

b. 根据编码画地物:点击"地物编辑/新建地物"菜单命令,如图 8.5(a)所示,或者在右键菜单里选择"新建地物"或者在工具栏选择"新建地物",可以看到鼠标变成一个小圆圈的光标,此时就可以来画地物了。选择了点,进行地物连接,同时工作台显示连接信息,如图 8.5(b)所示。在输入过程中,当遇到需要用解析方法作图或改变线形时,就可以用点击右键弹出的功能菜单来完成,点击鼠标右键会弹出一下拉菜单,如图 8.5(c)所示。解析新点时选择"极坐标求点",输入角度和距离就可以解析出新点,需要绘制曲线时选择"曲线"线形就变成拟合曲线了,在画地物的同时可以结合捕捉工具栏里的工具来画地物。在画完地物的线形后,再单击右键,选择"新建",如图 8.5(c)所示,这时就会弹出如图 8.6(a)所示的对话框,在编码右边的框里输入地物对应的编码,如果不知道编码可以左键单击"编码"按钮,则会弹出如图 8.6(b)所示"常用编码"对话框,在常用编码表里选择地物,如果常用编码表里没有,可以在全部的编码表里选择地物,而且在选择以后此地物也会加到常用编码表里去,以便以后使用。系统全部编码超过 400 个,但是常用的可能只有几十个,设置了常用编码就能够比较快地找到要用的编码。输入编码后点击"确定",就完成了一个地物的绘制。

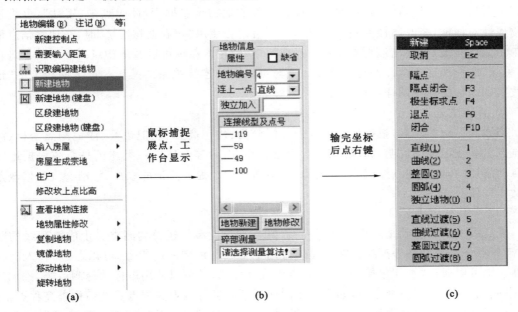

图 8.5　MapSuv 地物绘制过程

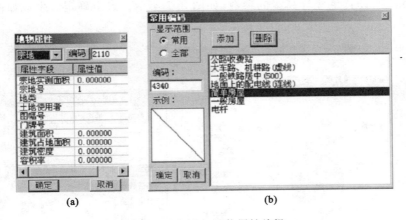

图 8.6　MapSuv 地物属性编辑

③ 编辑地物

编辑地物涉及地物的形状和属性的修改、位置的移动、复制和删除。选择了功能菜单后,在编辑之前首先要用鼠标拉框或者左键单击选中地物,地物被选中后会闪烁。因为地物是以测点为基础建立的,所以如果测点移动了,那么与之相关的地物的形状也会随着改变。但是测点基本上都是测量所得,在编图时原则上是不能移动的。要改变地物的形状,应该通过在地物的连接关系中添加或删除一些测点,也就是只改变测点是否参与构建地物,而不改变测点的存在与否的状态或者位置,也可以用"地物加点"加入一些只影响形状的非测量所得的测点,系统中将这种点归为解析点。

修改地物的属性,点击"修改地物属性",然后鼠标左键单击或者拉框选择要修改的地物。如果地物被选中将会弹出属性对话框显示其属性值,如图8.6所示,并且该地物会闪烁显示,在对话框上修改完属性点击"确定"即可。也可以点击"查看地物连接",被选中的地物同样闪烁,其连接信息将显示在工作台的测量面板下部的地物信息框中,此时点击"属性",也将弹出地物属性对话框,修改属性值并点击"确定"即可。当使用"查看地物连接"时,在地物信息窗口中单击鼠标右键,会弹出地物连接点的操作菜单,使用该菜单可以对地物点列中的测点进行加入、去除、改变局部或全部的连接顺序和点与点之间的连接关系的操作。点击面板上的"地物修改",则地物的属性同样可被修改。

④ 编辑注记

当添加注记的时候,根据注记内容的不同分为:注记高程、注记边长、注记测点坐标、注记测点点名和注记地物说明,如河流名称、道路名称、山名等。还有一类注记是系统根据地物属性自动添加的,如控制点注记,房屋结构、宗地面积注记等。注记的添加、移动、复制、修改参数和文本操作一样。

（3）等高线生成

等高线生成的基础是高程点,即是高程值有效并且参与建模的测点。生成等高线的顺序是:高程点→三角网→等高线。首先是确定用于生成三角网的高程点,可以通过"装入高程点文件",也可以通过"参与建模"的标记测点生成高程点,还可以使用鼠标选择测点来"添加高程点"来完成,在生成三角网之前,如果需要的话还可以进行编辑高程点。然后检查高程点错误,剔除错误高程点后根据高程点构造三角网,接着对三角网进行修改编辑。最后根据三角网进行"追踪等高线",设置生成等高线的参数,如图8.7所示。点击确定。生成如图8.8所示等高线。

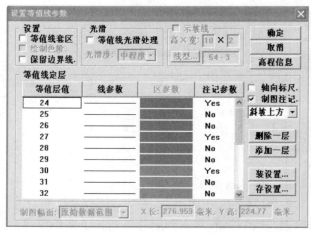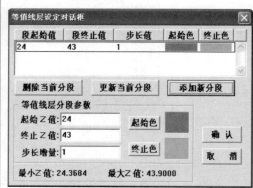

图8.7　等高线生成设置

等高线编辑,就是裁剪等高线,等高线的区域内有房屋、坡坎、道路、河流等地物时,可以使用"地物裁剪等高线"功能,但是最好少用,因为该功能会将等高线剪断,最好的方法是用特征

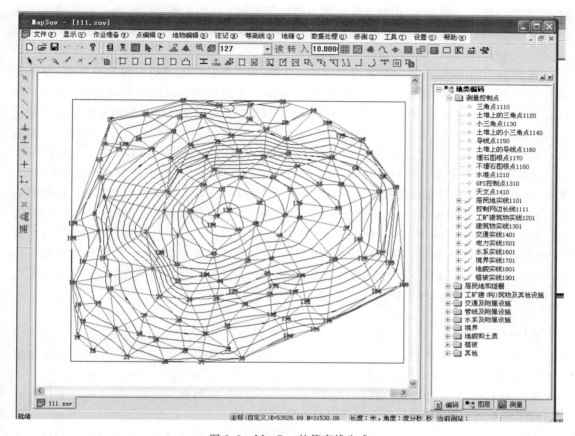

图 8.8　MapSuv 的等高线生成

地物参与建立剖分三角网,然后再由此三角网"追踪等高线";还可以使用"遮盖等高线"功能。

（4）数据输出、打印

数字测图软件 MapSuv 能为其他的 GIS 管理与应用软件提供前端数据,如地籍管理中的地理底图和宗地信息、综合管网中的地形图和管线状况图及管线属性等。所以测图成果数据与图形的输出和打印也是整个系统中重要的一环。

输出的数据包括报表数据和图形数据两种。报表数据以文本文件的形式输出,例如:地籍报表、编码表、常用编码表、控制点、解析点、高程点、宗地数据等,因为都是文本文件,所以可以用 Windows 操作系统的记事本打开进行查看、编辑和打印。文本文件的数据长度是根据实际情况变化的,所以有时打印之前要调整一下页边距等页面设置参数。图形输出指的是输出成果图形、输出图幅、由测区提取图幅以及输出宗地图,这些都是将测量工程中的数据输出为 MapGIS6.7 标准的点、线、面文件,实现在 MapGIS6.7 平台上的系列应用与 MapSuv 6.7 系统之间的自由流通以及打印出图。

8.2.2.4　MapSuv 测量工程文件数据交换

（1）工程合并与分割

① 添加测图工程:首先应该打开要接收工程数据的测量工程文件,然后选择该菜单,在弹出的对话框中输入要添加的测量工程名,单击"确定",被选中的测量工程文件中的数据就被添加到当前打开的测量工程中。当加入工程文件的测点与打开工程文件的测点的坐标完全相同

时,这些测点将不会被加入,而是直接使用当前打开工程文件中的测点。其余坐标不同的测点将会加上点名前缀后(或者按照累加的起始值,自动将点号累加)加入,在选择了加入的工程文件后会弹出对话框设置点名的前缀。

② 提取测图工程:有添加功能就会有提取功能,选择了功能菜单后会弹出对话框,操作方式有两种,即"移动"和"拷贝"功能,"移动"就是将部分测图数据提取出来生成新的文件,并且将其从原文件中删除,而"拷贝"则只会生成新文件,不会改变原文件。提取范围有两种选择类型,即"地物边界"和"鼠标多边形"两种,"地物边界"是使用鼠标左键拉框选择一个地物,地物内部的数据将被提取,而"鼠标多边形"则是通过鼠标左键的连续单击和移动确定一个边界,该边界内的数据将被提取;按照边界进行提取的范围也有两种,即"完全包含"和"涉及即取","完全包含"指的是只有当数据被提取边界完全包含才会被提取,也就是说跨越边界的地物数据是不会被提取的,"涉及即取"则是不但完全包含的要提取,只要是和提取边界沾边就会被提取。被提取出的数据在生成新文件的时候,还可以选择是否进行点名重排,如果需要就在"点名重排"后面打上"√",并且在后面的编辑框内输入第一个点名。点击了"确定"之后就要根据选择的操作方式取边界,边界一旦确定,就会弹出要求设定新文件存放的名称和路径,设置完毕点击"确定"就完成了测图数据的提取。

(2) 输出、输入 DXF 文件

系统可以将测量工程文件中的图形数据,输出为 DXF 格式的文件,可以用 AutoCAD 或其他能够读入 DXF 文件的软件打开并进行编辑。系统也能够读入 DXF 格式文件,并将其保存为 MapGIS 的 6.7 图形工程文件(＊.MPJ)和图形文件(＊.WT、＊.WL、＊.WP)。

通过对 DXF 文件的输入、输出实现了与 AutoCAD 软件的数据交换,使得用户可以对数据进行多样的操作编辑,满足用户的不同需求。

需要注意的一点是,在输出、输入过程中要用到一个编码与 AutoCAD 中块名的对应文件 arc_map.pnt,该文件应存放在系统库目录 SuvSlib 中,当输入、输出 MapGIS6.7 的 DXF 文件的时候,要将放在系统库 SLIB 目录下的 arc_map.pnt_mapgis 文件复制到 SuvSLIB 目录下,并将文件名改为 arc_map.pnt,而当输入、输出 CASS 的 DXF 数据的时候,就要将 arc_map.pnt_cass 文件复制后改为 arc_map.pnt。

(3) 其他交换格式

MapSuv 自身有一个明码交换文件,可以输出明码文件,也可以根据明码文件生成 Map-Suv 工程文件。同时 MaPSuv 可以同清华三维、瑞得、SV300、CASS 等多种数字测图系统进行数据交换。

8.3 数字测绘成果与 GIS 数据库

8.3.1 图形应用接口

尽管通过数字化手段形成了数字测绘成果,但是由于成图过程所使用的软件有多种,软件的数据格式和数据组织结构不尽相同,这使得数字测绘成果的共享性很差。比如 CASS 图形数据格式为 AutoCAD 的 DWG 和 DXF,MapGIS6.7 图形要素主要为点文件 WT、线文件 WL、区文件 WQ 和测图工程文件 SUV,ArcGIS 图形要素主要为 SHP 文件,那么各种软件就要留有相应的接口转换程序,一方面提高软件的通用性,另一方面数字测绘产品作为 GIS 数据源提高兼容性。下面我们就 CASS、MapGIS 和 ArcGIS 数据交换作一讨论。

8.3.1.1 系统自带的转换工具

(1) MapGIS6.7 文件转换模块

MapGIS6.7 数据接口转换子系统,为 MapGIS6.7 系统和其他 GIS 系统之间架设了一道桥梁,实现了不同系统间的数据转换,从而达到数据资源的共享。

MapGIS6.7 首先将其他格式的数据装入,转换成自己的格式。数据文件使用了新的文件格式,能存储更多的图形信息,功能更强,但 MapGIS6.7 的编辑系统只能调入输出它自己的标准格式文件。为了保护用户在 MapCAD 上的成果,通过升级操作,MapCAD 的文件可以转换为其他格式的文件,然后用户可以在 MapGIS6.7 上调入编辑。用户在升级前最好对老文件作一个备份。

同时,MapGIS6.7 能够输出成其他格式的数据,具体输入输出的菜单功能如图 8.9 所示。

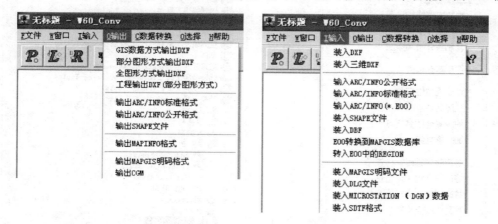

图 8.9 MapGIS 文件交换菜单

在将 AutoCAD 数据转入 MapGIS6.7 时,经常会遇到两边的线型库、颜色库的编码不一致,而且在 AutoCAD 中有些图元是以块的形式组成,这样就造成"张冠李戴",有时两边无法对应。另外,在转换时还经常需要将 AutoCAD 的某层转为 MapGIS6.7 的对应层。因此,系统提供了一套对照表文件接口:

符号对照表——"arc—map. pnt";

线型对照表——"arc—map. lin";

颜色对照表——"cad—map. clr";

层对照表——"cad—map. tab"。

用户编辑生成这些表文件,并将其放在系统库存目录下,系统成批或单个文件转换时都会按这个表文件的对应情况自动转换。

(2) CASS9.0 的文件转换功能

CASS9.0 是基于 AutoCAD 开发的测图软件,图形格式和 AutoCAD 的一样为 DWG,AutoCAD 提供的交换接口文件格式为 DXF,它是 AutoCAD 与其他图形软件之间进行数据转换的主要方法,这也是 CASS 与 GIS 软件之间进行数据转换的方法,同时 CASS9.0 还提供了与 ARC/INFO 系统 SHP 文件的接口、与 MapINFO 系统 MID/MIF 文件的接口、国家空间矢量格式 VCT 文件的接口。经过检查未报错的数据,可以直接输出通用的 GIS 格式。如图 8.10 所示。

（3）ArcGIS 的文件转换工具

在 ArcGIS 的工具箱中,提供了 ArcGIS 空间数据交换的转换工具,可以实现 AutoCAD 和 ArcGIS 数据的相互转换,如图 8.11 所示。

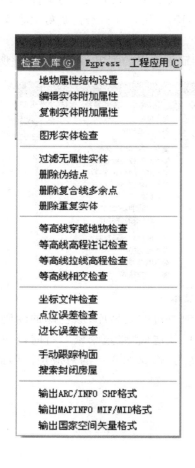

图 8.10　CASS9.0 文件交换菜单

图 8.11　ArcGIS 文件转换工具

利用软件自带工具转换基本可以实现矢量图形的转换,但是会使得图形对象的编码和属性有所丢失,转换后的图形存在许多问题。

8.3.1.2　利用软件的明码文件格式通过编程实现数据的转换

CASS9.0 提供的明码交换格式为 CAS,通过编码规则记录了整个图形,CASS9.0 还提供了专用的编码文件,如地籍的权属文件 QS、横断面里程文件 HDM 等,MapGIS6.7 也有自己的明码交换文件,通过记事本读写程序可以进行编码规则的变换,使之成为另一种软件的明码交换文本,从而实现数据的交换。这种方法可以使得数据转换后编码和属性不丢失,从而实现高度融合。

8.3.2 入库检查

入库检查是对入库数据的审查,主要检查图形数据的冗余、拓扑关系、逻辑关系的合理性和属性数据的完整性、逻辑性等,CASS9.0 的入库检查的主要内容包括:图形清理、属性结构设置与编辑和图形实体检查。

8.3.2.1 图形清理

它主要是将当前图形中冗余的图层、线型、字型、块、形等清除掉。选择相应的类或者是各类别下面需要删除的对象,按"清除"按钮就可完成对冗余图块、图层、线型、字体等的清理操作。在选中其中一类删除时系统会提示用户是逐一确认后删除,还是全部一次删除。"清理全部"键将使系统根据图形自己判断并删除冗余的数据,同样系统也有相应的确认提示。之后,系统会弹出图层属性管理对话框,用户可验证修改之后的图层设置及线型变化。

8.3.2.2 属性结构设置与编辑

(1)属性结构设置

在进行图形入库检查之前,要设置图形实体的属性结构。CASS9.0 按图式把所有地形要素分为 10 个图层,把每个图层的实体划分为点、线、面、注记 4 类。用户可以不必理会几个配置文件间的复杂关系,直接在同一个界面上就能完成定制入库接口的所有工作,并易于查看、检核数据库表结构,极大地方便了 GIS 建库工作。

(2)复制实体附加属性

已经赋予了属性内容的实体,可把该实体的属性信息复制给同一类型的其他实体。如已经给一个一般房屋添加了附加属性内容,可通过此命令将附加属性内容复制给图面上的其他一般房屋。其操作为:左键点击本菜单命令后,提示选择被复制属性的实体,选择要复制的源实体后,提示选择对象,再选择要被赋予该属性内容的实体即可。

8.3.2.3 图形实体检查

当属性结构设置完成,附加属性添加完毕,成果图就要经过以下的各项检查,系统将从编码正确性、属性完整性、图层正确性等方面检查图形。通过检查的数据,才能输出 GIS 标准格式。可批量或单个修改。错误信息将以错误实体属性表给出,双击错误描述行,将错误实体居中显示。主要有编码正确性检查、属性完整性检查、图层正确性检查、符号线型线宽检查、线自相交检查、高程注记检查、建筑物注记检查、面状地物封闭检查、复合线重复点检查等。

8.3.2.4 其他检查

主要包括过滤无属性实体、删除伪结点、删除复合线多余点、删除重复实体、等高线穿越地物检查、等高线高程注记检查、等高线拉线高程检查、等高线相交检查、坐标文件检查、点位误差检查、边长误差检查、搜索封闭房屋等。

CASS9.0 的属性结构设置与编辑在 5.4 节中有详细介绍。

8.3.3 空间数据库和 MapGIS 地图入库

8.3.3.1 空间数据库

空间数据库也叫地图数据库,是地理信息系统的重要组成部分,因为地图是地理信息系统的主要载体。地理信息系统是一种以地图为基础,供资源、环境以及区域调查、规划、管理和决策用的空间信息系统。在数据获取过程中,空间数据库用于存贮和管理地图信息;在数据处理系统中,它既是资料的提供者,也可以是处理结果的归宿处;在检索和输出过程中,它是形成绘图文件或各类地理数据的数据源。然而,地理与地图数据以其惊人的数据量与空间相关的复杂性,使得通用的数据库系统难以胜任。为此,就要用当代的系统方法,在地理学、地图学原理的指导下,对地理环境进行科学的认识与抽象,将地理数据库化为计算机处理时所需的形式与结构,形成综合性的信息系统。

最早的空间数据应用是计算机辅助机械设计和几何应用。最近,空间数据应用的范围已经扩展到了机器人、计算机视觉、图像识别、地理信息处理等领域。空间数据应用对数据库系统提出了新的空间数据管理要求,这些要求包括空间对象的表示、空间数据的存取方法、空间对象查询语言和查询优化等。

空间数据库的特点是数据量庞大,具有高可访问性,空间数据模型复杂、属性数据和空间数据联合管理等特点。

许多 GIS 软件都有空间数据建库功能,也可以和 SQL Server 和 ORACLE 链接建立大型空间数据库,MapGIS6.7 通过其地图库管理功能建立了空间数据库。

8.3.3.2　MapGIS6.7 地图入库

(1)入库前的准备

任何一个系统的建立,都离不开数据的准备工作,准备工作做得越好,越便于后面工作的进行,地图数据入库主要是准备好空间数据,在 MapGIS6.7 中主要是点、线和面数据文件,提前要做好数据的分层、分幅、图形校正、投影转换、点线面拓扑关系和比例尺归化等工作,为入库做好准备工作。

(2)MapGIS6.7 地图入库

在 MapGIS6.7 地图库管理模块中,选择创建新图库,根据建库的要求选择图库的分幅方式,具体操作如图 8.12 所示。

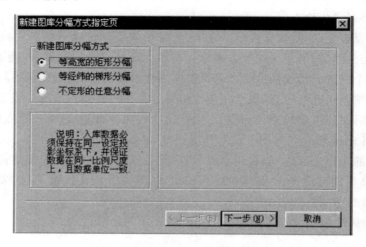

图 8.12　地图入库分幅分式对话框

要求用户在该对话框中选择图库的分幅方式,如矩形等,选择后按下一步,弹出如图 8.13 所示对话框:

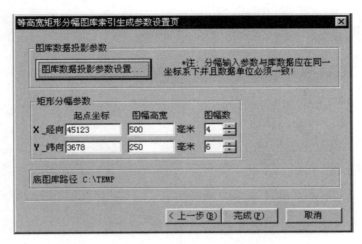

图 8.13　地图入库投影参数设置对话框

　　在该对话框中,要求用户输入起点坐标、图幅高宽、图幅数等。在输入时,其起点可以是经纬度,也可以是大地坐标,考虑到随时间的变化范围可能变化,用户在输入时可以改变该值,也需要大概估计出图幅数。输入各项参数后按"完成",弹出如图 8.14 所示界面。

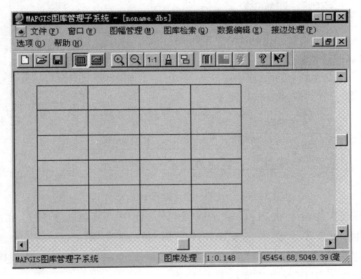

图 8.14　地图入库主界面

　　生成图框后,用户就可以对数据进行入库操作。在入库前,要求用户的所有数据都是经过投影变换的数据,即其坐标都是大地坐标。在"图幅管理"下,选择"添加库类",因为建库是系统依据不同的库类组织的数据,所以,用户必须添加库类。库类路径必须是在图库路径下,如图库 c:\temp,则库类的起始路径必须在 c:\temp 下,再下一级可以不管,如图 8.15 所示。

　　按"新建"按钮,系统提示用户选择库类,库类分点、线、面文件 3 类,提取库类时,系统自动提取图库下一级的路径,如果所有的库类不在同一路径下,系统也可一一识别,只要图库的路径正确即可。每一库类的属性结构可以相同,如果库类在同一路径下,而且结构相同,系统需要用户指定标识串用以区别不同的库类。如图 8.16 所示。

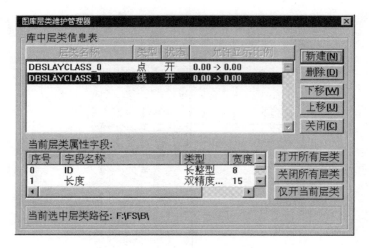

图 8.15　地图要素入库设置对话框(一)

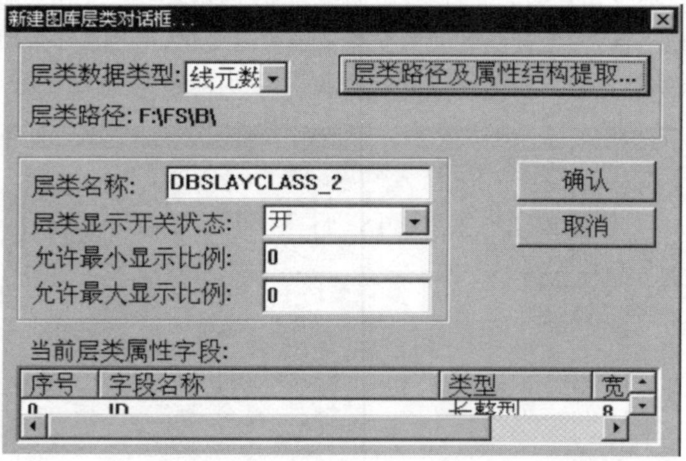

图 8.16　地图要素入库设置对话框(二)

提取库类后确定,并设定状态、显示比例等,显示比例是指某一类的显示比例,即当达到一定的比例,该类图形可能不会显示。添加完库类后,按"确认"键。

如果用户已经有数据,这时就可以批量建库。图幅管理下,选择批量入库,系统弹出如图8.17 所示对话框,提示用户所要选择的数据种类。

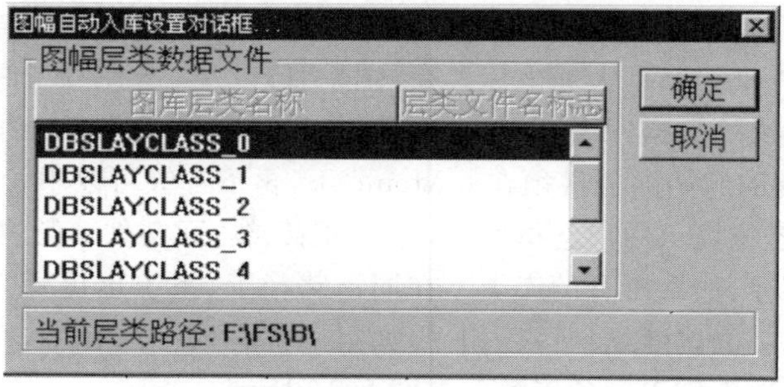

图 8.17　地图要素整图自动入库对话框

对于每一库类入库后,整个系统地图库就已经建立好了。系统将以接图表的形式显示,如果需要图形显示,可以进行图形显示。

一般来讲,图形数据入库完毕后,要进行属性数据的入库,要建立图形数据和属性数据的对应链接,最后进行数据库的维护。

8.3.4 系统库的维护

数据库建立后,不管是图形数据还是属性数据,都存在着数据的重复、多余、缺失等问题,需要进行数据的维护编辑,使得数据库进一步完善。

8.3.4.1 数据字典的维护

数据库系统一般提供对已经存在的数据字典进行编辑的功能,用户可以直接编辑打开的数据字典。对于能够管理的数据字典的编辑维护,主要是增加、删除和编辑,用户要进行对应的操作时,要注意选择对应的操作方式。比如土地利用数据库中,需要对地类代码根据不同地区的要求进行相应的增减,根据不同地区的行政编码进行行政编码的编辑更新等。

MapGIS6.7 土地利用现状数据库系统中,在对数据字典进行编辑时,系统提供了对各地物要素的参数的设置,如对图斑的出图颜色、填充图案及地类颜色等进行设置,设置以后,系统从数据字典中提取设置的颜色、图案、线形等要素,根据设置的编辑文件的地类编码来加以更改,这也是另一种形式的根据属性赋参数。

8.3.4.2 图形数据的维护

在入库前对每幅图都进行了处理,但入库后所有图幅要整体考虑,这就产生了许多新的问题,比如相邻图幅的属性的线、面接边和合并,注记重复等,因此要根据不同数据库要求的不同对图形数据进行维护。

MapGIS 地图库管理中对图库的维护功能主要有数据编辑、接边处理和数据维护。

(1) 数据编辑

数据编辑菜单中的功能是根据编辑系统中的主要编辑功能设计的,和编辑系统中一样,在大多数情况下本功能模块不能使用,这是因为本模块是为接边处理状态下的编辑和单个图幅编辑设计的,所以是在选择了图幅接边处理后,系统处于接边状态下使用,或者单个图幅编辑状态下使用。其具体操作方法是:在图形显示状态下,选择"指定编辑层类数据"功能,根据系统弹出的"图幅层类数据文件"对话框选择要编辑的层类;然后,在要编辑的图幅上双击鼠标左键,系统会自动地把当前需要的图幅显示出来,这时就可以编辑了。如果需要相邻的数据来做参照以便编辑的话,可以把"仅显示可供编辑数据"功能去掉(即去掉√)。选择"关闭数据编辑工作区"功能就可以退出编辑状态。如果修改了数据,在退出时系统会询问是否保存修改的数据。

(2) 接边处理

在进行数字化测图时,一般是一幅一幅地进行,有时一幅图还要分几块进行。由于存在着操作误差,相邻图幅公共图廓线(或分块线)两侧本应该相互连接的地图要素会发生错位,这是不可避免的。因此在拼幅或合幅时均需对这些分幅数字地图在公共边上进行相同地图要素的匹配,这就是数字接边。数字接边的主要步骤如下:设置当前图库接边参数→选择接边条启动接边过程→使用接边功能和数据编辑功能进行接边处理→保存接边处理后的结果→退出接边处理状态。

（3）数据维护

MapGIS 地图库管理中的数据维护工具主要是对图幅的编辑，如删除图幅、修改图幅数据、图幅标识、修改图幅开关状态等功能。

维护好的数据，要更新保存，就是要将原来的同一数据覆盖，不能重叠。

8.3.4.3 属性数据的维护

一个数据库入库后，属性数据存在着缺失、逻辑错误等问题，需要根据相关的数据字典、层次结构、空间关系等进行属性数据的检查完善。

比如在土地利用数据库中，我们对每一个图斑的各级行政权属进行属性的录入时，如果图斑逐一录入，工作量很大，而且容易出错，若根据县、乡、村、图斑的空间包含关系，进行维护，这样就可以自动地完成这项工作，而且没有错误。根据数据字典代码与名称的对应关系，完善属性库中点、线、区的属性数据的各类代码和名称。土地利用数据库中图斑的面积一般要用椭球面积平差后进行面积汇总，这就需要入库后进行面积维护，计算出椭球面积和平差后面积，而耕地的面积通常情况下还包括对耕地内的点状地物面积、线状地物面积和田坎、地埂的扣除，最后才能获得耕地面积，这些都需要在数据库维护中实现。

思考与练习

8.1　简述 GIS 技术与数字测绘技术的关系。

8.2　MapGIS6.7 输入编辑模块下的主要数据文件有哪些？

8.3　如何在 MapGIS6.7 中进行误差校正？

8.4　简述 MapSuv 的主要作业方式。

8.5　简述 MapSuv 野外采集测量数据的展点方法。

8.6　简述 MapSuv 的地物编辑方法。

8.7　简述 MapSuv 生成等高线的方法。

8.8　如何将 MapGIS6.7 数据文件和 CASS 数据文件进行交换？

8.9　简述 MapGIS6.7 地图库建立的方法。

参 考 文 献

[1] 纪勇.数字测图技术应用教程.郑州:黄河水利出版社,2008.

[2] 须鼎兴,倪福,虞润身.电子测量仪器原理及应用技术.上海:同济大学出版社,2002.

[3] 杨晓明.数字测图.北京:测绘出版社,2009.

[4] 卢满堂.数字测图.北京:中国电力出版社,2007.

[5] 赵文亮.地形测量.郑州:黄河水利出版社,2010.

[6] 潘正风.数字测图原理与方法.武汉:武汉大学出版社,2004.